基礎の生化学

第3版

猪 飼　篤 著

東京化学同人

イラスト：いかい あつし

はじめに

本書の第1版出版以来30年近い年月が過ぎました．読みやすく，わかりやすい生化学の教科書を皆さんにお届けしたいという思いから東京化学同人の方々の助言を受けながら本書を書きました．その後，折々の新しい発見の成果をみてきましたが，ここで第3版としてより新時代に合う内容を初版以来のスタイルを保ったまま，コラムの形で取入れることにしました．2019年以来続いているコロナウイルス感染に関連して，連日PCR検査という言葉を聞くとき,「それってなに？」と思います．また，宇宙開発に関連しては，宇宙環境での人間をはじめとする地球型動植物の体調変化の測定や，地球外惑星に生命の痕跡を求める調査が組込まれています．これ以外のさまざまな理由で私たちは生命というものをもう少し詳しく知りたくなっています．このような時代，なんと言っても，生化学に根づいた基本的な生命の理解がまず必要です．皆さんが将来どのような仕事につくかにかかわらず，生命科学の知識が必要となるでしょう．その生命科学の基礎は生化学にあります．

生化学で学ぶ代謝系が複雑に見えるのは，生物は複雑な分子を簡単な分子に分解し，あるいは簡単な分子から複雑な分子をつくる過程で，化学の素反応を複数個組合わせる必要があるからです．素反応は1本の化学結合を切ったりつないだりする簡単な反応です．代謝系では，たとえば6本の結合をもつ分子をつくったり，壊したりするには最低でも6段階の素反応を連結して進める必要があり，複雑化するのです．このように連結した反応系をいくつも確立しながら分子は生命を生むに至ったわけです．

生化学を勉強する皆さんの要求に応えるべく書かれた教科書は数多くあります．また，インターネットを使って検索すれば，多くの生体分子，代謝経路，細胞について有用な記事が出現しますので，わからないことの大まかな知識を得ることができます．そのような道具を自在に使って効率よく生化学コースを突破してください．

この3版では，これまで見逃してきた本書の中の分子構造の誤りなどをいくつか訂正することができました．図表のいくつかも改訂ないし新規に加筆しました．本書では化合物の異性体表示は一部を除いて省略しておりますのでご承知ください．疑問のある点や，誤りとわかったことは出版社までお知らせください．最後に本書の改訂にあたって原稿を読み，根気よく助言をしてくださった東京化学同人の橋本純子氏に感謝いたします．

2021 年 4 月

猪　飼　　篤

目　　次

1. 生化学を始めよう ……1
1・1 生化学はなぜおもしろい？ ……1
生きているとは／生きる喜び／遺伝／働くタンパク質，酵素
1・2 生き物の環境 ……5
命を支える水／水分子の構造／水によく溶けるもの／水に溶けにくいもの／空気
1・3 細胞の構造 ……10

2. 生体物質の化学 ……15
2・1 糖　質 ……15
グルコース／砂糖，乳糖，麦芽糖とは一体何だ？／グルコースのポリマー／リボースとデオキシリボース／アミノ糖／ウロン酸などカルボキシ基をもつ糖
2・2 タンパク質 ……24
アミノ酸の立体化学／アミノ酸の側鎖／ポリペプチド／アミノ酸配列／遺伝情報とタンパク質のアミノ酸配列／立体構造の形成／αヘリックスとβシート／アミノ酸配列を決める方法／複合タンパク質／血液型糖タンパク質
2・3 脂質の生化学 ……37
脂肪酸／コレステロール／糖脂質
2・4 核酸の構造 ……42
プリン塩基とピリミジン塩基／ポリヌクレオチド
2・5 ビタミン ……45
2・6 金属イオンと生体 ……46

3. 働くタンパク質，酵素 ……49

3・1 酵素の機能 ……50

酵素反応の例／特異性と活性中心

3・2 酵素活性の測定 ……54

定常状態の反応速度／初速度と初濃度の関係／最大反応速度とミカエリス定数／競争的阻害と非競争的阻害／酵素活性の制御／酵素活性の最適温度と最適 pH

3・3 酵素機能の実際 ……62

ヘキソキナーゼ／アルコール脱水素酵素／タンパク質間相互作用の研究－タンパク質は人気もの

4. 生きるエネルギー ……71

4・1 食物とエネルギー ……71

ATP／ATP はなぜエネルギーをもっているのか／アセチル CoA

4・2 クエン酸回路 ……76

4・3 電子伝達系 ……78

ATP はどこで合成されるのか

4・4 グルコースの分解とその制御 ……80

解糖系／解糖系のアロステリック制御／無酸素状態での ATP 生産／ピルビン酸からの糖新生／NAD^+ と FAD／グルコース 1 モルから生産される ATP の数／酵素機能のフィードバック制御

4・5 脂肪酸からのエネルギー供給 ……91

脂肪酸の分解（β 酸化）

5. 体をつくる ……97

5・1 アミノ酸の合成と分解 ……97

アミノ酸のリサイクル／必須アミノ酸／アミノ酸の合成／アミノ酸の分解

5・2 ピリミジンとプリンの合成と分解 ……103

ピリミジン塩基／プリン塩基／ヌクレオチドの分解経路／デオキシリボヌクレオチドの生成

5・3 窒素の代謝 ……108

窒素の利用／窒素の排せつ／尿素回路

5・4 脂質の代謝 ……112
アセチル CoA をめぐる相関図／脂肪酸の生合成／脂肪酸合成酵素／NADPH を生産するペントースリン酸回路／トリアシルグリセロールの生合成とエネルギーの貯蔵／リン脂質の生合成と生体膜／コレステロールの生合成／コレステロールとコレステロールエステル／アラキドン酸とプロスタグランジン

6. 人 の 体 ……127
6・1 血液とその pH ……128
6・2 赤 血 球 ……129
ヘモグロビン
6・3 血液タンパク質 ……133
アルブミン／α_1-プロテアーゼインヒビター／α_2-マクログロブリン／トランスフェリン／血液凝固システム／リポタンパク質
6・4 硬い組織 ……139
コラーゲン／コラーゲンの生合成／コラーゲンの分解／エラスチン／ケラチン
6・5 筋 肉 ……144

7. 生体内の情報伝達と生体防御 ……147
7・1 脊椎動物と無脊椎動物 ……148
7・2 化学的な情報伝達 ……148
グルコース量の調節機構／ホルモン／G タンパク質／サイクリック AMP／カルシウムイオンによる酵素活性の制御／インスリンの働きと糖尿病／インスリンとグルカゴンの働き
7・3 細 胞 膜 ……159
細胞膜の受容体／光の受容体，ロドプシン／味の受容体／においの受容体／聴覚／神経の受容体
7・4 生体防御と免疫システム ……163
食細胞とプロテアーゼインヒビター／免疫システム／抗原提示と抗体の生産／免疫グロブリン／自分が抗原とならないのは？／補体

8. 遺伝情報の発現 ……173
8・1 DNAとRNAの構造の復習 ……174
8・2 ワトソン-クリックの二重らせん ……175
8・3 DNAの複製 ……177
DNAの半保存的複製／DNAポリメラーゼ／岡崎フラグメント／間違いの訂正
8・4 DNAからRNAへの転写 ……183
メッセンジャーRNA／スプライシング
8・5 アミノ酸配列への翻訳 ……187
コドンとトランスファーRNA／アミノ酸の活性化とタンパク質の生合成
8・6 遺伝子の発現シグナル ……190
8・7 原核生物のポリシストロン性mRNA ……191
8・8 遺伝子工学 ……192
細胞工学／iPS細胞と再生医療
8・9 ウイルスとバクテリオファージ ……196
エイズウイルス／逆転写酵素
8・10 ゲノミクスからプロテオミクスへ ……200

おわりに ……205

掲載図出典 ……208

索　引 ……209

コ ラ ム

こんな細胞小器官も仲間入り ……12
細胞と外界との接点：グリコカリックス層 ……23
ちょっとめずらしいアミノ酸 ……26
タンパク質のフォールディングとプリオン病 ……33
タンパク質の等電点 ……35
タンパク質やDNAを分解する酵素 ……46
エタノールとメタノール ……55
はずれない，壊れない活性中心 ……65
測定・解析技術 ……69
エネルギーとギブズエネルギー ……75
補酵素A ……92
窒素と酸素 ……109
骨粗鬆症 ……140
脳内の情報伝達分子 ……164
DNAワクチン ……170
PCR法 ……179
寿命とテロメア ……185
遺伝子編集 ……193
新型コロナウイルス ……199
ナノ，ナノ，ナノ ……201
DNAの塩基配列決定法 ……203
宇宙の生命？ ……206

1

生化学を始めよう

> 生化学は生命の化学です．化学には物理，有機，無機，分析，高分子などの領域があるように，生命の化学である生化学もこれらすべてに関係する広い分野を取扱います．分子は目に見えない小さなものですが，私たちの体はこの小さな分子が集まってできています．

1・1　生化学はなぜおもしろい？

生きているとは

生化学によって，私たちは自分の体の中でいったい何が起こっているのかを学ぶ．牛肉を食べても牛にならないのはなぜか，という素朴な疑問に始まって，デンプンを食べても体に脂肪がつくのはなぜか，糖尿病の人はなぜインスリンを注射するのか，病気になると熱が出るのはなぜか，鳥はなぜおしっこをしないのか，砂糖はなぜ甘いのか，などいろいろな疑問は生化学を勉強するとわかるのだ．あなたの体を動かしているのは分子という 1 mm の 100 万分の 1 の単位の大きさをもつ小さな働き者たちだ．体の中ではこんな小さな働き者たちが，休みなくあなたの体や精神を支えてくれている．

体の健康も心のおもむきも，ともにたくさんの種類の分子がみせる働きが，うまくバランスがとれているときが健康な状態で，バランスが悪いと機嫌が悪い，鬱（うつ）だ，落ち込んだとかいう陰の状態にも，また軽率を地でゆく陽にもなる．気が弱いとか，恐ろしく好戦的だとかいう個人的な性質も，案外化学物質のバランスと脳の細胞の性質でかたがつく問題にちがいない．人の性質の化学については，本当はまだわからないことが多いのだけれど，いずれは化学が説明する．体の化学を学んで自分をよりよく理解する，そういうことに少しずつ近づいているのが生化学だから，生化学はおもしろいわけだ．くわしい化学反応式や構造については2章以下で説明するので，1章ではまず人体の生化学をおおまかにみてみよう．

生きる喜び

人間の体は数十兆個の細胞という小さい単位で組立てられている．一方，細菌やアメーバなどは細胞一つだけで生きている．そこで，人の体を用心深くほぐして実験室で飼ってみると，これも細胞として何世代も飼育することができる．飼育していると，細胞は一つで生きているだけでなく，一定時間ごとに細胞分裂を行って増えてゆく．ことにがんになった組織からとったがん細胞は，非常に元気がよく，その増え方も速いし，寿命も長い．ヒーラという名の細胞は，ヒトのがんからとった細胞で，患者はとうに死んでしまったけれど，細胞は1951年に31歳の患者から分離されたのち，もう半世紀以上細胞分裂を繰返して生き続け，がんの研究などに役立っている．

細胞は一つひとつが生きる単位であるが，たくさんの細胞が集まってはじめて生きているという実感のわくわれわれのような多細胞動物では，細胞と細胞が勝手に離れたり，またどこかへ行って別な細胞とくっついたりしないようにするのも大事なことである．こういうことを勝手にされては，ある時は鼻であったところが明日は手になったり，手であったところがへそになったりして大変不都合だ．体の中で古い細胞が死んで人間の体を離れてゆくと，まわりの細胞が増殖して新しい細胞を補給して後をうずめる．新しい細胞は死んでいった細胞と同じ場所で，同じ機能を果たす．だからこそ，人の顔かたちはだいたい一生を通じて同じところにあり，同じような顔つきを繰返す．肝臓も一生肝臓として働き，脳が心臓に変わることもない．それでこそ私たちは“生きる喜び”が味わえるのだろう．今日の顔は明日は背中だというような世の中に生きてゆくのはむずかしいだろう．

遺　伝

古くなった細胞が同じ機能を果たしてくれる新しい細胞を同じ場所につくれるのは，**遺伝子**をもっているからだ．遺伝子は細菌（バクテリア）をはじめとして，動物，植物すべての生物が代々受け継いでいるものであり，人の子を人にし，バッタの子をバッタにする．遺伝子は **DNA**（**デオキシリボ核酸** deoxyribonucleic acid）とよばれる物質であり，人の子を人の形につくり上げる方法を**情報**としてもつ分子である*．情報としてもつという意味はおいおいわかってくるが，DNA の分子の構造がちょうど 4 文字のアルファベットを組合わせた暗号文のようになっていて，細胞の中で働くタンパク質の構造と機能を指示しているのだ．

新しい細胞は一度つくられると，あとは何もしなくても生きているというものではない．細胞の中では**新陳代謝**(新しいものと古いものの交代)ということが行われていて，あらゆる細胞内構築物が常に新しくつくり替えられ，修繕されている．そのために，細胞の外から栄養素を取入れて，新しい素材の材料としたり，栄養素を分解して新しい素材をつくるためのエネルギーを引出したりしている．そのような細胞内雑務を一手に引受けて活躍するのは，**酵素**である．

働くタンパク質，酵素

酵素（enzyme）は細胞の中の仕事をとりしきっている働き者の分子であり，**タンパク質**（protein）という物質でできている．酵素の世界では仕事が何千種類もの専門職に分かれていて，何でも屋という酵素はない．その形はだいたい丸いが，細かく見ると一つひとつみな違う．たとえば，私たちが食物として食べたほかの動物の肉を消化する“胃のペプシン”という酵素は図 1・1 のような形をしている．この分子は両端をもって引っ張れば，20 種類ある**アミノ酸**（amino acid）という素材がヒトでは 326 個，ブタで 327 個決まった順番でつながった 1 本の長い紐となるが，消化酵素としての機能をもつときはこのように丸い，コンパクトな形をしている．

それに比べて，肉が半分消化されて腸にゆくと，図 1・2 のような“腸で働くトリプシン”という別な形をした酵素が出てきてさらに消化を続ける．食用の肉は主として他の動物の筋肉タンパク質なので，これも多くのアミノ酸がつながってできており，消化されるとアミノ酸に逆戻りする．アミノ酸は腸から吸収されると血管を通って肝臓や筋肉に至り，今度は人の血液や筋肉につくり変えられる．牛肉も人の肉もそうたいした違いがあるわけではないが，アミノ

* 例外として RNA を遺伝子とするウイルスがある（8 章参照）．

酸の並び方に少しは異なるところがあるので，もし間違って，牛肉が消化されないまま人の体に入ってくると，その少しの違いは重大な結果となる．人の体の免疫細胞に見つかってつまみ出されてしまう．少しでもこんな具合だから，

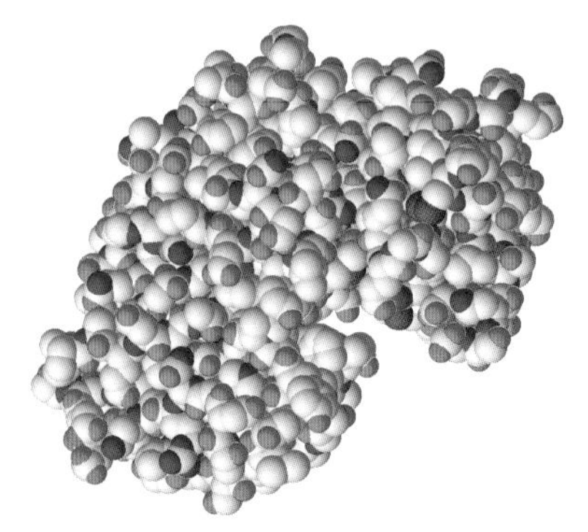

図 1・1　胃のペプシン． 300 個以上のアミノ酸がつながった紐状の分子ペプシンが，丸くコンパクトな形にまとまった独特の立体構造をとっている．白丸は炭素原子，赤丸は酸素原子，黒丸は窒素原子．

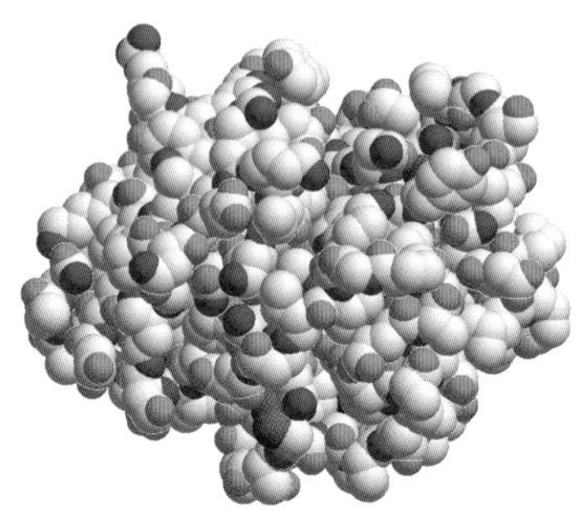

図 1・2　腸で働くトリプシン． トリプシンもタンパク質であるが，ペプシンとは素材のアミノ酸の数と並び方に違いがあるので立体構造も違っている．白，赤，黒の丸は図 1・1 と同じ．

牛や馬の筋肉を人に移植したら大々的な拒絶反応が起こって移植された筋肉を排除する．同じように見える肉，つまり筋肉タンパク質でも人のもの，牛のもの，馬のもの，すべて少しずつアミノ酸の並び方が違っている．ただ，人も動物もほかの生き物の肉を食べ，消化酵素を使ってアミノ酸にしてから自分のものにつくり替えることができるのだ．その細かい単位のアミノ酸は，どんな動物にも共通で，血管の中で免疫細胞に見つかって排除されることはない．電気釜は東芝製でも，バラバラにして部品にしてしまえばどこのなんだかわかりはしないという，密輸の方法と同じ原理だ．

タンパク質が細胞内の実務を一手に引受ける“活動分子”だとすると，遺伝子 DNA は何万種類もある“タンパク質”の一つひとつについて，“このタンパク質をつくるなら材料となる 20 種のアミノ酸を何個，どういう順番で並べるか”という規則を記した“情報分子”である．DNA の構造はアルファベットで文章をつづるように，4 種類の**塩基**（ATGC）でタンパク質のアミノ酸配列を一つの文章として記録できる特徴をもっている．その塩基文字で書かれた文章

を，タンパク質のアミノ酸配列として読取り，実際そのとおりのアミノ酸配列をもつタンパク質をつくるのが細胞の大きな仕事である．まとめてみると，遺伝子の仕事は生物の体をつくる何万種類ものタンパク質のアミノ酸配列を記録していて，これを親から子へ伝えることである．タンパク質情報がすべてヒト型なら人の子が生まれ，バッタ型ならバッタの子となるのが遺伝である．

1・2 生き物の環境

命を支える水

日本のように水の豊富な国に住んでいると，庭にしろ，空き地にしろ，山にしろ，どこにでも，人が見張っていないと，やたらに雑草が生え，蚊やぶよがわき，クモが巣をつくる．「生命の起原を研究しています」なんて大げさなことを言わなくとも毎日どこにでも生命ぐらい簡単に起原してきそうな雰囲気で，むしろうっとうしいくらいである．しかしひとたび水の少ない外国で，どこまでも続く荒涼たる茶色の土と砂と岩の景色を見ると，日本とのあまりの違いにびっくりする．こんな所で発生した生命はさぞ苦労の多いことだろう，と日本で感じたこととは別な感慨で１株の雑草を見たりする．

水は H_2O という分子である．この分子の大事なところは地球上に大量にあり，その形は水蒸気でも氷でもなく，液体として大きな海や川や湖をつくっていることである．地球上の広い地域で温度が 0 °C と 100 °C の間にあり，水は液体状態にある．大部分の生物はこの温度範囲内で水を利用して生きている．生物が生きてゆくためには水が絶対必要であり，その水は液体でなくてはいけないからだ．

液体の水の一大特徴は，非常に多くのものを溶かすところにある．だから水は汚れる．汚れるということは生命の特徴でもある．砂漠ではものは汚れないし，磨いた水晶や宝石は腐らない． ところが，犬はふん（糞）をする，人は汗をかく，食物にはカビが生える，つまり，生物はまわりを汚し，自分も汚れる． 水はその汚れを洗い流してくれるありがたいものだし，体の中では生命に必要なあらゆるものを溶かして，やさしく生命を支える．アルコールやベンゼン，クロロホルム中に油は溶かせるが，生命を支えるタンパク質や核酸を溶かすことはできない．

水分子の構造

水分子の一番大きな特徴は，H−O−H という分子構造にある．H（水素）と O（酸素）の間の − は二つの電子を表している．電子を点で書けば，H：O：H と書いてもよいが，二つの電子は H と O の間に二つ並んでちんまり座っているわけではなく，H と O のまわりに雲のように広がって分布している（図 1・3 左）．

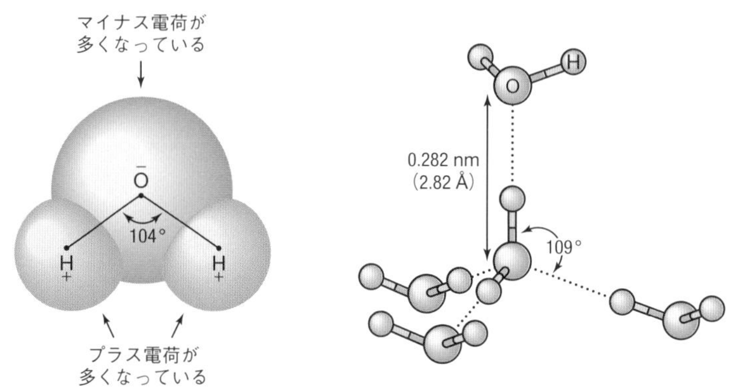

図 1・3 水分子の構造． 水は水素（H）を二つ，酸素（O）を一つもつ H_2O という分子で，全体として太った三角形をしている．水分子の中では電子が酸素のほうに偏って存在するので，各水素原子は電子 1 個分の電荷の 0.41 倍だけプラスに，酸素原子は 0.82 倍だけマイナスになっている．二つ以上の水分子があると，プラスの H とマイナスの O が引き合うため，水分子は自分のまわりに他の水分子を集めて四面体構造をつくる性質がある．液体の水の中ではこの構造が絶えずできたり壊れたりしているので全体としては水は流れやすい液体であるが，氷になるとこの四面体構造がしっかりとできてしまうので動きのない固体となる．

ところで，酸素と水素を比べると，酸素のほうが電子をひきつける力が強いので，電子の雲は酸素のほうに厚く，水素のほうに薄くかかっている．水素は電子の衣をはがされてプラスの電荷をもった原子核がややむき出しになっているわけだ．そこで O−H 結合では酸素のまわりがマイナスに，水素のまわりがプラスに，という具合に電荷が偏っている．

水によく溶けるもの

このような偏った性質をもつ O−H 結合は，水だけでなく，アルコール，アルデヒド，脂肪酸，糖のような有機物にも，リン酸，ホウ酸のような無機物にもある．O−H 結合を多くもつものは水と似ているので当然水によく溶ける．O−H 結合のような電荷の偏りは窒素と水素の N−H 結合にもあるので，アンモニア（NH_3），メチルアミン（CH_3NH_2），ヒドロキシルアミン（NH_2OH）などもよく水に溶ける．このように二つの原子が電子を一つずつ出し合って電子を共有する共有結合をつくったとき，電子をひきつける力の強いほうを“電気陰性度が大きい”といい，弱いほうは“電気陰性度が小さい”という．**電気陰性度**は化学物質の性質を知る上でたいへん便利な値なので，周期表のほとんどすべての元素に電気陰性度の値が決められている（図 1・4）．

上へゆくほど電気陰性度は大きくなる

H 2.1																
Li 1.0	Be 1.5											B 2.0	C 2.5	N 3.0	O 3.5	F 4.0
Na 0.9	Mg 1.2											Al 1.5	Si 1.8	P 2.1	S 2.5	Cl 3.0
K 0.8	Ca 1.0	Sc 1.3	Ti 1.5	V 1.6	Cr 1.6	Mn 1.5	Fe 1.8	Co 1.8	Ni 1.8	Cu 1.9	Zn 1.6	Ga 1.6	Ge 1.8	As 2.0	Se 2.4	Br 2.8
Rb 0.8	Sr 1.0	Y 1.2	Zr 1.4	Nb 1.6	Mo 1.8	Tc 1.9	Ru 2.2	Rh 2.2	Pd 2.2	Ag 1.9	Cd 1.7	In 1.7	Sn 1.8	Sb 1.9	Te 2.1	I 2.5
Cs 0.7	Ba 0.9	La 1.2	Hf 1.3	Ta 1.5	W 1.7	Re 1.9	Os 2.2	Ir 2.2	Pt 2.2	Au 2.4	Hg 1.9	Tl 1.8	Pb 1.8	Bi 1.9	Po 2.0	At 2.2

以下略

右へゆくほど電気陰性度は大きくなる

図 1・4 電気陰性度（ポーリングによる値）．赤は半金属および非金属元素である．

原子から分子ができるときにどうしてある原子は電子をひきつける電気陰性度が大きく，またあるものはその性質が弱いのかというと，1) 周期表において同族でみると上にゆくほど原子核と電子の間の距離が小さくなるので結合相手の電子をより多く自分のほうにひきつける，つまり電気陰性度が大きくなり，2) 同周期では右にゆくほど原子核の電荷が大きくなるので，これもまた電子を強くひきつける．フッ素はこの両方にあてはまるので電気陰性度が大きい．水素は 1) にはあてはまるが 2) にはあてはまらないので電気陰性度はあまり大きくない．しかし，ナトリウムやマグネシウムよりは大きい，という具合に理解しよう．電気陰性度は図 1・4 の周期表で矢印の方向へ大きくなる．

電気陰性度はポーリング博士が共有結合の強さの違いを説明するために考えだした．電気陰性度の異なる元素間の結合は共有結合のほかに極性結合も加味されるので，共有結合エネルギーだけから予想するより強く，安定となる．

水によく溶けるもう一つのものは，NaCl（塩化ナトリウム，すなわち食塩），KCl（塩化カリウム），$MgCl_2$（塩化マグネシウム）のような**イオン化合物**である．イオン化合物の場合は 2 種類の元素の間の電気陰性度の差がさらに大きく，Na：Cl と書いた場合の二つの電子は，二つとも完全に塩素（Cl）の側に偏って Na^+ と Cl^- になっているのだ．そのため，結晶を水に入れるとナトリウムはナトリウムイオン，塩素は塩化物イオンとなってそれぞれ自分のまわりに水分子を集めてお互いから離れていってしまう．つまり，水の中に，Na^+，Cl^- という 2 種類のイオンに分かれてよく溶ける．それぞれのイオンは図 1・5 のように自分のもつ電荷を中和するような向きに水の分子を何個もひきつけている．NaCl という構造をもつ食塩はなめると塩辛い味がする．これがナトリウムイオンの味なのか，塩化物イオンの味なのかはむずかしい問題だ．ナトリウムイオンだけ，あるいは塩化物イオンだけを水に溶かしてなめてみるということができないからだ．しかし，おそらく Na^+ がおもな役割を果たしていると

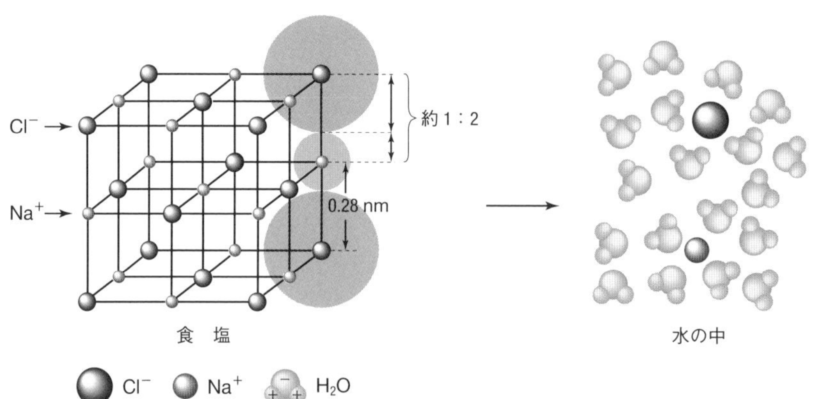

図 1・5　水に溶ける食塩． 食塩はナトリウム(Na^+)と塩素(Cl^-)が規則正しく交互に並んだ結晶であるが，水の中に入れると Na^+ は Na^+，Cl^- は Cl^- でまわりに水分子を従えて溶け出してしまう．右の図は左の図に比べて約 1/3 に縮小してある．左図で Na^+ と Cl^- は薄い色の円で示した大きさをもっている．

考えられている．

水に溶けにくいもの

一方，電子の配置に偏りの少ない共有結合の代表的なものは，電気陰性度の差が小さい炭素と水素がつくるC－H結合である．C－H結合の多いものは“アブラ”であり，“水と油の関係だ”などと称するほど水とは混じり合わない**疎水的**な性質をもつ．疎水とは水を疎(うと)んじる，つまり嫌うという意味だ．C－Hばかりでできた分子の代表的なものは，メタン，エタン，ブタン，ペンタン，ヘキサン，…と続く炭化水素である．これに加えてC=Cのような不飽和結合をもつものには，エチレン，ベンゼン，ナフタレン，などがある．完璧な炭化水素をもっている生物はつやの美しいゴキブリ以外は少ないが，炭化水素に近い性質をもつ“脂肪酸”や“コレステロール”は生物にとってきわめて重要な物質である（2章）．脂肪酸は図1・6に示したように炭化水素の一番はじにカルボキシ基（－COOH）がついていて，その分だけ炭化水素より少しだけ水と混じりやすい親水性もあり，反応性もあるが，それ以外の部分は水に対する親和性のないたいへん疎水的な分子である*．

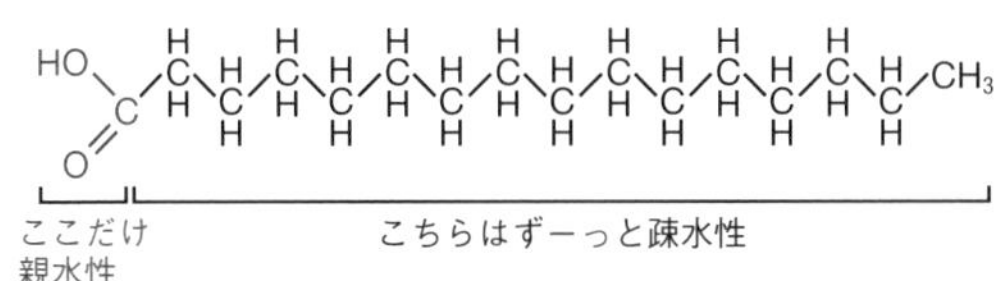

図 1・6　水に溶けない脂肪酸． 水に溶けないものは分子の中にC－Hという電気的に偏りのない（極性のない）炭素と水素の結合をたくさん含んでいる．アルキル基部分が長い脂肪酸の分子は水に溶けないものの典型である．端のカルボキシ基は親水性がある．

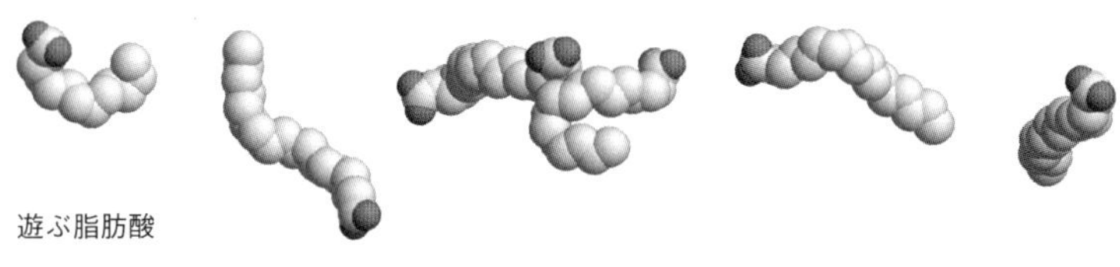

* pHが中性の体内では酸は解離型，塩基はプロトン化型で存在するものが多いが，本書では非解離型で示している．

空　気

水と並んで生命にとって重要な空気は，酸素(O_2)と窒素(N_2)の混合ガスである. 窒素は安定な分子なので体内で他の分子に反応をしかけることはないが，酸素は反応性が高い. ほかの分子に結合して**酸化物**をつくるか，電子を一つ拾ってきて反応性の高いスーパーオキシドアニオンという**活性酸素**になる．この活性酸素は，タンパク質や核酸，細胞膜にダメージを与え続けるので，老化の原因になるといわれている．生命の発生を待っていた45億年前の地球上に反応性の高い酸素分子が初めからあったなら，その酸化力におされて生命はなかなか発生しなかったろう．事実，原始地球上には酸素は少なかった.

ところが現在の私たちが食物からエネルギーを取出すことができるのは，空気中に酸素がふんだんにあるからだ．つまり，**糖質**とか**脂質**のように水素をたくさんつけた炭素が食物であり，大きいエネルギーをもつ．これから水素をとって二酸化炭素(O＝C＝O)にし，水素をO_2に渡してエネルギーの小さい水に変える間に取出されるエネルギーを利用して私たちは生きているのだ．しかし，世の中には酸素なしでも生きてゆける生物がたくさんいる．酸素以外のものが，炭素と水素の結合を切るときの“受け皿”になってくれればよいのだ.

これから解説する生化学反応は，その第一段階ではC−H結合が多く還元度の高い食物を間接的に酸素で酸化し，そのとき出てくる余分のエネルギーを**ATP**（**アデノシン5′-三リン酸** adenosine 5′-triphosphate）という使いやすい小単位にまずつくり替える．次に，こうしてつくったATPを生体活動のエネルギー源として使う．その方法は**ATP分解酵素**を使ってATPからエネルギーを取出し，タンパク質，核酸，糖質，その他の分子をつくりあげる．これを細胞の形にまとめあげ，細胞分裂を繰返して子孫をつくってゆく．生化学の勉強に入る前に，生きる単位である**細胞**の働きと構造について簡単に調べておこう.

1・3　細胞の構造

細胞の中には生きるために必要ないろいろな仕掛けが配置されている．その仕掛けも細菌の細胞，原生動物の細胞，植物の細胞，動物の細胞でずいぶん異なっているし，同じ人間の細胞でも筋肉細胞，神経細胞，皮膚の細胞など目的によっても構造が違う．ここではまず細胞の簡単な模式図でだいたいどんな細胞にもあるような細胞内の仕掛けからみてゆこう（図1・7）.

まず, リン脂質がつくる親水性-疎水性-親水性の二重膜が細胞を囲む. 細胞には遺伝子をおさめておく**核**をもつ**真核細胞**と, 遺伝子はあっても核のない**原核細胞**とがある. 真核細胞は動物, 植物, 原生動物のような高等生物の細胞であり, 遺伝子は核タンパク質と結合し, **染色質**を形成して核内におさまっている. 原核細胞をもつ生物というのはだいたい細菌類のことで, 遺伝子は細胞内に広がって存在し, **核様体**とよばれる構造をつくっている. 真核, 原核どちらの生物の遺伝子も化学的には **DNA** という, 伸ばせば細胞の長さの何千倍, 何万倍にもなる細長い紐状の分子なので, これを細胞内や核内に上手に収納する必要がある. 核は**核膜**という脂質膜で細胞質と区別されているので, 核と細胞質の間での分子の往来は核膜のところどころにあいた直径 50〜80 nm の**核膜孔**を通して行う. 核膜孔はただの穴ではなく核に出入りできる分子を区別するために, 膜とは垂直方向に円筒状のタンパク質製の構造がついた精巧なものである.

真核細胞の細胞質には縦横に張り巡らされた**小胞体**という二重膜構造がある. タンパク質合成器官である**リボソーム**がたくさんとりついている小胞体は

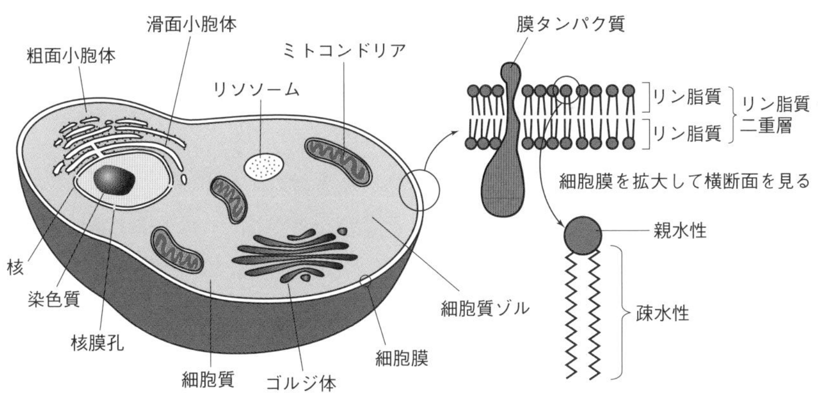

図 1・7 **真核細胞の模式図.** 動物, 植物のどちらをとっても細胞には**細胞膜**, **細胞質**, **核**がある. 細胞膜はリン脂質の二重層という構造が基本となっている. 細胞質にはゴルジ体, リソソーム, 小胞体, ミトコンドリアなど, リン脂質二重膜を基本とする**細胞小器官**がところせましとひしめいている. 細胞質ゾルにはまた多くの種類の酵素が溶けており, 細胞内の化学反応を秩序正しく進めている.

電子顕微鏡で見ると見かけがざらざらしているので**粗面小胞体**といい，とりついていないものを**滑面小胞体**という．上に述べた核膜も，もとを正せば小胞体の変形したものらしい．細胞をすりつぶした後では小胞体は小さい袋状のものとなり，**ミクロソーム**画分の主成分となる．原核生物には小胞体はない．

4章で説明するクエン酸回路，電子伝達系，ADPのリン酸化系などATPを生産するエネルギー代謝の中心は**ミトコンドリア**である．この小器官は内膜と外膜という2層の膜構造をもっており，内膜には多くの酵素や電子伝達タンパク質が埋込まれている．ミトコンドリアの形は実にさまざまなので模式図の形はほんの一例にすぎない．もっともっと長いものも観察されている．ミトコン

こんな細胞小器官も仲間入り

核，ミトコンドリア，葉緑体，リソソーム，小胞体などの古典的な細胞小器官に加えて，プロテアソーム，オートファゴソーム，相分離顆粒などが仲間入りしてきた．

プロテアソーム

細胞内で不要となったタンパク質を壊すのはタンパク質分解酵素の役割だが，どれがいらないタンパク質なのか，どこまでバラバラに壊すのかという難題がある．というのは個々のタンパク質分解酵素には基質特異性というものがあり，1種類ではあまり小さく刻めない．この操作を「私に任せて，なんでも壊します」といって進化してきたのが異なる基質特異性をもつ分解酵素を合体した巨大分子，プロテアソームである．不要となったり，立体構造が壊れたようなタンパク質はユビキチン化されプロテアソームに渡される．ユビキチンというのは「このタンパク質はもういりません」という荷札となる小さいタンパク質だ．プロテアソームで生じたアミノ酸数10個程度のペプチドは免疫系に提示されて抗体をつくるべきかどうかの判断を待つことになる．

オートファゴソーム

細胞内でリサイクルショップを開いている小器官で，不要となった細胞内タンパク質をアミノ酸にしたり，私たちが飢餓状態に陥ると，働きが増し，必要となる新規タンパク質合成の原料を供給する．オートファゴソームの前身となる膜構造が形成され，膜が伸長して細胞質のタンパク質などを取込む．ついで

ドリアは核とは独自に自分自身の遺伝子 DNA とタンパク質合成システムをもっていて，ミトコンドリア内で働くタンパク質のいくつかを合成している．全部は合成できないので，残りは核の遺伝子の情報を使って細胞質でつくられたものがミトコンドリアへ輸送されてくる．輸送先を間違えないように，タンパク質には宛先を示す印がついている．ミトコンドリアがこのように不完全ながら独自の遺伝子やタンパク質合成システムをもっているので，これは遠い昔に細胞内に入り込んできて居候（いそうろう），つまり**細胞内共生**した別の細胞のなれの果てではないかと考えられている．植物細胞は光合成をする**葉緑体**（**クロロプラスト**）という小器官をもっている．この器官も独自の遺伝子をもち，不完全なが

多種類の加水分解酵素を含むリソソーム（液胞）と融合してオートファゴソームが完成する．このとき，オートファゴソームの内側の膜に囲まれた部分が液胞に放出され，一重膜のオートファジックボディーとなる．これらの器官を使っての細胞内タンパク質リサイクルを**オートファジー**（自食作用）とよび，その最も基本的な生理的役割として，栄養飢餓におけるアミノ酸供給があげられるが，そのほかにも，細胞内タンパク質や細胞小器官の品質管理，細胞内侵入細菌の分解，発生・分化における細胞内再構築，抗原提示などが知られている．細胞内構造が自発的に破壊されて細胞死に至るアポトーシスとの違いは 8 章の章末で述べる．

相分離顆粒

この小器官には膜がない！という特徴があり，それでも形を保っているのは“相分離”のおかげである．油と水を同一容器に入れてかき混ぜてもしばらくすると，少量の水を含む油相と，少量の油を含む水相に分離する．身近にはサラダドレッシングというどこか不自由な感のある調味料でも見られる．この現象が生物体のような複雑な成分組成をもつシステムでも観察されて関心をよんでいる．P 顆粒とよばれる RNA 顆粒などの形成に相分離が関与していることがわかったことを皮切りに，クロマチン形成，転写活性化機構などでの活躍が報告された．また，アミノ酸変異による相分離異常が，神経変性疾患と関連していることも明らかとなり，生命科学におけるこの現象への注目はますます広がりをみせている．

ら一部のタンパク質の合成を行う細胞内共生器官らしい.

リソソームは脂質二重膜で囲まれた小胞で，内部は pH が 3〜5 の弱酸性となっている. 内部にはタンパク質，多糖類，脂質，核酸などを酸性で分解するさまざまな酵素が詰まっており，細胞内の消化器官である. 細胞内でいらなくなった高分子物質や細胞外から取込まれた食餌物質，外来物質を分解するので，タンパク質ならリソソームと協同でのオートファジー機能でアミノ酸に分解され，再び新しいタンパク質にリサイクルされる.

細胞膜はリン脂質を主成分とする**脂質二重層**が基本であるが，赤血球のように重量で 50%に及ぶタンパク質を含んでいることもある. 細胞膜の内側には細胞骨格とか裏打ちタンパク質とよばれるタンパク質を主成分とする構造があって，細胞膜がつぶれたりふくらみすぎたりしないように支えている. また細胞膜は**エンドサイトーシス**という運動をして細胞外の液体や粒子を膜で包み込んでは細胞内に送り込み，リソソームの膜と融合させて分解してしまう（6 章参照）. 細胞外分子の取込みに細胞膜にある**受容体**を使う方法もあり，この受容体に特異的に結合する分子を細胞内に取込んで分解する. 運動性の細胞は細胞膜を**偽足**として伸ばしてアメーバ運動したりするし，特別な繊毛やべん（鞭）毛といった運動用の外部器官をもっているものもある. 細胞内の形を整えたり，細胞内の物質輸送の際に鉄道輸送でいえばレール，トラック輸送ならハイウエーの役割も果たしているのは**細胞骨格**である. 細胞骨格は繊維状タンパク質が細胞内に縦横に張り巡らされたネットワーク構造をもっており，一番外側のアクチンを主成分とする構造は細胞膜と連結して細胞の形を維持したり，細胞の移動の原動力となっている. さらに内側には中間径フィラメントや微小管とよばれる繊維構造が張り巡らされている.

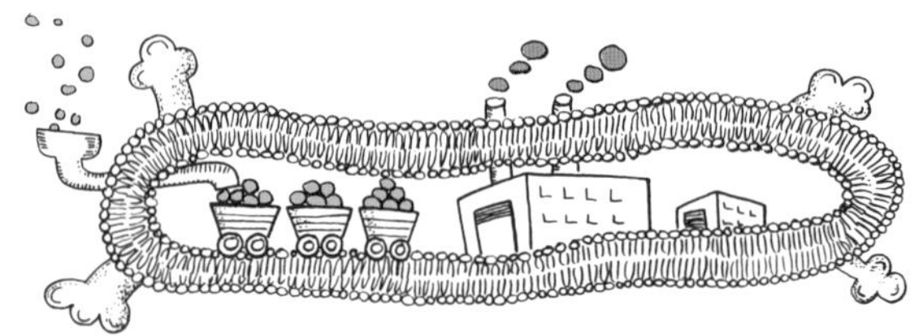

2

生体物質の化学

不思議なソフトマテリアルである生体をつくり上げる糖質，タンパク質，脂質，核酸の化学構造について学びます．タンパク質はアミノ酸，核酸はヌクレオチドが一列につながって細く，長い紐となっています．一つの細胞には合計で1mにもなるDNAがあり，一人の体全体ではその長さは太陽と地球の間を数往復する長さになります．

あなたの体をつくっている主要な化学物質は炭素，窒素，酸素，水素，硫黄，リンのような元素でできた**糖(質)**，**タンパク質**，**脂質**，**核酸**なので，本章ではこれらの4種の生体物質の構造と性質について解説する．それぞれの分類にはいる物質の種類は多く，構造もかなり複雑だから，各グループのなかで代表的なものの性質をよく理解しておこう．

2・1　糖　　質

グルコース

エネルギーの貯蔵体であるATP（4章参照）の生産に使われるのは**グルコース**（ブドウ糖）が中心で，デンプン，スクロース（ショ糖ともいうね．つまり砂糖のことだ），フルクトース（これは果糖），マンノースなどもグルコースに変換されてからエネルギー源となる．グルコースはスクロースやフルクトースほどではないがかなり甘い物質である．そのグルコースは6個並んだ炭素に5個のヒドロキシ基（−OH）がついていて，残りの一つの炭素がアルデヒド（−CHO）になっている．その形をまず図2・1で見てみよう．

グルコースは炭素と水素と酸素からできているから，炭化水素ではなく，**糖質**(炭水化物ともいう*)の一種である．炭化水素の炭素についていた水素(−H)

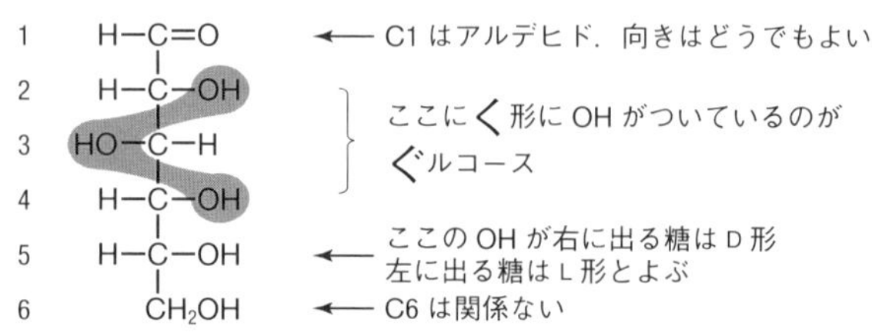

図 2・1　エネルギーの源，グルコース． グルコースの直鎖構造では一番上にアルデヒド炭素，2, 3, 4, 5, 6 番の炭素に −OH がついている．左右どちらに −OH がつくかが大事なのは 2 から 5 番までで，6 番目はどちらに書いても同じなので $-CH_2OH$ と書く．5 番の炭素の −OH が右だと D-グルコース，C2 から C5 までの −OH と −H がすべて入れ替わった鏡像は L-グルコースだ．図で炭素原子の左右を向く結合は紙面の前方，上下を向く結合は紙面の後方に向かってのびる（立体的な糖分子をこのように平面で表す方法をフィッシャー投影法とよぶ．糖の表し方にはこのほか次ページの図にあるような立体配座法，ハース法などがある）．

のいくつかが，−OH，つまりヒドロキシ基に置き換わっているから糖は大変親水的な分子である．砂糖が水にとてもよく溶けることは知ってるね．酸素は結合手が 2 本だから，炭素と水素との結合の間に入って両方を C−O−H と結びつけるとちょうどよいわけだ．グルコースは 6 個の炭素をもっているが，炭素を 3 個から 7 個までもつ単糖がふつうにみられる．化学では 3, 4, 5, 6, 7 をトリ，テトラ，ペンタ，ヘキサ，ヘプタというので，炭素が 3 個の糖から順に，トリオース（三炭糖），テトロース（四炭糖），ペントース（五炭糖），ヘキソース（六炭糖），ヘプトース（七炭糖）と“オース”をつけてよんでいる．グルコースでは 5 個の炭素が酸素をはさんで六角形をつくることが多く，ピラノース形とよばれる．その構造は図 2・2(a)のようないろいろな描き方で表されている．いろいろな描き方をせざるをえないわけは，炭素や酸素の結合手が平面的に四方または直線的に二方に出ているのではなく，炭素の場合は正四面体の頂点の方向に 4 本，酸素の場合は約 100 度の角度で 2 本出ているため，六角形が平ら

* 栄養学では，消化できて栄養素となるものを糖質，糖質に消化できない食物繊維を含めたものを炭水化物として，区別している．

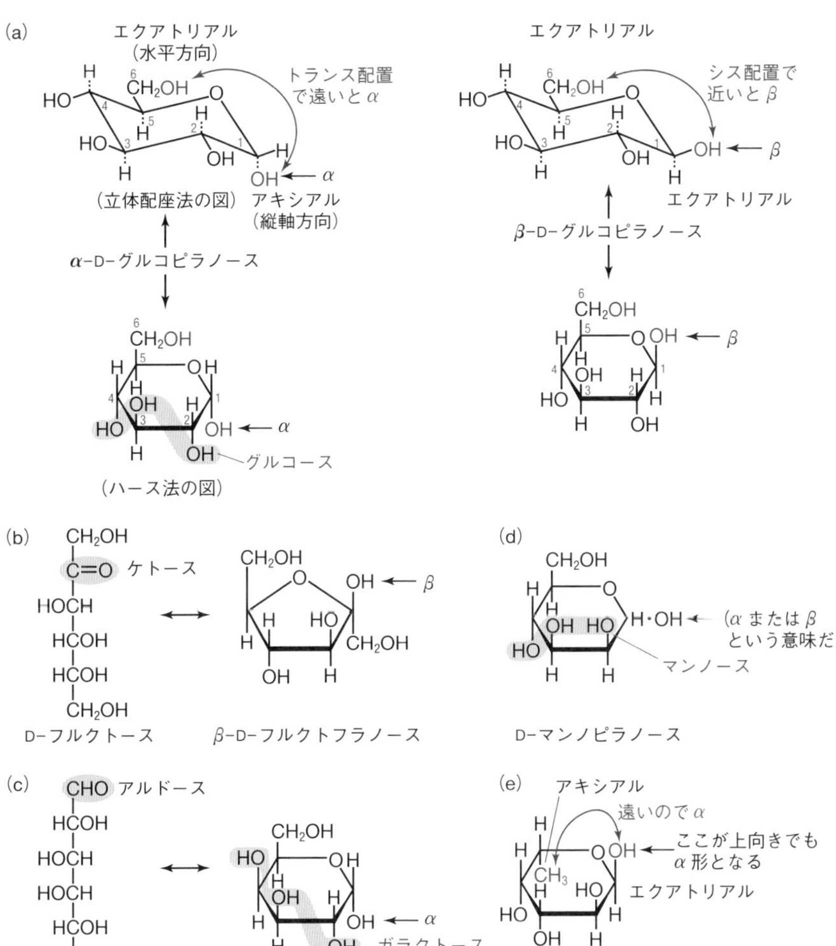

図 2・2 (a) **D-グルコースのピラノース形**. 6 員環をつくるとピラン と似た形になるのでピラノースという. C1 についている OH が最も大きい番号の不斉炭素に結合した置換基に対してトランスの位置にあると α-アノマー(立体異性体の意), シスの位置にあると β-アノマーという. (b) **D-フルクトース**. フルクトース(果糖)は 5 員環のフラノース形になりやすい. フラノースはフラン の形をしている. (c) **D-ガラクトース**. ガラクトースはグルコース同様ピラノース形 6 員環だが, C4 につく OH がグルコースと反対側だ. (d) **マンノース**. C2 につく OH がグルコースと反対側に出ている. (e) **フコース**. 6-デオキシ糖(C5 についているものが CH_2OH でなくて CH_3 だ) で L 形では α-アノマーの OH が上向きに出る.

でないからだ.

糖にはアルデヒド基（ホルミル基）をもつ**アルドース**のほかにケトン基（カルボニル基）をもつ**ケトース**とよばれる種類がある．その一つが大変甘い味がするのでよく知られている**D-フルクトース**（果糖）である．フルクトースはC2についているカルボニル基のOを使って**フラノース**という五角形に環化する．環化したときにホルミル基やカルボニル基は環内でヘミアセタール結合をつくり，還元性を維持する．

またグルコースのピラノース形環状構造では，ときどき環内の酸素とC1（1番目の炭素）の間の結合が切れて直鎖状の構造（図2・1）に戻ることがある．そのときは，一時的にアルデヒドの形を取戻した形をしているが，すぐにまた環状になる．環になるときC1と酸素の結合が180度回転したα形とβ形ができる．**α-アノマー**と**β-アノマー**だ．C1についているOHとC5の置換基（CH_2OHまたはCH_3）がトランス配置にあって遠い位置関係にあるものがα-アノマー，シス配置にあって近いものがβ-アノマーとなる．一度環になるとαからβへ，βからαへと変わることはできないが，環が切れれば，切れてい

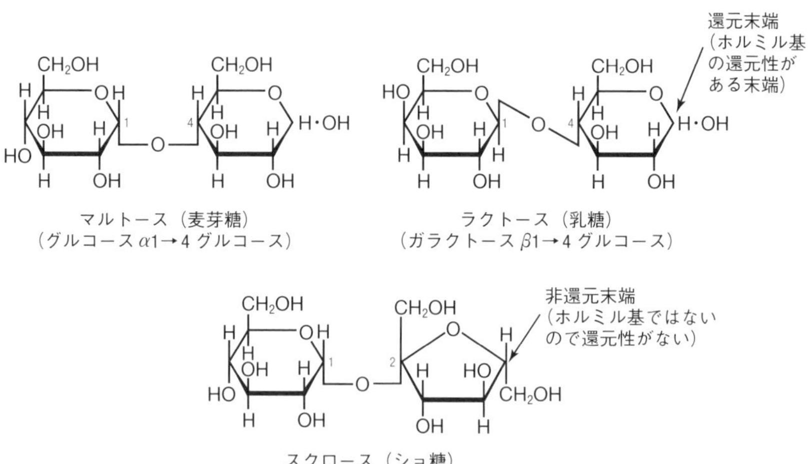

図 2・3　二糖類の構造． スクロース（ショ糖），ラクトース（乳糖），マルトース（麦芽糖）の3種の二糖類はグルコースにフルクトース，ガラクトース，グルコースが一つずつ結合している．スクロースはご存知甘党の糖，ラクトースは母乳の主成分，マルトースは水あめの成分だ．フルクトースとガラクトースの構造は図2・2に示した．

る間にくるりと回って$\alpha \leftrightarrow \beta$の**アノマー変換**が簡単に起こる.

砂糖，乳糖，麦芽糖とは一体何だ？

ピラノース形のグルコースが二つ，C1のアルデヒド性ヒドロキシ基 −OHとC4のヒドロキシ基が脱水縮合してつながり，**二糖**をつくる．C1のアルデヒドを使ったこのような結合を**グリコシド結合**といって，α-グリコシド結合した**マルトース**(麦芽糖)とβ-グリコシド結合の**セロビオース**の2種類ができる．グルコースのつながる相手が同じグルコースでない場合もあり，D-ガラクトースを相手に選んだグルコースは**ラクトース**(乳糖)という母乳にたくさん含まれる二糖をつくる(図2・3)．また,ショ糖(砂糖つまり**スクロース**)はフルクトースとグルコースという単糖が図2・3のようにグリコシド結合でつながった二糖である.左のグルコースのC1にα位でついているOが右のフルクトースのC2へβ位で連結するので，グルコース$\alpha 1 \rightarrow 2\beta$フルクトースとなる.

グルコースのポリマー

マルトースにしてもセロビオースにしてもC1のアルデヒド性ヒドロキシ基が一つ残っているから，さらに他のグルコース分子のC4についているヒドロキシ基と反応して三つ，四つ，五つ，とつながり，しまいには途方もなく大きな分子をつくることができる．α形グルコースばかりで$\alpha 1 \rightarrow 4$結合を繰返すと植物の**デンプン**や動物の**グリコーゲン**となり，$\beta 1 \rightarrow 4$結合を繰返す場合は植物の**セルロース**となる（図2・4)．デンプンとセルロースをつくる酵素はそれぞれ別だから，$\alpha 1 \rightarrow 4$結合と$\beta 1 \rightarrow 4$結合の混じったものの例は少ない．デンプンとセルロースはともにグルコースをつないでつくったものであるが，人間にとっては栄養価値がずいぶん違う.植物デンプンを人が食べれば栄養となるが,植物セルロースは消化することができないので栄養にならない．セルロースでできた木の皮とか幹，わらのたぐいは食べても栄養にならないが，繊維としては重要だ．馬や牛がわらを食べて栄養にできるのは，胃やルーメン(第一胃)中にセルロースを分解し，その結果生じるグルコースをさらに酢酸などにまで分解して供給してくれるルーメン微生物群がすんでいるからだ．自分の力でセルロースを分解して栄養にできるのは，木に穴を開けてすんでいるフナムシ，シロアリなどごく少数の動物だけといわれている.

植物はデンプンやセルロースをつくることがわかったが，動物がつくるグルコースのポリマーは**グリコーゲン**といって，私たちのエネルギーの源になっている高分子だ．グリコーゲンはデンプンと同じ α1→4 グリコシド結合でグルコースがつながっている直鎖状の部分と，α1→6 結合で枝分かれしてからまた

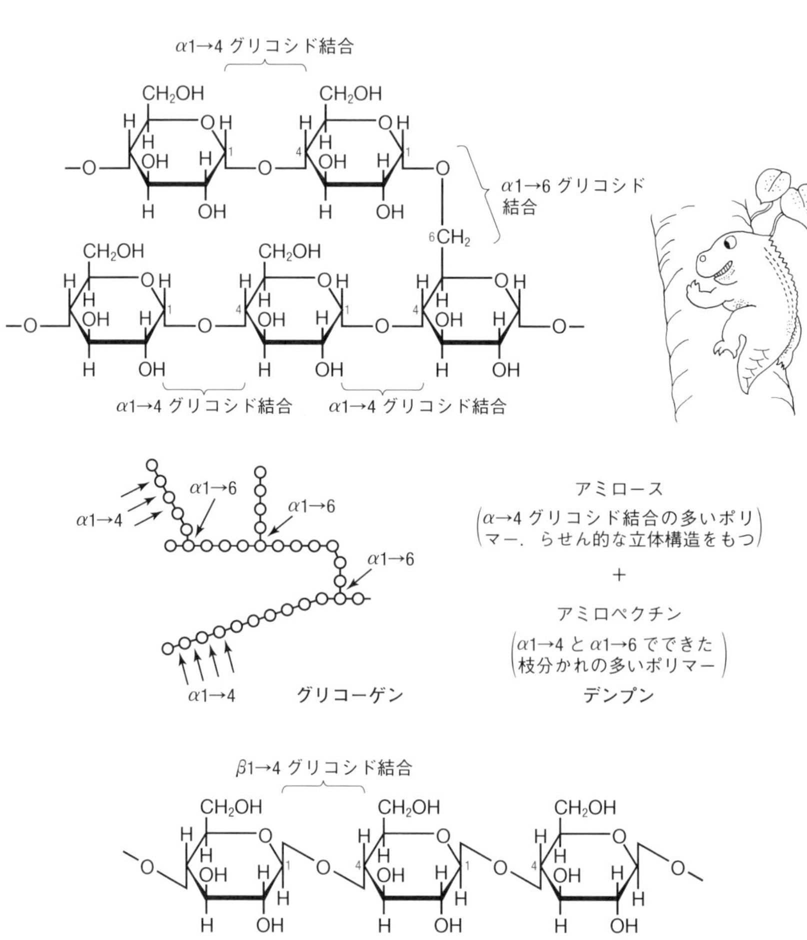

図 2・4　動物のグリコーゲン，植物のデンプンとセルロース． グルコースがたくさんつながってできるポリマーにはおもに α1→4 結合でつながるグリコーゲンとデンプン，β1→4 結合でつながるセルロースがある．グリコーゲンとデンプンには α1→6 結合している枝分かれ構造がある．左上の図に α1→4 結合と α1→6 結合を示す．

α1→4 結合で伸びてゆく部分がある．デンプンの場合は直鎖状のアミロースとα1→6 結合の枝分かれを含むアミロペクチンの 2 種類が混ざっているものが多い．もち米はアミロペクチンがほとんどである．つまり，枝分かれが多いともちもちする分子となる．

リボースとデオキシリボース

五炭糖の D-リボースと D-デオキシリボースは，それぞれ本章（§2・4）や 8 章の核酸の項で学ぶ **RNA**（リボ核酸 ribonucleic acid の略）と **DNA**（デオキシリボ核酸 deoxyribonucleic acid の略）の構成成分なので生化学ではよく出てくる糖である．DNA をつくっているのは正確には，D-2-デオキシリボースで，2 番目の炭素についていた −OH が還元酵素の作用で −H になっている（図 2・5）．酸素がないという意味でデオキシという．

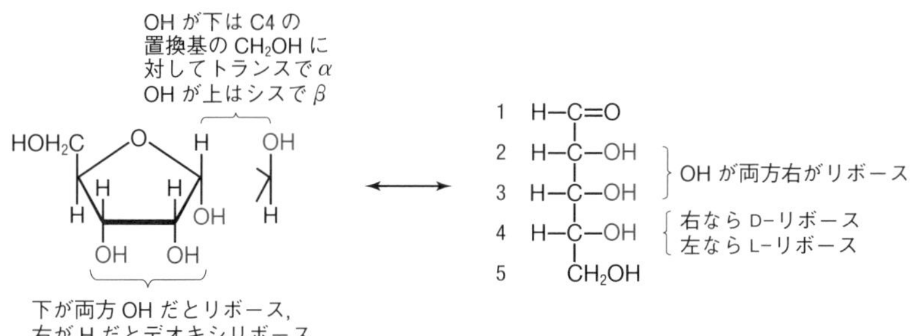

図 2・5 D-リボースと D-2-デオキシリボース． リボースは五炭糖でフラノース形という五角形の環形をとっている．リボースは RNA の成分であり，デオキシリボースは DNA の成分である．

糖はアルデヒド，ケトン，ヒドロキシ基などの反応性の高い官能基をたくさんもっているため，重合体をつくるとき，いろいろな位置にある官能基に置換基がつくので大変たくさんの種類の構造が可能となる．かつてはその複雑さが生化学の難関の一つであったが，最近ではむしろ構造の複雑さに基づく生体機能の多様性が注目されるようになり，生化学の花形分野である．

アミノ糖

糖のヒドロキシ基の一つ以上がアミノ基で置き変わっているものに，グルコサミン，ガラクトサミン，マンノサミン，フコサミン，などのアミノ糖がある（図2・6）．また，アミノ基にアセチル基がアミド結合でついている，*N*-アセチルグルコサミン，*N*-アセチルガラクトサミン，*N*-アセチルノイラミン酸が生体に多い．エビやカニの殻をつくっているキチンは*N*-アセチルグルコサミンの重合体であり，近年その有効利用法がいろいろ考えられている．そのなか

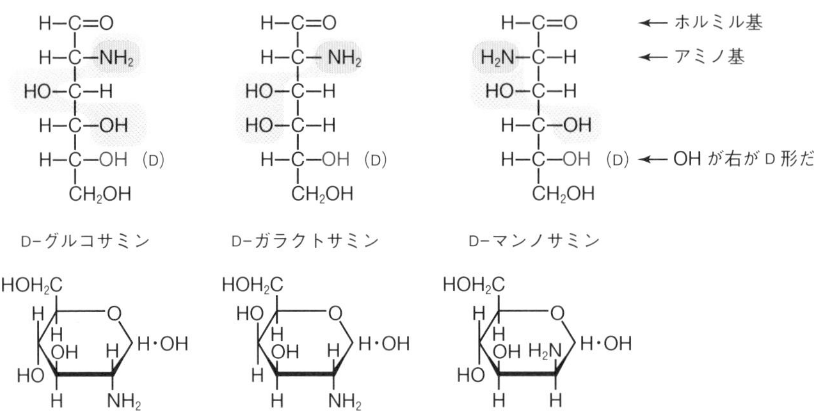

図 2・6　いろいろなアミノ糖. グルコース，ガラクトース，マンノースなどの C2 の OH がアミノ基になっているのがアミノ糖で，グルコサミン，ガラクトサミン，マンノサミンという．生体にはアミノ基に酢酸がアミド結合した*N*-アセチルグルコサミン，*N*-アセチルガラクトサミン，*N*-アセチルノイラミン酸が多い．灰色の部分は不斉置換基の位置を示している．

には重度の火傷を治療するために一時的に用いられる人工皮膚や食品添加物としての利用がある．糖タンパク質（後述）の非還元末端の糖鎖は**シアル酸**という*N*-アセチルノイラミン酸の誘導体であることが多い（図2・7）．このシア

図 2・7　シアル酸. 炭素数 9 のノイラミン酸は天然にはアミノ基に脂肪酸がついたアシル誘導体（シアル酸）として存在する．図はそのなかの二つの例で，*N*-アセチルノイラミン酸はヒトに多く，*N*-グリコリルノイラミン酸はヒトにはない．植物からのシアル酸は少数の例でしか見つかっていない．

細胞と外界との接点：グリコカリックス層

グルコースやマンノースがつながった糖鎖は，その配列構造が遺伝子によって直接決められてはおらず，どの単糖を何のあとにどういう結合様式でつなぐのか，ということを知っているたくさんの酵素が協力してつくり上げるものである．アミノ酸やヌクレオチドは1列にしかつながらないが，糖質はたくさんのヒドロキシ基をもっているので，1列につながるだけでなく枝分かれができるし，これがまた機能のうえで大事なので，8章で述べるタンパク質のアミノ酸配列のようにDNAの塩基配列で直接指定しにくいのではないかな．

注目の糖鎖に細胞表面にある**グリコカリックス**がある．これは細胞膜に埋められている膜タンパク質や膜脂質から細胞膜の外側に向けて生えており，細胞表面を覆っている．糖鎖はタンパク質のようなきちんとした立体構造がないので，細胞表面から海草のようにゆらゆらと生えている（図参照）．こういう生え方を高分子の言葉では，ブラシ状という．小腸表面細胞には図で赤く見える細胞膜のブラシ状突起があり，その表面をブラシ状高分子が覆っている．小腸や胃は食物を消化するとき壁をこすり合わせるので，まさつで細胞が壊れないようにまさつを減らす工夫といえるし，食物を消化するタンパク質分解酵素が胃や小腸の壁を消化しないように酵素の細胞への接近を防ぐ役目も果たしているわけだ．ほかにも体には細胞表面を糖鎖で覆ってウイルスや細菌の進入を防ぐ“粘膜”があちこちにあるが，こういう粘膜は細胞表面が糖鎖で覆われているので“粘”なのだ．

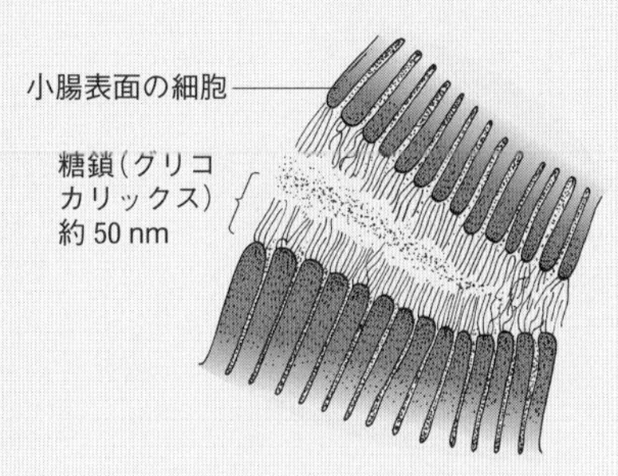

粘膜以外の細胞も表面に糖鎖をもっているものが多いのは，細胞どうしの間で相手を見分けるのに表面糖鎖を目印にしているのだということがわかってきて，多くの研究者の目をひきつけている．相手の細胞表面にある糖鎖の構造を見分けて，遠ざけるべきか，親交を結ぶべき相手かを決めるのに使われるのは，糖鎖の構造を見分けて結合したり結合しなかったりする“レクチン”というタンパク質がおあつらえむきだ．レクチンはたとえば，α-グリコシド結合をもつマンノースに結合する，というような特異性をもっているタンパク質なので，目的にあったレクチンを細胞表面にもっていれば，接触する相手の素性を見分けられるということになる．

ル酸を取除いたアシアロ（シアル酸がないという意味）糖タンパク質は迅速に血流から取除かれる．つまり，血液中に長く残るにはシアル酸がついていないといけないわけだ．また細菌の細胞壁をつくっている多糖類の構成成分に*N*-アセチルムラミン酸という分子がある．

ウロン酸などカルボキシ基をもつ糖

D-グルコースのC6炭素がCH_2OHからカルボキシ基 −COOH に酸化されると**D-グルクロン酸**という名の**ウロン酸**となり，C1のアルデヒドがカルボキシ基にかわると**D-グルコン酸**という名に変わる．グルコン酸はハチミツに多く含まれ，食品添加物・健康食品として用いられているし，グルクロン酸は植物や細菌の多糖類の原料となる．動物ではエストロゲンのようなステロイドホルモンの尿中への排せつを補助するためなどに使われている．C1もC6も両方ともカルボキシ基に変わったものは**D-グルカル酸**という糖酸である．グルコースだけでなくD-ガラクトースのウロン酸は**D-ガラクツロン酸**で，この糖が$\alpha 1 \rightarrow 4$結合で重合したものは植物果実の細胞間物質である**ペクチン**の原料である．ペクチンはジャムの伸びをよくする食品添加物として使われている．

2・2 タンパク質

タンパク質（protein）は私たちの体をつくり，動かしている張本人である．1章では働く分子としての酵素タンパク質を簡単に紹介したが，酵素以外のタンパク質もいろいろあるので，ここで一度タンパク質の性質を広い視野で眺めてみよう．タンパク質の原料はアミノ酸で，20種類と決まっている（最近例外的に使われる2種類のアミノ酸が発見されている．コラム〈ちょっとめずらしいアミノ酸〉参照）．

アミノ酸の立体化学

アミノ酸（amino acid）は中心においた結合手が4本の炭素に，アミノ基（$-NH_2$）とカルボキシ基（−COOH），それに水素のほかにもう一つの原子団がついている．この原子団が水素のときはグリシンという名の一番簡単なアミノ酸となる．これが水素でないものに残りの19種類のアミノ酸があり，19種類あるこの部分をまとめて −R と書いて**側鎖**ということにすると，アミノ酸の構造は次のようになる．

R
$H_2N-\overset{|}{\underset{|}{C}}-COOH$　で α-アミノ酸
H

（C: α 炭素だ，H_2N: アミノだ，COOH: 酸だ）

カルボキシ基がついている中心の炭素を **α 炭素**という．α 炭素にアミノ基もついているから**アルファ-アミノ酸**だ．α 炭素についている 4 個のグループがみな違うから，この炭素は対称性の悪い**不斉炭素**である．C−H の軸を C が目に近く，H が遠くなるように下向きに見てほかの 3 個のグループの大きさを比べると，アミノ基の窒素（原子量 14），カルボキシ基（炭素に原子量 16 の酸素が 2 個もついている），側鎖〔炭素に炭素（原子量 12）がついているものがほとんど〕という順に左回りになるので，このアミノ酸は *S*（sinister）形という．右回りなら *R*（rectus）形である．D/L 表示では同じアミノ酸が L 形となる．*S* 形以外に上記のように眺めると右回りとなる *R* 形もあるが，タンパク質の材料になるのは，(*S*)-α-アミノ酸（別名 L-α-アミノ酸）だけだ．側鎖に硫黄（原

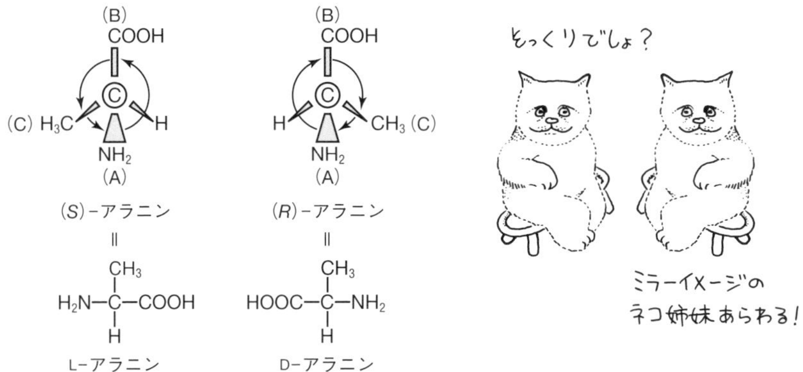

図 2・8　(*S*)-α-アミノ酸と *R*/*S* 表示． 同じ炭素原子からカルボキシ基とアミノ基が出ているものを **α-アミノ酸**という．カルボキシ基がついている炭素を一般に α 炭素というからだ．α 炭素へのアミノ基，カルボキシ基，側鎖，水素のつきかたで図のように *S* と *R* の 2 種類の鏡像関係にある立体異性体ができる．C−H を軸とした上の自動車のハンドルモデルで *R* 形，*S* 形を区別しよう．別に D/L 表示法もあり，これによると (*S*)-アラニン，(*R*)-アラニンはそれぞれ L-アラニン，D-アラニンとよばれる．

子量 32）がついているシステイン，シスチンは例外で，L 形が *R* 形となる．まとめると，不斉炭素に結合している 4 個の原子団を原子量の大きい順に A ＞ B ＞ C ＞ D（つまり D は水素，H）としたときに，炭素から H へ伸びる結合軸をハンドルの軸に見立てて，残りの 3 個のグループでできたハンドルを両手で握ったつもりで見ると，A→B→C の順が時計回り（右回り）になるものは *R* 形，左回りになるものは *S* 形と決める．カーン-インゴールド-プレログの表示法または *R/S* 表示法という．この方法では，システイン，シスチン以外の L 形のアミノ酸（図 2・8）はみな *S* 形となる．グリシンは異性体がないので *R* 形も *S* 形も同じである．

アミノ酸の側鎖

20 種類の側鎖は図 2・9 のように一見雑多に見えるが，その化学的性質を考えてみると，

1）親水性のもの（極性基，解離基をもつ）

2）疎水性のもの（炭化水素部分が大きい）

ちょっとめずらしいアミノ酸

タンパク質をつくるアミノ酸が現在では 22 種類に増えていることも知っておこう．その第一は L-セレノシステイン（コドンは UGA でふつうは終止コドンである，8 章参照）であり，第二は L-ピロリシン（コドンはやはり終止コドンの UAG）である．セレノシステインはシステインがもつ硫黄がセレンという金属元素に置き換わったアミノ酸であり，この元素を含まない環境で起こる疾病の研究から発見された．セレノシステインを含むタンパク質にはグルタチオンペルオキシダーゼおよび細菌由来のギ酸デヒドロゲナーゼなどがある．

ピロリシンは *Methanosarcina barkeri* というメタンガスをつくり出す細菌のメチルアミンメチルトランスフェラーゼという名の酵素で発見された新しいアミノ酸である．

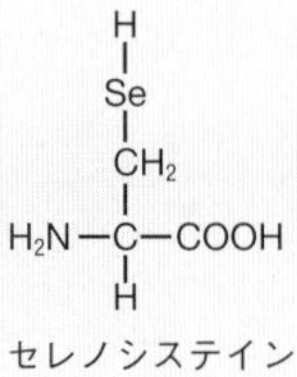

セレノシステイン

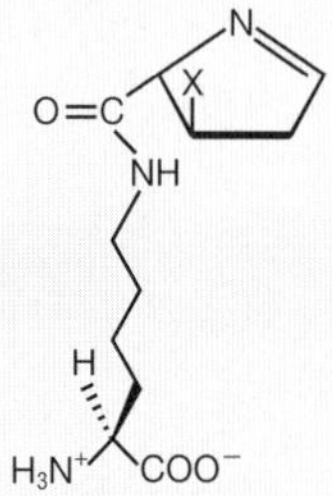

ピロリシン
X は CH_3, NH_2 または OH. などである

にまず分類できる．親水性の側鎖のなかでは，

1）イオン性のもの（陽イオンと陰イオンをもつものがある）

2）非イオン性のもの

がある．疎水性のものには，

1）脂肪族のもの（柔らかくて長いものが多い）

2）芳香族のもの（大きくて固いものが多い）

の2種類がある．また，*S*をもつメチオニンも疎水性，システインもどちらかというと疎水性である．

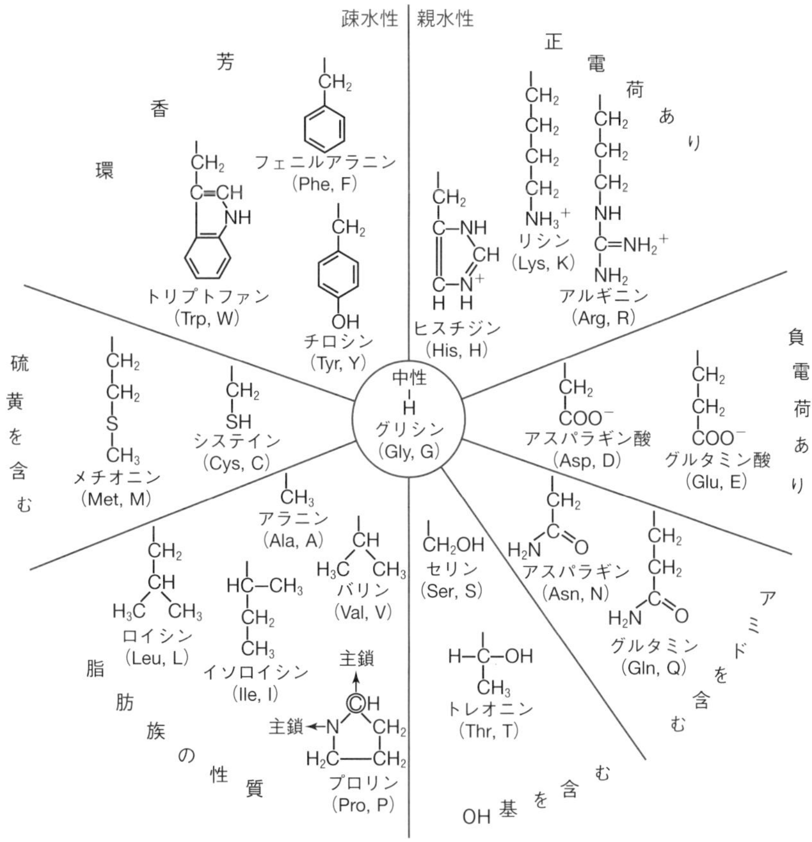

図 2・9 アミノ酸の側鎖． (*S*)-*α*-アミノ酸は側鎖とよばれる原子団の違いによって多様な性質をもつ．システインが2個以上あると必要に応じてジスルフィド架橋をもつシスチンとなる．名称の下の（ ）内は三文字表記と一文字表記．

グリシンは側鎖が水素だけなのでタンパク質の中で“場所をとらない”という特徴を生かした使い方をされている．またプロリンは α 炭素（図2・9で○印）と窒素原子が環状構造の中に入っているのでアミノ酸ではなく，**イミノ酸**という分類になる．

ポリペプチド

タンパク質はアミノ酸がただ集まったものではなく，アミノ酸を二つ並べたとき，図2・10のように左のアミノ酸のカルボキシ基 $-\mathrm{COOH}$ と右のアミノ酸のアミノ基 $\mathrm{H_2N}-$ から $-\mathrm{OH}$ と $-\mathrm{H}$ がとれて $-\mathrm{CONH}-$ という結合（**ペプチド結合**という）をつくってつながっている．アミノ酸は二つだけでなく，この調子で（カルボキシ基，アミノ基），（カルボキシ基，アミノ基），……というふうにペアをつくり，その間から $-\mathrm{OH}$ と $-\mathrm{H}$ が $\mathrm{H_2O}$ をつくってとれてゆくと，同じペプチド結合の繰返しをもち，両端にはアミノ基とカルボキシ基を一つずつ残した長い長い分子ができあがる．これが，タンパク質の原型で，ペプチド結合がたくさん（ポリ）あるから**ポリペプチド**だ．いま書いた，$[-\mathrm{CONH}-\mathrm{C}-\mathrm{CONH}-]$ の繰返している部分を**主鎖**といい，主鎖の α 炭素からは水素と側鎖（R）が突き出している．$-\mathrm{NH}-\overset{\mathrm{R}}{\underset{\mathrm{H}}{\mathrm{C}}}-\mathrm{CO}-$ という元のアミノ酸に対応する部分をアミノ酸残基という．

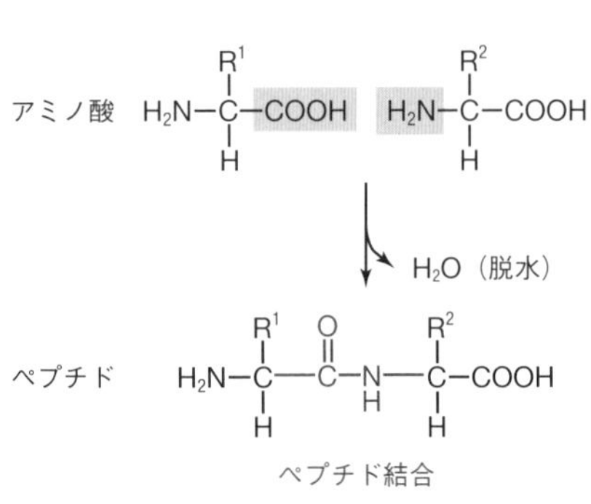

アミノ酸　$\mathrm{H_2N}-\overset{\mathrm{R^1}}{\underset{\mathrm{H}}{\mathrm{C}}}-\mathrm{COOH}$　$\mathrm{H_2N}-\overset{\mathrm{R^2}}{\underset{\mathrm{H}}{\mathrm{C}}}-\mathrm{COOH}$

↓ $\mathrm{H_2O}$（脱水）

ペプチド　$\mathrm{H_2N}-\overset{\mathrm{R^1}}{\underset{\mathrm{H}}{\mathrm{C}}}-\overset{\mathrm{O}}{\mathrm{C}}-\underset{\mathrm{H}}{\mathrm{N}}-\overset{\mathrm{R^2}}{\underset{\mathrm{H}}{\mathrm{C}}}-\mathrm{COOH}$

ペプチド結合

図 2・10　ペプチド結合．二つのアミノ酸を並べて書いて，左のアミノ酸のカルボキシ基と右のアミノ酸のアミノ基から水1分子分を取除いてつないだ $-\mathrm{CO}-\mathrm{NH}-$ がペプチド結合だ．たくさんつながると**ポリペプチド**が誕生する．

アミノ酸配列

これでタンパク質の原型はできた．しかし，できあがったポリペプチドがただの紐状の分子でなく，図1・1や図1・2で見たようなきちんとした**立体構造**を自分でつくり上げなくては，まだタンパク質とはいえない．ポリペプチドが立体構造をつくるかつくらないかの鍵は，ポリペプチドの中で20種類のアミノ酸残基どうしがどういう相互作用をするかにあり，それはアミノ酸がどのような順序で並んでいるかという，**タンパク質のアミノ酸配列**によって決まる．どのような立体構造をつくり，どのような機能をもつタンパク質となるかもすべては“アミノ酸配列のもつ立体化学的情報”の中に収められている．

必要な機能をもつタンパク質を人工的につくるときは，そのような機能を発揮することのできる立体構造を考え，次にその立体構造をつくり上げることのできるアミノ酸配列を決める．そのあとは，決められたアミノ酸配列の設計図に従って，20種類のアミノ酸を順番にペプチド結合をつくりながらつないでゆけばよい．

この便利な原則をはっきり示したのが“アンフィンセンのドグマ”とよばれている実験である．アンフィンセンはリボヌクレアーゼAというタンパク質分子の立体構造を尿素などの化学試薬で壊して，決まった立体構造のない屈曲自在なランダムコイルという状態にしてから透析法を用いて尿素を除けば元の立体構造が取戻せることを示した．尿素は立体構造を壊すがアミノ酸配列には変化を与えない“変性剤”だ．4個あるジスルフィド結合を還元剤で切断しても再び酸化すると正しい組合わせで再現されることも示した．こうしてこのタンパク質の立体構造が与えられたアミノ酸配列について，熱力学的にみても最も安定な立体構造をとっていることが示されたのだ．この原則はほかのタンパク質についても広く示され，生化学の基礎的な原理となった．ついでながら，ジスルフィド結合というのは二つのシステインの −SH 基が近寄ったときに，水素がとれて−S−S− という橋架けとなったもののことで，ポリペプチドの構造をかなり制限する効果がある．

遺伝情報とタンパク質のアミノ酸配列

体が必要とするタンパク質のアミノ酸配列を決めるのは，両親からもらった遺伝子だ．遺伝子は**デオキシリボヌクレオチド**（§2・4参照）という分子が長い鎖状につながったもので，**デオキシリボ核酸**つまり**DNA**とよばれる分子である．デオキシリボヌクレオチドには4種類あり，1列につながるとその並び方によって“情報”をもつことのできる分子となる．英語では26文字のアルファベット，日本語では“いろは47文字”の並べ方を工夫すると意味のある文章がつづれるのと同じ原理である．ただヌクレオチドを使った遺伝文字は4文字とその数が少ない．DNA上のヌクレオチドの並び方で示された文章を翻訳すると，ある決まった**アミノ酸配列**があらわれる．このアミノ酸配列をもったポリペプチドを忠実に合成すれば，立派に機能をもつタンパク質となる．その仕掛けは，8章で説明しよう．

立体構造の形成

合成されたタンパク質は，水中に放っておけば自然にすばやく活性のある立体構造をつくるのだが，そのくわしい原理の詳細はよくわかっていない．おおまかには，

1) 疎水性の側鎖は水から離れて分子の中心に集まり，互いにくっつきあって“疎水性の核”を形成する
2) 親水性の側鎖は疎水性の核のまわりに分布して，タンパク質の表面が水と親和性のよい状態になるようにする．そうしないと，タンパク質がよく水に溶けなくなり，沈殿してしまう．沈殿すると酵素などは活性を発揮できない

という原理がある．さらにくわしくみると，

1) 側鎖の種類と並び方によって，主鎖が**αヘリックス**という右巻らせん構造と，**βシート**という平板構造をとっている部分がある（図2・11）．どういうアミノ酸配列がαヘリックスをつくり，どういうアミノ酸配列がβシートをつくるかについては，多くの研究がなされてきた．
2) αヘリックスもβシートも短いものが，$\alpha, \beta, \alpha, \beta$, という具合に互いに繰返し合ったり，途中に**折れ曲がり**構造をもちながら$\alpha, \alpha, \alpha, \alpha, \beta, \beta, \beta, \beta$と続いている
3) 分子内の二つのシステインの間で必要に応じて −S−S− というジスルフィド架橋が形成される

ということがわかる．

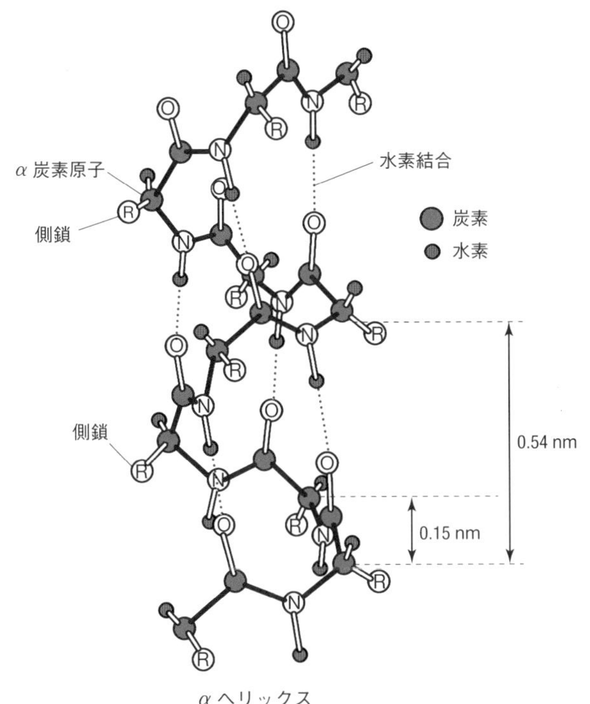

αヘリックス

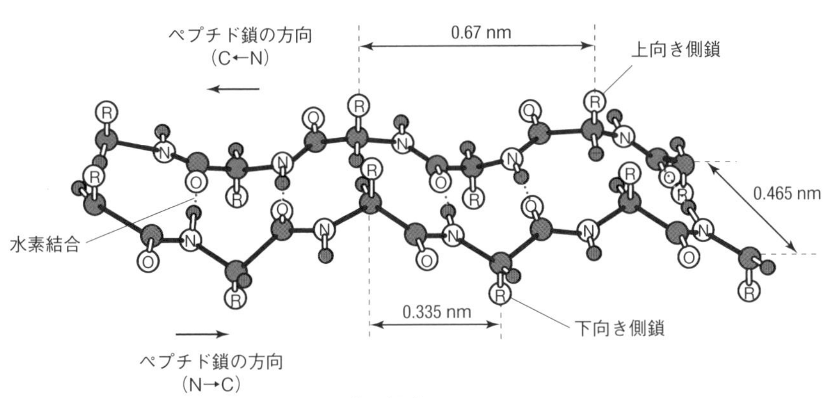

逆平行βシート

図 2・11 αヘリックスとβシート. らせんになるかシートになるか，あるいはどちらもできないかはポリペプチドの側鎖の種類とその順番によって決まる．αヘリックスは1残基当たり0.15 nmの軸方向移動があり，3.6残基（0.54 nm）で1回転するらせんである．βシートには上図のようにペプチド結合が反対向きのものと同じ方向を向いたものがあり，それぞれ逆並行βシート，並行βシートとよぶ．

αヘリックスとβシート

αヘリックスは主鎖の $-C=O$ が三つおいた隣，つまり4個目のアミノ酸残基の $-NH$ と**水素結合**をつくっており，それが順々に隙き間なく繰返しているので，丈夫で曲がりにくい“柱”の役目を果たす．βシートはやはり，$-CO$ と $-NH$ の間に水素結合のある平たい構造で，建築材としては“板”にあたる．

αヘリックスとβシートを組合わせてタンパク質の立体構造をつくるとすると，柱や板が外側に出て水と接触する部分では側鎖に親水性のものがあったほうがよいし，内側を向く部分は疎水性の側鎖が並んでいるほうがよい．柱と板，板どうし，柱どうしが向き合う部分では疎水性の側鎖がお互いどうし気持ちよく，しかも隙き間なく詰まるのが理想的だ．1960年代にタンパク質の一つミオグロビンの立体構造（図2・12）がX線結晶構造解析法でわかったとき，このような理想に近い構造を見て人々は驚嘆したものだ．

この課題全体をタンパク質のフォールディング（折りたたみ）問題という（コラム〈タンパク質のフォールディングとプリオン病〉参照）．

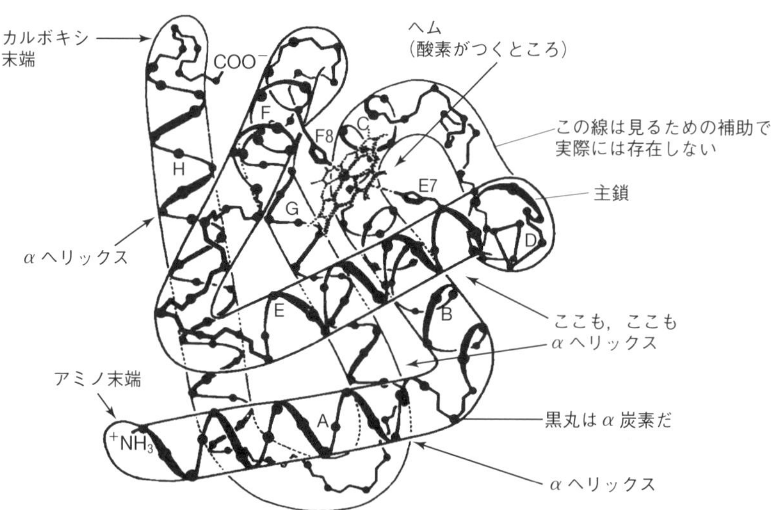

図 2・12 ミオグロビンの立体構造． ミオグロビンの立体構造を主鎖のつながりだけで表した．実際には側鎖分子が隙き間を埋めつくしている．主鎖がαヘリックスという二次構造をつくり，さらに図のように折りたたまれて球状の立体構造をつくっている．

タンパク質のフォールディングとプリオン病

タンパク質の主鎖をつくっているペプチド結合はじっと固まったものではなく，分子内回転という技で長く伸びたものから小さく丸まったものまで，そうとう自由にいろいろな形をとる．そのなかで一つだけが機能をもつ天然構造として選ばれて活躍する．膨大な数の形のなかから，一つだけに絞るにはこれまた膨大な時間がかかるのでこの作業を勝手気ままなポリペプチドだけに「任せてはおけない！」と喝破したのがレヴィンタールで，この問題は“レヴィンタールのパラドックス”として世に知られるようになった．その後，アンフィンセンによって天然構造は一番安定な構造ということが示され，偶然の産物ではないということがわかった．それ以後，タンパク質の天然構造形成はフォールディング（折りたたみ）問題として多くの研究者に取上げられてきている．原則は本文に述べたように，疎水性中心部の形成とαヘリックス，βシートを形成しやすい配列が率先してこれらの基本構造をつくる，というような点であるが，スタート地点のランダムコイル状態から最終ゴールの天然構造に至る間にどのような中間状態を経るのかについては現在でも議論が多く，詳細はコンピューターによる膨大な仕事を必要とする問題となっている．

話変わって，この原則が破られたのがプリオン病の病原体の発見だ．この病気はアルツハイマー病とも関連が深い．プリオン病ではふだんは何も悪さはしないプリオンという脳の膜タンパク質が外から入ってくる凝集性の強い病原プリオンに触発されて自分でも凝集物をつくり，廃棄されないまま組織を壊し始める点にある．この変異プリオンはふつうのプリオンとアミノ酸配列に変わりはないが，その立体構造が異なっていて，αヘリックスの多い構造からβシートの多い構造になっている．同じアミノ酸配列なのに異なる立体構造をつくるというのは，“アンフィンセンのドグマ”に反するとして怪しい説と思われたが，いまではプリオン以外にも二つ以上の異なる立体構造をとるタンパク質が知られてきており，信じられる説となっている．βシートの多いプリオンはひどく丈夫で熱にも強い手強い相手ですよ．煮ても焼いても「殺菌？」できない牛肉，狂牛病という騒ぎをひき起こした原因でもあります．

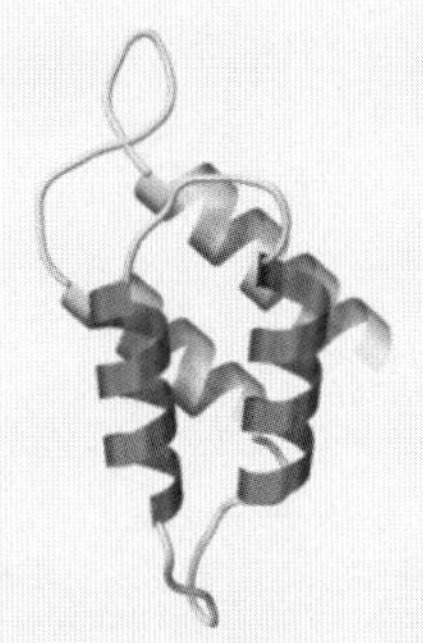
膜にある
正常なプリオン

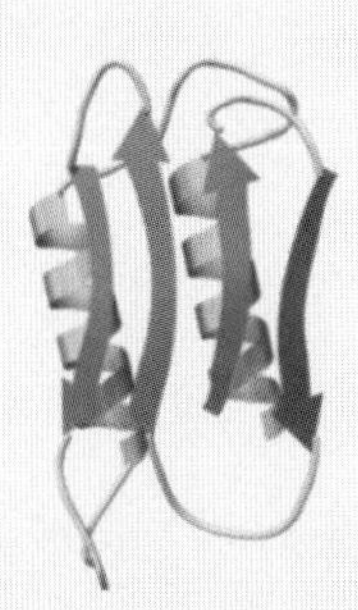
凝集しやすくなった
異常なプリオン

アミノ酸配列を決める方法

タンパク質はアミノ酸が重合して何百，何千とつながっているのが基本構造である．そして20種類のアミノ酸がどのような順番で並んでいるのかを調べるのが“配列決定”の仕事である．イギリス人のサンガーが考えだした最初の方法はジニトロフェニルアミノ酸法という方法であったが，現在はエドマンによって開発された**エドマン分解法**が使われる．この方法では，タンパク質のアミノ酸をN末端から一つずつ蛍光色素をつけながら切り取ってゆき，色素のついているアミノ酸の種類をクロマトグラフィーという分離・分析方法を使って決めてゆく．

蛍光色素をつけて切る試薬は図2・13に示すような形をしたフェニルイソチオシアネート(PITC)というもので，その −N=C=S 部分の炭素が弱アルカリ性の溶液中でタンパク質のアミノ末端(N末端)に結合してフェニルチオカルバモイル(PTC)タンパク質をつくる．PTCタンパク質をトリフルオロ酢酸，塩酸，と処理してゆき，有機溶媒に溶けるものを抽出してゆくと，最後にN末端にあったアミノ酸だけがフェニルチオヒダントイン(PTH)アミノ酸という蛍光を発する化合物としてとれるので，その種類をクロマトグラフィーで決める．

こうしてN末端にあったアミノ酸を一つ取ってその種類を決めた後には，

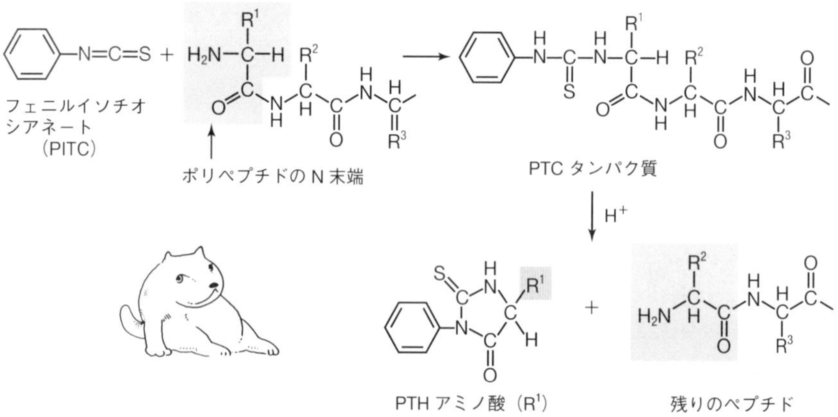

フェニルイソチオシアネート(PITC)
ポリペプチドのN末端
PTCタンパク質
H^+
PTHアミノ酸 (R^1)
残りのペプチド

図2・13　エドマン分解法によるアミノ酸配列の決定法． PTHアミノ酸を分離して R^1, R^2, R^3 の種類を次つぎに決めてゆく．長いアミノ酸配列を決めるときは，まずタンパク質を酵素分解で決まった長さのペプチドに分類しておいてからエドマン分解法を用いる．

アミノ酸配列が一つ短くなったペプチドが残る．今度はこのペプチドについて同じようにエドマン分解法を使えばN末端から二つ目のアミノ酸が決められる．この方法を何回も繰返すとN末端から50残基ほどのアミノ酸配列を決めることができる．50より長いアミノ酸配列をもっているポリペプチドの場合はそのままでは効率が落ちるので，**タンパク質分解酵素**を使ってあらかじめ短いペプチドに切っておき，それぞれのペプチドについてエドマン分解法でアミノ酸配列を決める．次にアミノ酸配列が決まったペプチドがもともとどういう順番で並んでいたかを決める必要がある．そのためには，前とは異なるタンパク質分解酵素を使って別な切り方でつくったペプチドの一揃いについてアミノ酸配列を決める．2組のペプチドの組を並べてみると，もともと同じ配列だったものを異なる切り方で切った断片どうしなので，それぞれの組のペプチドが

タンパク質の等電点

カルボキシ基（$-COOH$）をもつ酸が水中でプロトン（H^+）を手放してCOO^-とH^+になっても

$$\frac{[COO^-]\times[H^+]}{[COOH]}$$

という濃度比は常に一定の値，K_aとなる．K_aを解離定数といい，$-\log K_a$のことをpK_aという．pK_aは$-NH_3^+$や$-SH$についてもそれぞれ独自の値がある．溶液のpHがpK_aより高いところでは**解離基**はH^+を失うのでプラス電荷が一つ減るか，マイナス電荷が一つ増える．

タンパク質はpK_aの値が3から13くらいまでの解離性側鎖をもっているので，溶液のpHによって電荷数が変わり，プラスとマイナスの電荷数が等しくなるpHでは差し引きゼロの電荷をもつ．このpHをタンパク質の**等電点**という．また生体内のpHでは$-COOH$や$-NH_2$は$-COO^-$，$-NH_3^+$とイオン化している割合が多いので，構造式としてイオン化形を書いてもよい．

アミノ酸側鎖のpK_a

アミノ酸	側鎖	pK_a	アミノ酸	側鎖	pK_a
アスパラギン酸	($\beta-COOH$)	3.6	ヒスチジン	(イミダゾール)	6.0
グルタミン酸	($\gamma-COOH$)	4.3	チロシン	(−C₆H₄−OH)	10.1
リシン	($\varepsilon-NH_3^+$)	10.5	システイン	($-SH$)	8.2
アルギニン	(グアニジニウム)	12.5			

もとのタンパク質の中でどういう順序で並んでいたかがわかる.

タンパク質をペプチドに切るために使うタンパク質分解酵素は，アミノ酸配列のどこで切るということがはっきりしているものがよいので，トリプシン（リシン，アルギニン残基のC末端側のペプチド結合を切る），キモトリプシン（芳香族アミノ酸残基のC末端側を切る）などがよく用いられる．酵素ではないが臭化シアン（CNBr）処理するとメチオニン残基のC末端側でペプチドを切ることができる.

複合タンパク質

アミノ酸からできたポリペプチドだけでは機能に不足がある場合には，糖や脂質，あるいは金属イオンや**補酵素**を結合して，アミノ酸だけでできている**単純タンパク質**には足りない機能を補っている．血液タンパク質のような細胞外タンパク質は**糖タンパク質**といってタンパク質のセリン，トレオニン残基の $-OH$ やアスパラギン残基の $-CONH_2$ に糖の還元末端が脱水縮合している場合が多い．ついている糖にはD-マンノース，D-ガラクトース，L-フコース，シアル酸，*N*-アセチルグルコサミン，*N*-アセチルガラクトサミンが多く，グルコースは少ないのが特徴である．タンパク質に糖がつく反応が起こるのは細胞内のゴルジ体とよばれる小器官だということはわかっているし，細胞外に分泌されるタンパク質に糖がつく例が多いことも知られている.

タンパク質に糖がついているというより，糖にタンパク質がついているというほうがぴったりなのは**ムチン**という糖タンパク質で，独特の繰返し構造をもつアミノ酸配列を基盤にしてそこから櫛(くし)の歯のように糖鎖がたくさん伸びている．胃の壁が消化酵素ペプシンで分解されないように守っているのは“胃のムチン”，卵白のネバネバした性質は“オボムチン”といい，変性や還元をしない場合の分子量は数百万ときわめて大きい．組成的には全量の50％以上が糖である場合が多い．オボ（ovo-）は“卵の”という意味の接頭語で，卵白タンパク質にはオボアルブミン，オボトランスフェリン，オボムコイド，オボマクログロブリンというふうにオボをつける.

血液型糖タンパク質

糖タンパク質は糖脂質とともに血液型を決めるおもしろい物質だ．ABO式血液型で人の性質がわかるという遊びもおもしろいが，血液型がA, B, AB, Oの4種類しかなくて，日本人が1億人もいればたいていは当たったような当たらないような話をすることができる．血液型自身は，赤血球膜の糖タンパク質や糖脂質についている糖鎖の構造が遺伝的に決まっていることから説明できる科学的なものである．ABO式血液型には興味のある人が多いと思うので，その原因となる糖鎖構造を図2・14にあげてみる．

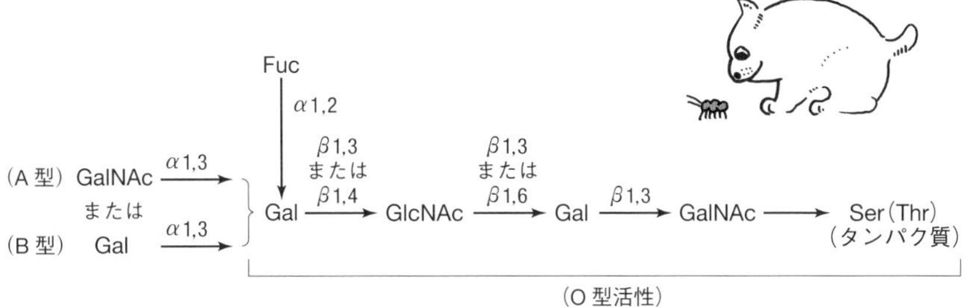

Gal: ガラクトース，Fuc: L-フコース，GlcNAc: *N*-アセチルグルコサミン，
GalNAc: *N*-アセチルガラクトサミン，Ser: セリン，Thr: トレオニン

図 2・14 ABO式血液型．ABO式血液型は20世紀初めラントスタイナーによって確立された．A, B, AB, Oの4種類の表現型は赤血球膜表面にある糖鎖構造によって決まる性質で，図のような糖鎖構造をつくる酵素があるかないかが遺伝的に決まっている．AB型はA型，B型両方の糖鎖をもつ．

糖タンパク質以外の複合タンパク質には脂質とタンパク質からできている**リポタンパク質**（6章参照）や核酸とタンパク質の複合体である**核タンパク質**がある．

2・3 脂質の生化学

脂質（lipid）という名称は幅の広い呼び方なので，構造で定義するのがむずかしい．古くから使われている，“脂質とは水に溶けにくく，有機溶媒に溶けやすい生体物質”という表現が今も使われている．つまり，栄養価の高い油，脂肪，ひっくるめて油脂などということもあるものやコレステロールの類なのだ．油はふつうの温度で液体のもの，脂肪は固体のものをいうとされている．多くの脂質分子がもつ水に親しまない部分というのは，ガソリンと同じ構造をもつ炭化水素の部分なので，体内で酸化したときに発生するエネルギーがガソリンと同じくらいに大きいことは納得がゆく．単位重量当たりにすると糖質やアミノ酸よりエネルギー発生量の多い，理想的なエネルギー貯蔵体である．また，油脂のかたまりは水を含まないので親水性で水分含量の多いデンプンやグリコーゲンより効率のよい貯蔵物質でもある．またそのかたまりは弾力性や断熱性にも優れているので体のあちこちにたまり，体を機械的衝撃や寒冷から守っている．脂肪を嫌わず大事にしましょう．

脂 肪 酸

脂質の最も特徴的な部分は炭化水素部分の中核をなす**脂肪酸**（fatty acid）である．脂肪酸は数個から数十個の炭素をもつ炭化水素の一番はじの炭素（1とする）が −COOH という**カルボキシ基**となっている物質で，この部分以外はまったく親水性をもたない（図1・6参照）．カルボキシ基の部分は，グリセロールやコレステロールなど“オール”の語尾のつくアルコール類の −OH と脱水縮合して**エステル結合**をつくっていることが多い．

図2・15に見るとおり，グリセロールのヒドロキシ基に脂肪酸がエステル結合したものには**トリアシルグリセロール**（トリは3個，アシルは脂肪酸のついた，の意味だ．トリグリセリド，TGともいう），**リン脂質**，**ジホスファチジルグリセロール**（カルジオリピン），**プラスマローゲン**（エステル結合とエーテル結合した脂肪酸を含む）などがあり，さらに糖が結合すると**グリセロ糖脂質**という物質になる．

まずグリセロールの3個のヒドロキシ基すべてに脂肪酸がエステル結合したトリアシルグリセロールの構造を見ると，この分子が非常に疎水的であることが想像できる．これがいわゆる“脂肪”の正体で，食事量が運動量に比べて多いとき還元度の高いエネルギー貯蔵体として体にたくわえられ，飢饉（ききん）に備えるわけだ．

リン脂質はグリセロールの二つのヒドロキシ基に二つだけ脂肪酸がエステル結合し，残りの一つのヒドロキシ基にはリン酸エステルの形でコリン，エタノールアミン，セリン，イノシトールなどの親水性基が結合している．一つの分子内に疎水基と親水基が同居している**両親媒性**分子であるため，細胞膜をつくる材料として理想的だ．カルジオリピン，プラスマローゲンは脳や神経組織に多

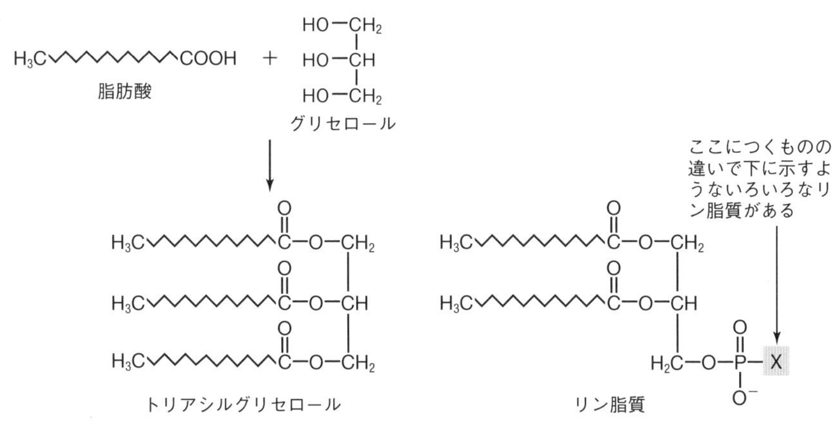

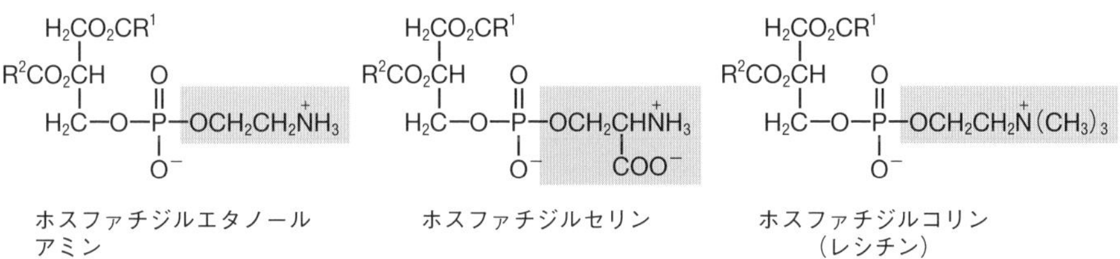

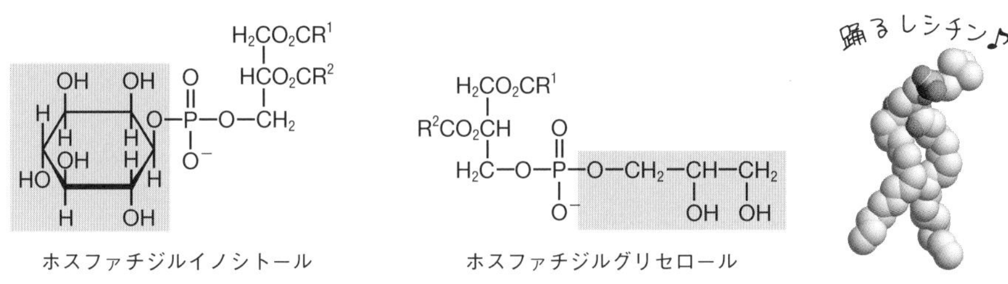

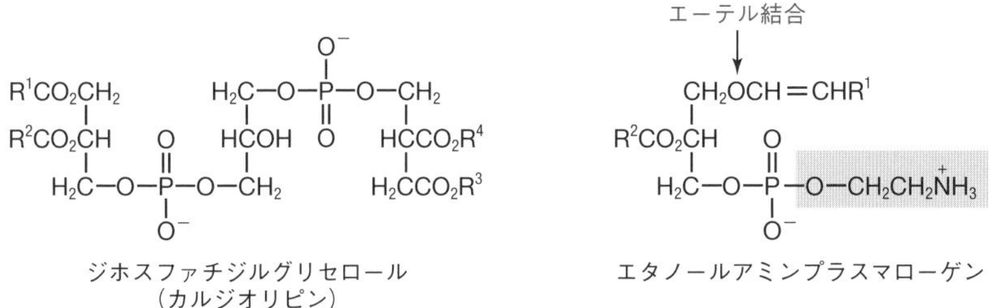

図 2・15 いろいろな脂質. トリアシルグリセロールはエネルギーの貯蔵体, リン脂質は細胞膜や細胞小器官の脂質二重層構造をつくる.

い脂質である．

脂肪酸の炭化水素部分は飽和した $-CH_2-CH_2-$ だけでなく $-CH{=}CH-$ のような不飽和の炭素を含む場合が多い．不飽和脂肪酸というのは，水素が足りない分だけ還元度が低く，エネルギー産出量も少ないわけだが，特にシス形は温度が低くなっても固体にならないので，やわらかい脂肪をつくるのには必要なのだ．細胞膜をつくっている脂質はやわらかいものでないと細胞がかちかちに堅くなって死んでしまうので，不飽和脂肪酸がたくさんいる．不飽和脂肪酸のなかでも，生体によくあるのは次のようなものである．

リノール酸　$\overset{18}{C}H_3(CH_2)_4\overset{13}{C}H{=}CHCH_2\overset{10}{C}H{=}CH(CH_2)_7\overset{1}{C}OOH$　(*n*−6)系*

リノレン酸　$\overset{18}{C}H_3CH_2\overset{16}{C}H{=}CHCH_2\overset{13}{C}H{=}CHCH_2\overset{10}{C}H{=}CH(CH_2)_7\overset{1}{C}OOH$　(*n*−3)系

アラキドン酸　$\overset{20}{C}H_3(CH_2)_4\overset{15}{C}H{=}CHCH_2\overset{12}{C}H{=}CHCH_2\overset{9}{C}H{=}CHCH_2\overset{6}{C}H{=}CH(CH_2)_3\overset{1}{C}OOH$　(*n*−6)系

* (*n*−6)系というのはリノール酸の場合は *n*＝18 の分子末端メチル基から内側へ 6 番目の C から不飽和が始まっているという意味だ．上の例では二重結合はすべてシス形である．二重結合の位置はカルボキシ末端から数える．

コレステロール

コレステロールは炭素と水素が多く，水に溶けないので，やはり脂質に分類する．図 2・16 に示すように脂肪酸と違って，3 個の 6 員環と 1 個の 5 員環が縮合した環状構造にヒドロキシ基が一つ，二重結合が一つ，メチル基が 2 個ついており，さらに 5 員環構造からメチル基を 3 個もつ炭素数 8 の側鎖が伸びている．炭素数は全部で 27 となる．環構造は平面ではないので立体的には図 2・

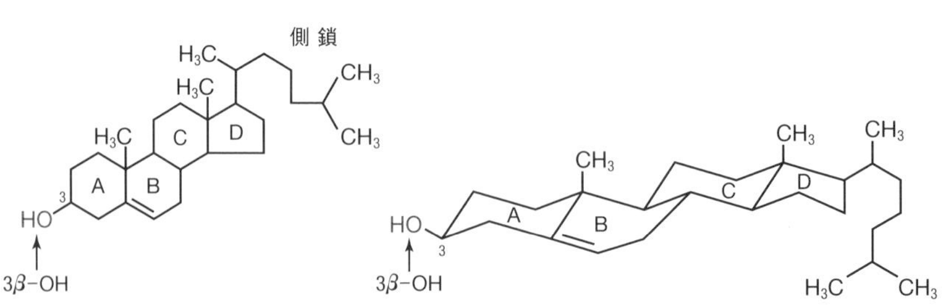

図 2・16　コレステロールの形． 3 個の 6 員環と 1 個の 5 員環を平面状に並べて左側の図のように書くことが多いが，6 員環は糖質のところでみたようにいす形や舟形をとることができるので，実際の構造は右側に書いてあるようになる．

16の右のようになっており，環から突き出しているヒドロキシ基やメチル基にはα位（紙面の向こう側）とβ位（紙面のこちら側）の区別がある．コレステロールのヒドロキシ基は3番の炭素のβ位についていることになる．

コレステロール自体はステロイドホルモン，胆汁酸などの原料として，また細胞膜の成分として生体に必要である．コレステロールの3β-ヒドロキシ基に脂肪酸がエステル結合してコレステロールエステルの形になったものは血液中のリポタンパク質の成分となっている．

糖 脂 質

糖脂質は水に溶けない脂質と水に親和性のある糖の複合体だから，脂質部分はたいてい細胞膜の疎水部分に根を下ろしており，その先に糖がひらひらとついているイメージだね．これは少し前までは，ガングリオシド（神経節がガングリオンから抽出された），グロボシドというその名の由来もつかみにくい，生化学ではひときわむずかしい分野という感じだったのが，その後の発展はめざましく，がんや多細胞生物の発生に関係する物質として注目を集め盛んに研究されている．1960～1970年代はタンパク質，1980年代は核酸，さらに糖タ

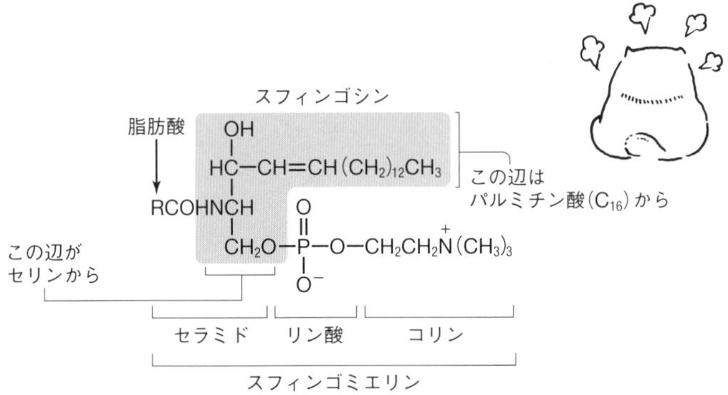

図 2・17 スフィンゴリン脂質および糖脂質． スフィンゴシンの $-CH_2-$ が多い部分は炭素数16の脂肪酸（パルミチン酸）から，また $-CH_2OH$ と $-NH_2$ がある部分はセリンが原料となっている．この $-NH_2$ に脂肪酸がアミド結合でつながったものがセラミド，さらに $-CH_2OH$ にホスホコリンがつくと神経細胞に多いスフィンゴリン脂質であるスフィンゴミエリンとなる．また，ホスホコリンの代わりに，ガラクトースやグルコースがつけば，脳や神経系に多いセレブロシドというスフィンゴ糖脂質となる．

ンパク質，糖脂質へと研究は進んでいる．

糖脂質には，**グリセロ糖脂質**と**スフィンゴ糖脂質**，それら以外のもの，と3種類がある．グリセロ糖脂質は親水性のグループとして糖，疎水性のグループとしてジアシルグリセロール（グリセロールに脂肪酸が二つエステル結合でついている），アルキルアシルグリセロール（脂肪酸がエーテル結合で一つ，エステル結合で一つ，計二つついている）をもつ．スフィンゴ糖脂質は，糖と長鎖脂肪酸が結合する足場としてグリセロールではなく，**スフィンゴシン**（炭素数18の長鎖アミノアルコール）を含むところが違う（図2・7）．セレブロシド，スルファチド，セラミドオリゴヘキソシド，グロボシド，ガングリオシドなどという仲間をつくる．

2・4　核酸の構造

プリン塩基とピリミジン塩基

核酸は遺伝子となる**DNA**（デオキシリボ核酸）と，遺伝子からタンパク質のアミノ酸配列情報を読みだしてきてタンパク質をつくる**RNA**（リボ核酸）の2種類があり，アデニン（A），グアニン（G），シトシン（C），チミン（T），ウラシル（U）の5種類の**塩基**（base）をもつ**ヌクレオチド**（nucleotide）を4種類ずつつないだものだ．このなかでアデニンとグアニンは**プリン**（purine）

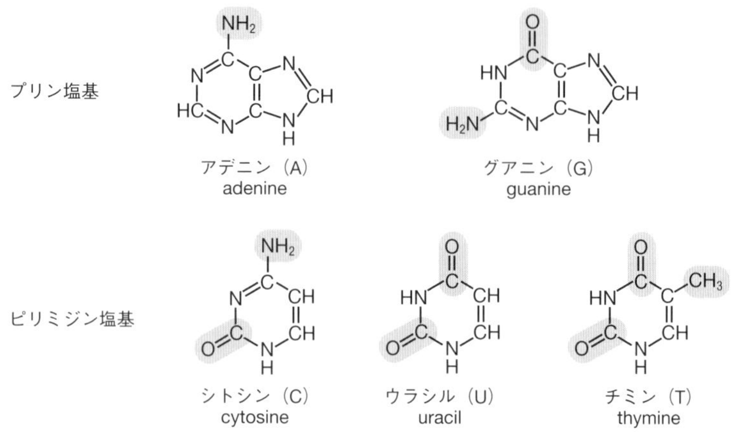

図 2・18　プリン塩基とピリミジン塩基

塩基といい，6員環と5員環が縮合したプリン環が構造の基礎となっている．シトシン，チミン，ウラシルの3種は**ピリミジン**（pyrimidine）**塩基**といい，窒素を2個含む6員環であるピリミジン環が基礎構造である．5種類の塩基の形は「覚えてもすぐ忘れる」という典型的な例であるが，参考のためにあげておく（図2・18）．

このなかでアデニン一つだけでも覚えておくとよい．そうすればATPの構造も書けるし，生化学ではほかにもアデニンを含む補酵素が多いので，試験で0点ということはなくなる．生化学は前にもいったように，いろいろな構造が脈絡もなくでてくる点で有機化学の比ではないから，全部をあいまいに覚えるのはやめて，0点をとらないように一つだけちゃんと覚えたほうが実戦的だ．

そこで，アデニンをもう一度みてみよう．その書き方は図2・19のように，一番上の窒素から始めて，くの字に曲げた線で窒素をつないでゆけばよい．そして残った真ん中の線を入れれば，もうアデニンの骨格だ．二重結合をこれも

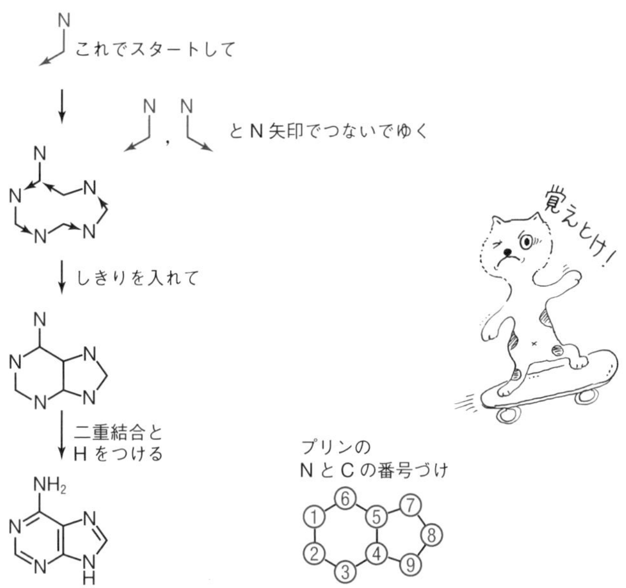

図2・19 アデニンの拡大図． アデニンはDNAの成分であることはもちろん，ATPとしてエネルギー通貨になるし，そのほかNAD，NADP，FAD，補酵素A（CoA），*S*-アデノシルメチオニンなどの補酵素の構成成分として多用されるので構造を覚えておこう．

一つおきに入れて残った結合に水素を適当に入れれば**アデニン**だ．アデニンの右下窒素（9番）とリボースまたはデオキシリボースの1番の炭素を結合して**アデノシン**と**デオキシアデノシン**ができる．リボースとデオキシリボースはD形で五炭糖のフラノシド形だ．フラノシド形というのは のことで，五角形で頂点が酸素だから格好がいいね（図2・20）．図2・2でも説明したようにもとはフラン に由来する．

塩基の原子の番号づけと糖の番号づけが混乱しないように糖は番号をつけるとき′（ダッシュ，英語ではプライムという）をつけるのが約束だ．リボースとデオキシリボース環の2′, 3′, 5′は頻出だ．その約束でリボースまたはデオキシリボースの5′のヒドロキシ基にリン酸を3個つければ，アデノシン5′-三リン酸とデオキシアデノシン5′-三リン酸となる．リン酸がついていないものを**ヌクレオシド**，ついているものを**ヌクレオチド**という．**アデノシン5′-三リン酸**とは何を隠そう，エネルギー通貨である**ATP**のことだ．アデニン以外は余裕のある人が覚えよう．

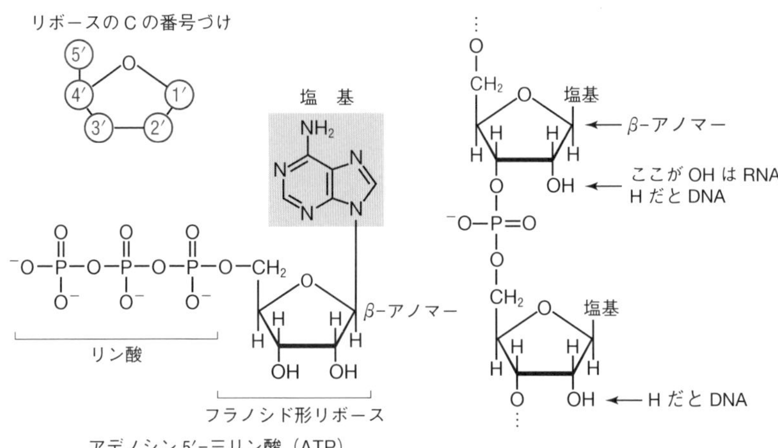

図 2・20　ポリヌクレオチドの形成． 塩基と糖（リボースまたはデオキシリボース）とリン酸を左のようにつなぐとヌクレオチドとなる．ヌクレオチドがホスホジエステル結合でどんどんつながるとポリヌクレオチドとなる（右）．

ポリヌクレオチド

二つのヌクレオチドが重合するときは一方のヌクレオチドの 5′-三リン酸のうち，外側の二つが二リン酸（別名 ピロリン酸）

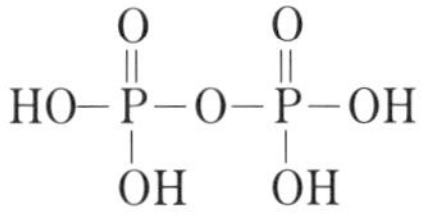

$$
\begin{array}{ccccc}
 & O & & O & \\
 & \| & & \| & \\
HO- & P & -O- & P & -OH \\
 & | & & | & \\
 & OH & & OH &
\end{array}
$$

としてとれて，残った一つのリン酸が相手のヌクレオチドの 3′-ヒドロキシ基とホスホジエステル結合をつくる．

この調子で，リボースとリン酸が繰返しつながったものが**ポリヌクレオチド**の主鎖部分だ．糖質部分にリボースを使っているほうが**リボ核酸**（RNA）となり，デオキシリボースを使っているほうが**デオキシリボ核酸**（DNA）だ．側鎖にあたるのが 4 種の塩基で，RNA は A, U, G, C の 4 種を使い，DNA は A, T, G, C の 4 種を使う（図 2・18 参照）．ポリヌクレオチドは主鎖のリン酸が必ずマイナス電荷を一つもっており，長さに比例してマイナス電荷が多くなるので反対電荷をもつマグネシウムイオン（Mg^{2+}）やナトリウムイオン（Na^{+}）を結合している．DNA は遺伝子として機能する**二本鎖**をつくる性質があり，その構造を発見したワトソンとクリックは分子生物学の産みの親といってよい存在である．

RNA は DNA から遺伝情報を写して細胞質までもってくる**メッセンジャー RNA**，略して **mRNA**（伝令 RNA ともいう），遺伝暗号に従ってアミノ酸を選んでくる**トランスファー RNA**，略して **tRNA**（転移 RNA ともいう），タンパク質生合成のマシンであるリボソーム構築の素材となる**リボソーム RNA** また略して **rRNA** の 3 種類がおもなものである（8 章参照）．

2・5 ビ タ ミ ン

ビタミンは食物の成分のなかで，タンパク質でも脂肪でも炭水化物でもないが体の機能にとって不可欠な微量物質をいう．体の機能にとって不可欠というわけだから，ビタミンの重要性はそのビタミンが不足したときに現れる体の不調や病気によって確認できる．船乗りが野菜不足でなる**壊血病**とか，昔の日本の兵隊がかかった脚気(かっけ)という病からビタミンCやB_1の重要性が認識されたし，ビタミンAの不足から眼が見えにくくなる**夜盲症**（鳥目）にかかることもよく知られている（表2・1）．

まずビタミンは表のように脂溶性ビタミンと水溶性ビタミンに分ける．それぞれのビタミンの構造は千差万別であるが，ビタミンBには**補酵素**(4章参照)として働くものが多い．そのいくつかはこの本でも出てくる．新しいビタミン発見かと思われたピロロキノリンキノンは，その後ビタミンとして認定されていない．

2・6 金属イオンと生体

金属も生体にとっては不可欠な栄養素となるものが多く，イオンとしてタンパク質に結合してその働きを助けている．そのようなタンパク質を**金属タンパク質**という．まず生体で用いられている金属をあげてみると，ナトリウム

タンパク質やDNAを分解する酵素

つくり上げたタンパク質，核酸，糖質，脂質は必要なくなると，あるいは必要に応じてそれぞれ異なる分解酵素によって分解される．タンパク質のペプチド結合を加水分解するタンパク質分解酵素（**プロテアーゼ**ともいう），核酸を加水分解するのは核酸分解酵素（**ヌクレアーゼ**ともいう，DNA分解はデオキシリボヌクレアーゼ，RNA分解はリボヌクレアーゼ），糖質を切断するのは**グリコシダーゼ**，トリグリセリドのような脂質を分解してグリセリンと脂肪酸にするのは**リパーゼ**の役目である．

DNAは遺伝情報を担う大切な分子なので細菌のレベルでも巧妙な仕掛けで守られている．細菌にはウイルスが侵入してきて寄生し，挙句の果ては細菌細胞を乗っ取って自分の子孫を増やして出てゆく．細菌はウイルスDNAから自分を守るために，ウイルスDNAの塩基配列のなかで特別な配列部分を見つけて切断する**制限酵素**というDNA分解酵素をもっている．この酵素が細菌のもつ自己DNAを分解しないようにするため，細菌は自分のDNAの塩基にはメチル化という手段を施して酵素の作用を受けないようにしている．実に天晴な仕掛けです．

表 2・1 おもなビタミン

<table>
<tr><th colspan="2">名称と主成分[†1]</th><th>含有食品の例</th><th>不足するとどうなる？</th></tr>
<tr><td rowspan="4">脂溶性ビタミン</td><td>ビタミンA
（レチノール）</td><td>ニンジン，トマト，卵黄，バター</td><td>視力低下，夜盲症</td></tr>
<tr><td>ビタミンD
（カルシフェロール）</td><td>ニシン，イワシ，サケ，バター</td><td>骨の発育不全，くる病</td></tr>
<tr><td>ビタミンE
（トコフェロール）</td><td>キャベツ，チサ，マーガリン</td><td>不妊症</td></tr>
<tr><td>ビタミンK
（フェロキノン）</td><td>肝臓，海藻，キャベツ</td><td>血液凝固不全</td></tr>
<tr><td rowspan="9">水溶性ビタミン</td><td>ビタミンB_1
（チアミン）</td><td rowspan="8">胚芽，酵母，肝臓</td><td>脚気，神経炎</td></tr>
<tr><td>ビタミンB_2
（リボフラビン）</td><td>口角炎，成長阻害</td></tr>
<tr><td>ビタミンB_3
（ナイアシン[†2]）</td><td>細胞生育不全，ペラグラ（皮膚炎）</td></tr>
<tr><td>ビタミンB_5
（パントテン酸）</td><td>低血圧，ホルモン不足</td></tr>
<tr><td>ビタミンB_6
（ピリドキサール）</td><td>赤血球不足，貧血</td></tr>
<tr><td>ビタミンB_7
（ビオチン）</td><td>皮膚疾患，タンパク質，脂質，糖質代謝障害</td></tr>
<tr><td>ビタミンB_9
（葉酸）</td><td>貧血，DNA，RNA 合成不全</td></tr>
<tr><td>ビタミンB_{12}
（シアノコバラミン）</td><td>神経活動不全，貧血</td></tr>
<tr><td>ビタミンC
（アスコルビン酸）</td><td>果実，レモン，野菜，緑茶</td><td>壊血病</td></tr>
</table>

†1 ビタミンの名は化学成分を表していないし，単一成分とは限らない．体内に入ってから変化してビタミンの作用を発揮するものもあるので，各ビタミンの成分としてはごく代表的な例をあげてある．

†2 ニコチンアミドとニコチン酸の総称．

(Na^+)，カリウム(K^+)，マグネシウム(Mg^{2+})，カルシウム(Ca^{2+})，マンガン(Mn^{2+})，鉄(Fe^{2+}, Fe^{3+})，コバルト(Co^{2+})，ニッケル(Ni^+)，銅(Cu^+, Cu^{2+})，亜鉛(Zn^{2+})，モリブデン(Mo^{2+})，バナジウム(V^{3+}, V^{4+}, V^{5+})がある．以上の金属のなかで，Na^+, K^+以外は強くタンパク質に結合している．金属ではないが，セレン(Se)はシステインのSに入れ替わってセレノシステインとして有効成分となっている．アルミニウム(Al)は身近な金属であるが必須ではない(脳にたまるとむしろ害があるという説もある．関係ないよという人もいる)．このほか，非金属元素ではケイ素(Si)，ヨウ素(I)，塩素(Cl)，リン(P)，酸素(O)，などが生体にとって必要な成分である．

以上の例は生体にとって必須の元素であるが，逆に生体にとって有毒であるものの研究も重要である．それは，直接の毒物，薬物としての作用のほかに環境汚染物質としての生体への影響も大きい研究対象となっているからである．そのような意味で，鉛(Pb^{2+}, Pb^{4+})，クロム(おもにCr^{2+}, Cr^{3+}とCr^{6+})，水銀(Hg^{+}, Hg^{2+})，カドミウム(Cd^{2+})，などの生体に対する影響は近年ますます重要な研究課題となりつつある．

金属イオンは単独でタンパク質に結合しているほか，他の有機化合物と複合体をつくってタンパク質に結合している場合がある．その最もよい例が**ヘム**というポルフィリンと鉄イオンの複合体である．ヘムはヘモグロビン，ミオグロビン，シトクロム類などのタンパク質に結合して血や肉の赤い色の原因となっている．

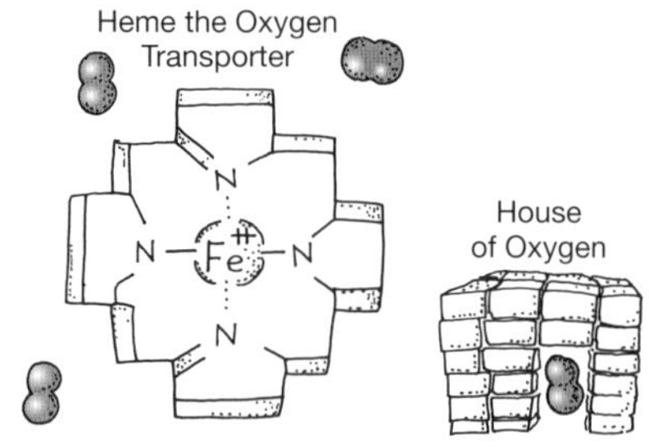

3 働くタンパク質，酵素

毎日の生活ができるのも体の中の酵素タンパク質のおかげです．酵素はビール醸造のもとであるアルコール発酵の研究を中心に研究が進んだ親しみやすいタンパク質です．酵素は活性中心に基質を結合してこれを産物に変える触媒です．酵素分子は結構やわらかく，自分の形を変えることで基質との結合を促進しています．

肉やデンプン，脂質を食べると，胃や腸で消化される．消化とは，タンパク質をアミノ酸に，デンプンをグルコースに，脂肪をグリセロールと脂肪酸に分解することである．自然には分解しない食物を胃や腸で分解するのは“消化酵素”とよばれるタンパク質だ．体に吸収されたアミノ酸，グルコース，脂肪酸，グリセロールを体内で再びタンパク質，グリコーゲン，脂質につくり直すのも酵素の役目．**酵素**(enzyme)という名は米やいものデンプンをグルコースにしてさらにアルコールに“発酵”する“素(もと)”という意味でつけられた．発酵は“酵母”という生物の作用だが，その体の内外で働いている分子が**酵素**だ．

生体反応は酵素がなくては進まない．酵素は生体反応を進ませる**触媒**である．酵素の触媒作用を受けるものを**基質**，触媒作用の結果できるものを**産物**という．産物の量は増えないが，速くできるし，酵素は何回でも使えるので便利だ．酵素反応を研究するときには反応の進む速さを酵素や基質濃度を変えて測り**ミカエリス定数**と**最大反応速度**を求めるが，その意味は何だろう．また，酵素反応速度は温度によっても変化する．その変化ぶりはふつうの化学反応とどう違うだろうか．本章ではこのような酵素の性質を解説する．

3・1 酵素の機能

生体内で進行している化学反応は何千何万種類もあるのですべてが勝手にどんどん進行していってしまっては細胞内の統制がとれなくなって生物はたいてい死んでしまう．幸いなことに生体の利用している化学反応の大部分は基質が越えねばならない活性化エネルギーの山（図3・1参照）が大きいため，生物の生きている温度と環境では自発的には進まない．何も進まなければこれも生物を死に追いやることになるが，生物は酵素という生体触媒を使ってそのままでは進まない化学反応を“望む速さで，望む方向へ，望む分量だけ”進ませる．このような酵素という触媒が出現したからこそ，この地球上に生命が起原し，いままで進化し続けてきたのである．

酵素反応の例

生体内の酵素反応の例をいくつかあげる．酵素は触媒なので，担当する反応を右へも左へも加速する．名前は右方向に向けてつけられている．

1）**加水分解酵素**　タンパク質のペプチド結合，核酸のホスホジエステル結合，糖のグリコシド結合などのつなぎめに水をHとOHに分けて押し込みながら切断する酵素．

［例］ $-CO-NH-$（ペプチド結合） ＋ H_2O ⟶ $-COOH$（カルボキシ基） H_2N-（アミノ基）

2）**転移酵素**　たとえば，ATPからリン酸基を外しながら，これをもう一つの基質であるリン酸基受容体に渡すリン酸基転移酵素．転移酵素にはリン酸基以外に**メチル基**，**ホルミル基**，**リボシル基**などいろいろな官能基を転移するものがある．

［例］ グルコース ＋ ATP ⟶ リン酸化グルコース ＋ ADP

3）**脱炭酸酵素**　カルボキシ基をもつ分子から CO_2 を取去り，基質の炭素を一つ減らす酵素．

［例］ $CH_3-C(=O)-COOH$（ピルビン酸） ⟶ CH_3CHO（アセトアルデヒド） ＋ CO_2

4) **脱水素酵素** $\begin{array}{cc} \mathrm{H} & \mathrm{H} \\ | & | \\ -\mathrm{C}- & \mathrm{C}- \\ | & | \\ \mathrm{HO} & \mathrm{H} \end{array}$ の形をもつ分子から水素二つをとり，$\begin{array}{cc} & \mathrm{H} \\ & | \\ -\mathrm{C}- & \mathrm{C}- \\ \| & | \\ \mathrm{O} & \mathrm{H} \end{array}$ とする酵素．たとえば，二つの水素をとらずにOHとHを水H_2Oとしてとると，$\begin{array}{cc} -\mathrm{C}= & \mathrm{C}- \\ | & | \\ \mathrm{H} & \mathrm{H} \end{array}$ という二重結合ができる．この場合は**脱水素**ではなく**脱水酵素**が働いている．この二重結合に水素を二つ付加する**還元酵素**を使うと $-CH_2-CH_2-$ という飽和型の結合ができる．これらの酵素は5章で学ぶ脂肪酸の酸化や生合成で用いられている．

5) **ラセミ化酵素** (*S*)-アミノ酸または (*R*)-アミノ酸を *S* 形と *R* 形の等量混合物にする酵素．タンパク質をつくっているのは主として (*S*)-アミノ酸だが，生体内には (*R*)-アミノ酸を必要とするホルモンなどもあり，必要に応じて (*S*)-アミノ酸をラセミ化して *R* 形をつくりだしている．

酵素の種類はこれから学ぶ生体内の代謝反応や生合成過程で数限りなく必要となってくるが，ここではこのくらいにして先に進もう．

特異性と活性中心

酵素は数千数万種類の反応を必要に応じて進行させる司会役ではあるが，一つの酵素でいくつもの反応を司会することはできない．その理由は，酵素は反応を進めるだけでなくたくさんある化学反応のうちから，体の必要に応じて，その時々に必要なものだけを選んで進ませる**特異性**をもたなくてはならないからである．図3・1に示すように，化学反応でAがBに変わるためには，その途中にそびえる“活性化エネルギーの山”を越えるエネルギーを獲得したAだけにチャンスがある．この山が低いとたくさんのAが山を越えられるので，反応は早く進み，山が高いと進まない．酵素が反応途中の活性化エネルギーの山を低くするには，山の左側にあった反応の出発物質を一つだけ選んで「えいやっ」とばかりにひん曲げて，自分の活性中心に押し込めるわけだ．酵素の**活性中心**は，特定物質だけを選択的に吸着できるように，その物質の活性化状態の分子構造に対して鍵と鍵穴のようにぴったりと構造が当てはまる形をしている．また，その分子のまわりから溶媒である水分子を追い出すような構造をもっ

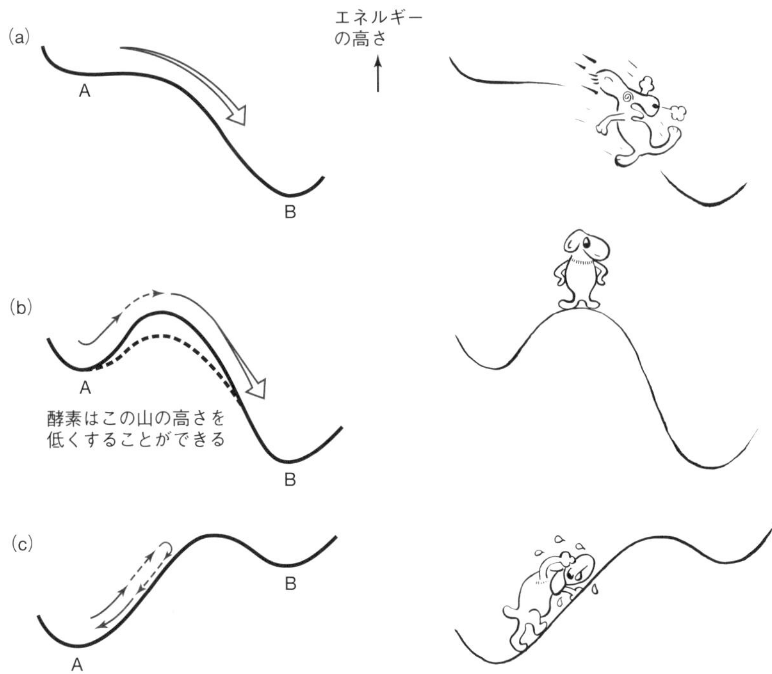

図 3・1　活性化エネルギーの山．反応の出発物質が左側，最終産物が右側にあるとしよう．左から右へゆくのに，(a)では途中に何の障害物もなく坂道を転がるように産物に変化してしまう，(b) 途中に活性化エネルギーの山があるが，これを越えてしまえば産物側の谷のほうが低いのでどんどんと落ち込んでゆく，(c) とにかく産物側のほうが高いレベルにあるので途中の山の高さには関係なく右側へはいかれない，という場合が図に表してある．生体反応としては(b)のケースが利用しやすい．

ている．水を追い出す目的は，水があまり多い環境のままでは，反応を思う方向へ進めるかじ取りの主導権を水に奪われてしまい，酵素が目指している方向に進めないからだ．基質から水をとる**脱水反応**ではもとより，水が必要な**加水分解反応**にしても，狙った方向へ制御された速度で進めるには，反応の主導権を水ではなく，酵素がもたなくてはならない．水中にこのような**秩序のある反応の場**をつくり出すことが酵素の活性中心の役割の一つである．

酵素に吸着した反応物質は鍵と鍵穴のようにピタリと結合しているといっても，水中にあるときとまったく同じ形で吸着しているのではなく，酵素がこれから行おうとする反応の方向に進みやすい構造になって吸着すると考えられている．たとえば，多糖類のグリコシド結合を分解するリゾチームの場合だと，水中ではふつういす形というコンホメーションをとっている糖が，いすの足を引っ張られたようなソファ形というエネルギーの高い構造で酵素に吸着する（図3・2）．基質にこのようなエネルギーの高い構造をとらせるのは酵素の活性中心との強い結合力があるからだ．

そのため，吸着した糖分子は単独で水中にいるときにはとても不可能だった無理な姿勢をとっていることになり，そのような無理な姿勢が糖分子間の結合

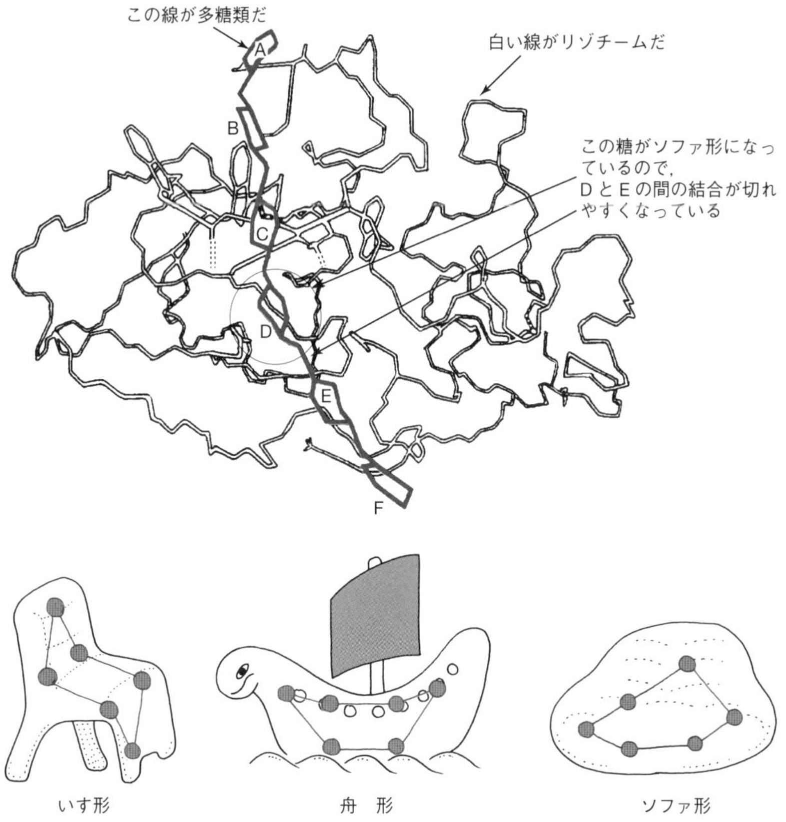

図 3・2 酵素リゾチームに基質が結合する． リゾチームという酵素は多糖類でできた細菌の細胞壁を分解して細菌を殺す．今，リゾチームが基質の多糖類を活性中心にピタリと結合した．リゾチームの分解作戦開始だ．糖はいす形，舟形は安定だが，ソファ形はゆがみが多く不安定だ．

にひずみを与えて切れやすくする．これが**活性化状態**である．切れやすいということは“反応速度が速い”ということで，これが触媒作用の原理だ．糖をつなぐ結合が切断された後の多糖類は，もはや酵素に特異的に吸着する構造を失っているから酵素から速やかに離れてゆく．酵素は反応物質を吸着して活性化エネルギーの山を低くはしたけれども，反応の進行を助けただけで自分が分解されたわけではないので，反応の前とまったく同じ状態に戻って新しい反応分子を再び吸着して同じことを繰返す．このようなダイナミックな働きをする酵素を，中世に使われた“ラック”という拷問台にたとえた人もいるくらいだ．昔は，人を縛り付けたラックを曲げたり伸ばしたりして，他人の背骨をギリギリいわせて楽しんだものなのだ．

3・2 酵素活性の測定

酵素が基質を産物に変える速さ，つまり活性はどのようにして測るのだろうか．例をあげて説明してみよう．酵素の一つに**アルコール脱水素酵素**（アルコールデヒドロゲナーゼ）というものがある．お酒を飲んだ後，酒の中のエチルアルコールから水素をとってアセトアルデヒドに変える仕事をする．化学式で書くと，

エチルアルコールから ⟶ 水素を 2 個とって ⟶ アセトアルデヒドへ

$$CH_3CH_2OH + NAD^+ \longrightarrow NADH + H^+ + CH_3CHO \qquad (3 \cdot 1)$$

（NADH と略す）

となる．アルコールからとれた二つの水素はそのままでは不安定なので，**NAD⁺**（酸化型ニコチンアミドアデニンジヌクレオチド）という**補酵素**分子に結合して **NADH**（$NADH+H^+$ を略してこう書くことが多い）という形に還元する．“還元する”とはある分子に電子を与えたり，水素原子を与えたりする化学反応のことをさす言葉である．NAD^+ は生体が用いる酸化剤の一つであり，$NADH+H^+$ は還元剤である．この反応の進行は酸化されるアルコールの量の減少で測ってもいいし，生産されるアルデヒドの量の増加で測ってもよいが，それより簡単なのは 338 nm に吸収極大をもつ NADH の増加を分光光度計で測定する方法である．酵素反応中で NAD^+ が還元されて NADH になったり，反対に NADH から NAD^+ になる変化を伴うものは数多いので，酵素反応の進

エタノールとメタノール

エタノールは体内に入っても毒性のないアルコールとして飲料に，また細菌やウイルスを退治する消毒用にも使われる．体内ではアセトアルデヒドを経て無毒の酢酸となる．消毒用として市販のものは，70〜80%の水溶液で，これ以上濃くても，また薄くても殺菌効果は低下する．殺菌作用はおもに細胞膜の疎水性部分に作用して膜を破壊しタンパク質を変性させる作用にある．

一文字違いのメタノールは洗浄用，接着剤，農薬，塗料，合成樹脂，合成繊維，心臓病薬の原料等々，また，消毒用として用いられる．通常の体液中に少量含まれるが，飲料として大量に飲むと失明ないし死亡する．

エタノールは酒類の酩酊成分として愛用されるのに，炭素が一つ少ないだけのメタノールが毒なのはなぜか？メタノールは体内に入ると，アルコール脱水素酵素によってホルムアルデヒドに変わり，さらにホルムアルデヒド脱水素酵素によってギ酸に代謝される．メタノールの毒性はギ酸による代謝性アシドーシス（血液の酸性化）とおもに視覚ニューロンへの毒性によるものである．エタノールは同じような酵素群の作用でアセトアルデヒドを経て無毒の酢酸となる．

ワタシ，アリです．わかる？

行速度を分光光度計によって測定する方法は応用範囲が広い．

定常状態の反応速度

酵素反応はふつう**定常状態法**という方法によって解析する．たとえば，(3・1) 式でアルコール脱水素酵素をE（enzyme，酵素），基質であるエチルアルコールをS（substrate），産物であるアセトアルデヒドをP（product）とする．反応はまずEの活性中心にSが吸着してESという複合体をつくることからスタートする．EとSはついたり離れたりを繰返すうちに何回かに一度は活性化エネルギーの山を越えてPであるアルデヒドとなり酵素Eから離れてゆく．次の式中で，k_{12}，k_{21}，k_{23} などは**反応速度定数**といって（単位は，変換される分子数/時間）それぞれの向きの反応の速さを表す数値である．

$$\underset{}{\mathrm{E}+\mathrm{S}+}\underset{(\mathrm{NAD}^+)}{\text{酸化型補酵素}} \underset{k_{21}}{\overset{k_{12}}{\rightleftharpoons}} \mathrm{ES} \xrightarrow{k_{23}} \mathrm{E}+\mathrm{P}+\underset{(\mathrm{NADH})}{\text{還元型補酵素}} \qquad (3\cdot2)$$

まず酵素と基質が出会うと酵素の活性中心に基質が入り込み，酵素–基質複合体をつくる．これがESだ．この反応も逆反応も速いので，$E+S \rightleftharpoons ES$ の反応はほぼ平衡状態にある．ESからEPになるには，ES複合体の中で少し時間をかけて基質分子の形が変わって産物が酵素内で誕生する．こういう遅いステップを全体の速度を決める，律するという意味で**律速段階**という．SがPになった後は酵素との親和性が低くなり，Pは即座に酵素から離れてゆくのでEPという状態は非常に少ない．これで酵素反応が1回終わる．酵素は触媒だからこの反応を何千回，何万回も繰返す．以上のような酵素反応の速度 v，つまり産物ができてくる速度はESの量に比例するので，k_{23} を比例定数として $v=k_{23}[\mathrm{ES}]$ と書ける．反応中のESの量はほぼ一定とするので定常状態法という．つまり，$v=k_{23}[\mathrm{ES}]$ はほぼ一定となる．

この酵素反応の速度を測定するには，先に述べたように，NAD^+ を大量に含む基質の溶液を分光光度計用の試料セルに入れて試料室におく．分光光度計の波長を340 nm付近に合わせて，数分間酵素の入っていない状態で吸光度を測定する．その後,試料セルに酵素溶液を少量入れて手早くよく混ぜ,試料室のふたをして吸光度の測定を始める．試料セル内の溶液を混ぜ終わったときをスタートとしてその後の経過時間とその時々の吸光度を記録する．10〜30分間にわたって測定を続けると図3・3のような反応速度曲線を得ることができる．

この曲線のはじめのほうはほとんど直線といってよいが，時間が経つに従っ

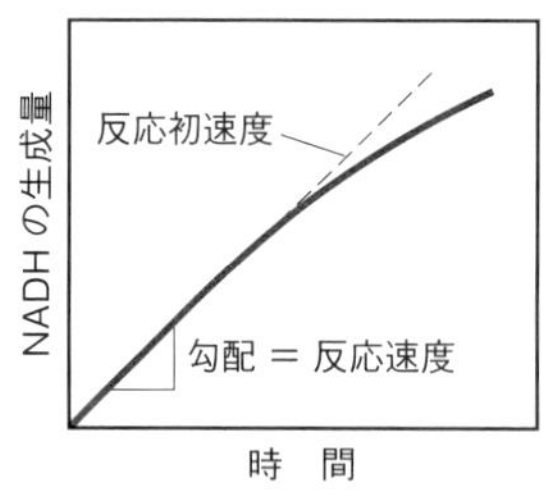

図 3・3　酵素の反応速度曲線． NADHの生成ははじめ時間に対して直線的なので単位時間内に分解されるエチルアルコールの量は一定である．これを酵素の初速度という．時間が経つと反応曲線の傾きはしだいにゆるくなってくる．

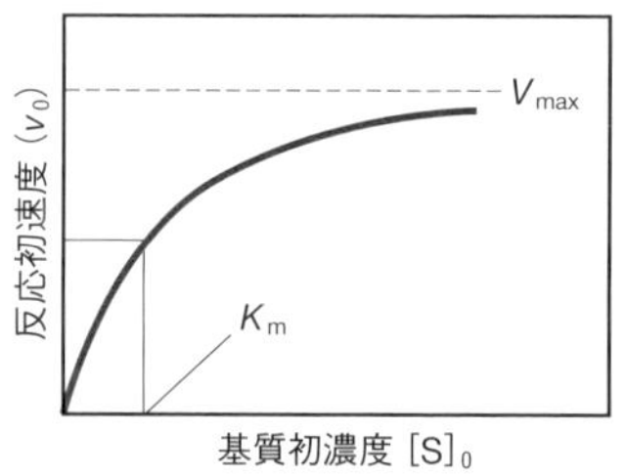

図 3・4　初速度と基質の初濃度との関係． 基質初濃度 $[S]_0$ 対初速度(v_0)のグラフ．曲線が近づいてゆく最大値が最大速度(V_{max})，最大値の半分の速度を与える $[S]_0$ がミカエリス定数（K_m）である．

てだんだん傾きがゆるい曲線となってゆく．反応曲線がだんだんと頭打ちになってゆくのは反応液中の基質（S）が酵素（E）によって産物に変換されて基質の量が残り少なくなってゆくためである．それゆえ，基質の全量に対して酵素の量が少ないときは直線的な部分が長く続き，酵素の量が多いと早めに頭打ちの曲線となる．

初速度と初濃度の関係

図3・3の反応曲線で反応開始直後の直線的に反応が進行している部分についてみると，単位時間当たりに増える産物量が一定，すなわち速度が一定である（定常状態！）．この速度を酵素反応の**初速度**といい，v_0 と書く．初速度を測定している短い時間内では基質濃度の変化も少ないので，基質濃度一定の実験とみなすことができる．そこで，酵素濃度は一定に保ち基質濃度を変化させた実験を10回ほど行うと基質の初濃度の一つの値 $[S]_0$ に一つの初速度 v_0 が対応する10組のデータが得られる．このように，酵素の濃度は $[E]_0$ のままにして変えないでおき，基質の初濃度を変えては初速度を測定する実験の結果を**基質初濃度対初速度**のグラフに表すと図3・4のような結果となる．

このグラフは双曲線形をしていて，$[S]_0$ をどんどん大きくしてゆくとグラフはだんだんねてきて一定値に近づく形である．どうしてそうなるかというと，グラフの右側の基質が多い条件では酵素のほとんど全部がES複合体の形になってしまっている．ESの量はほとんど酵素の量 $[E]_0$ に等しくなり，それ以上にはなれないので反応速度は $V_{\text{max}} = k_{23}[E]_0$ に近づくがその値を超えることはできないのでグラフがねてくるのだ．V_{max} はこれ以上は速くはなれないよ，という値だから**最大反応速度**の意味で maximum をつけ“Vマックス”とよばれる．V_{max} の値は酵素の濃度に比例するのでふつうは決まった酵素濃度に換算した値を表にしてある．

最大反応速度とミカエリス定数

酵素の種類が変わると図3・4のグラフの形が変化する．まず，V_{max} が変わればグラフの“高さ”が変わる．グラフの高さが同じ場合には，どのくらい速く最大値に近づくかという点でグラフのゆるやかさが変わる．この点を数字に表すために，V_{max} の半分の速度を与える基質濃度をグラフから読取り，K_{m} とする．この値が小さいほどグラフの立ち上がりは急激で，この値が大きいとグラフの立ち上がりはゆっくりしている．K_m には**ミカエリス定数**という名がついている．ふつうの酵素の反応特性は“最大速度 V_{max}”と最大速度の半分の速度を与える $[S]_0$ の値，すなわち“ミカエリス定数 K_m”という二つの値でその特徴を表すことができる．最大速度とミカエリス定数の変化でグラフがどう変わるかを図3・5に示す．この方式は100年以上前にミカエリスとメンテンによって開発された＊．

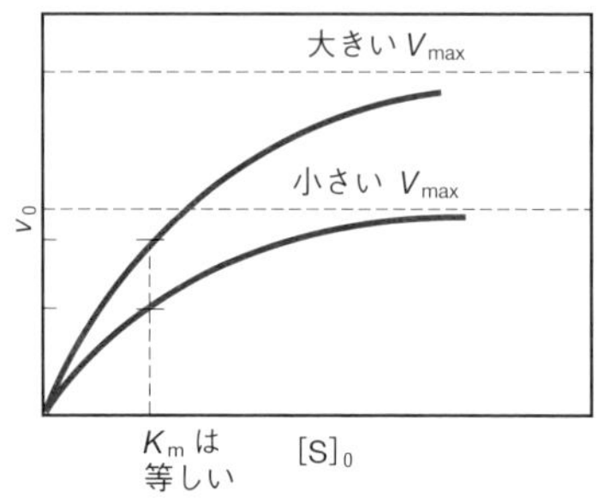

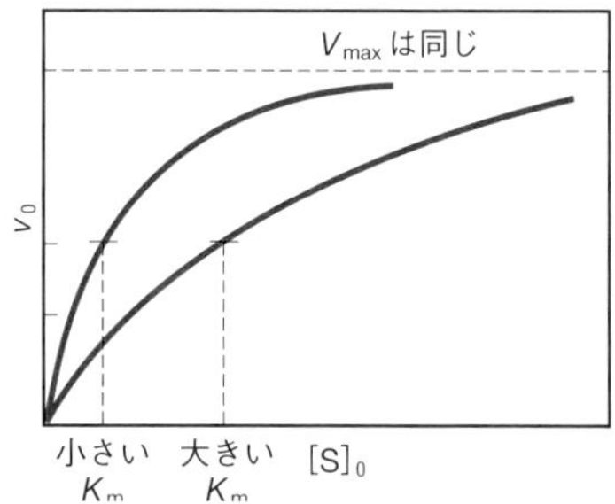

図 3・5 K_m と V_{max} の変化． 図3・4の曲線のゆるやかさや上昇ぶりで酵素の K_m や V_{max} の大小がわかる．

図からわかるように，ミカエリス定数の小さい酵素ほど低い基質濃度に対しても高い活性をもつのだから効率のよい酵素だ．こういう酵素は基質に対する親和性が高く，反対にミカエリス定数が大きい酵素は基質に対する親和性が低い．一方，最大速度の大きい酵素は決められた時間内により多くの基質を産物に変えることができる酵素で，分子活性の大きい酵素であるという．1秒間ないし1分間に何個の基質を産物に変えられるかという値を**分子活性**（またはターンオーバー数）という．

図3・4のグラフは双曲線なので V_{max} と K_m の二つのパラメーターを使って書くと，

$$v_0 = k_{23}[ES] = V_{max}[S]_0 / (K_m + [S]_0) = k_{23}[E]_0[S]_0 / (K_m + [S]_0) \quad (3 \cdot 3)$$

という形でまとめることができる．$k_{23}[E]_0$ が v_0 の最大値となるので，これを

＊ 現在ではコンピューターにより曲線フィッティングで直接 V_{max} と K_m が得られる．

V_{max}とした.

ミカエリス定数はふつう，酵素と基質の親和性を表す指標，すなわち酵素と基質の解離定数とみなされる．その理由を考えてみよう．ミカエリス定数は(3・2)式で使った速度定数で表すと

$$K_m = (k_{21} + k_{23})/k_{12} \tag{3・4}$$

となる（定常状態法*）．一方，酵素と基質の解離定数は

$$K_D = k_{21}/k_{12} \tag{3・5}$$

なので，K_mをK_Dに近いものとみなせるのは，k_{23}がk_{21}より十分小さいときであることがわかる．図3・5のような実験結果からミカエリス定数と最大反応速度を決めるにはラインウェーバー-バークの逆数プロットという直線プロット法がよく用いられる．(3・3)式のv_0の式を変形して

$$1/v_0 = (K_m/V_{max})(1/[S]_0) + 1/V_{max} \tag{3・6}$$

として，$1/[S]_0$に対して$1/v_0$をプロットすると図3・6のような直線が得られ，その傾きからK_m/V_{max}，y軸への外挿点から$1/V_{max}$，x軸との切片から$-1/K_m$を得ることができるので，ミカエリス定数と最大速度を決定できる．

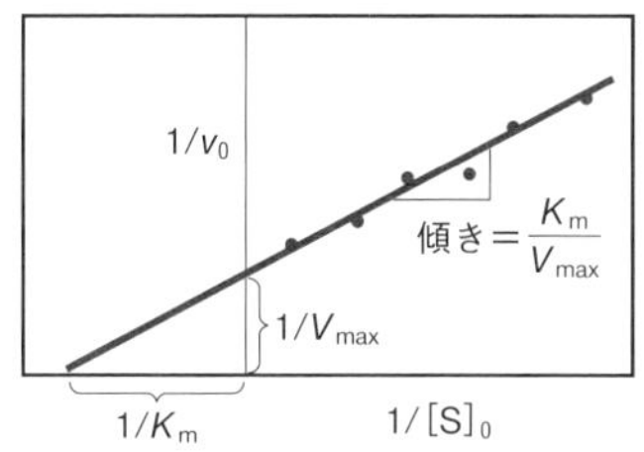

図 3・6 直線プロット． 定常状態法で求めた速度式の両辺の逆数をとると$1/v_0$と$1/[S]_0$が直線となることがわかる．この直線プロットの傾きと切片からV_{max}とK_mを求めることができる．

---

* 定常状態法では，$d[ES]/dt = k_{12}[E][S]_0 - (k_{21}+k_{23})[ES] = 0$とする．
$[E]_0 = [E]+[ES]$として
$[ES] = \dfrac{[E]_0[S]_0}{(k_{21}+k_{23})/k_{12}+[S]_0}$ を$(k_{21}+k_{23})/k_{12} = K_m$とすると
$[ES] = \dfrac{[E]_0[S]_0}{K_m+[S]_0}$. これを使って，初速度$v_0 = k_{23}[ES]$を求める．

競争的阻害と非競争的阻害

酵素に結合してその機能を低下させるものを**阻害剤**（I）といい，可逆的な阻害剤を分類するときに，それが基質と酵素の活性中心を奪い合うかどうかによって，**競争的**（**または競合的**）**阻害剤**か**非競争的阻害剤**かに分ける．この二つの阻害効果を実験的に区別する方法について考えてみる．競争的阻害剤は酵素の活性中心に基質と争って結合しようとするのでこの種の阻害剤が入っているときは，基質をうんと増やしてやれば阻害剤が活性中心に近づくチャンスは激減するのだから，酵素活性は阻害剤のないときに近いレベルまで回復する．活性中心ではない部分に結合して酵素活性を阻害する非競争的阻害剤の場合は，いくら基質を増やしても，基質の結合できないところにへばりついている阻害剤までどかせるわけにはいかないので，酵素活性は基質をどこまで増やしても阻害剤のないときのレベルへは近づけない．

阻害剤があるとミカエリス定数と最大反応速度がどういう影響を受けるかを考えてみよう．図3・7(a)の競争的阻害のとき，最大速度の半分の速度とな

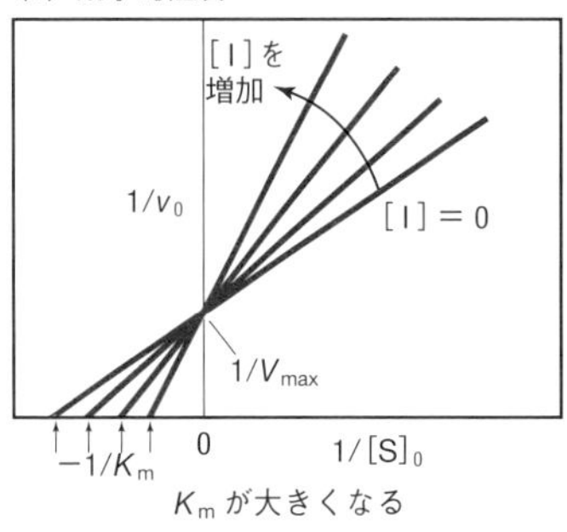

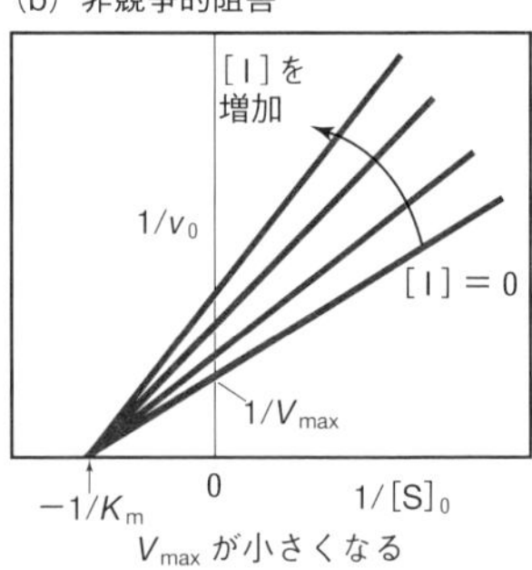

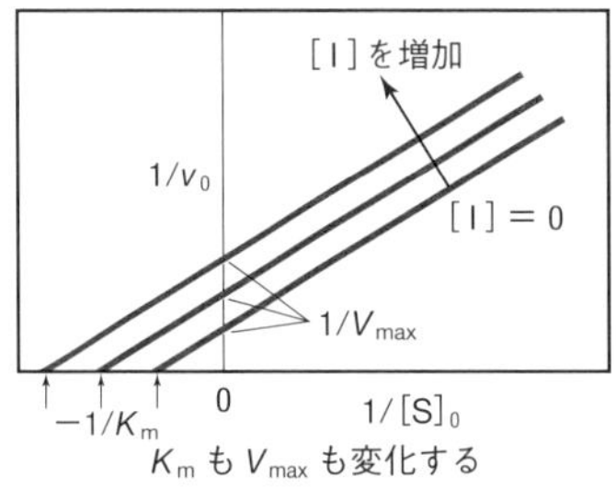

図 3・7　グラフでみる阻害効果． 酵素反応の阻害剤はK_mの値を大きくする“競争的阻害剤”，K_mの値は変えないがV_{max}を小さくする“非競争的阻害剤”が代表的である．そのほかにV_{max}もK_mもかわる“反競争的阻害剤”を区別することもある．[I]は阻害剤の濃度である．

る基質濃度は阻害剤のないときより明らかに大きいので阻害剤濃度 [I] を増すと K_m は大きくなる．最大速度は基質を増やせば阻害剤のないときに追いつくのだから，変化なし．非競争的阻害（図3・7b）では，反対に K_m は変化しないが，最大速度は小さくなる．このように阻害剤の V_{max} と K_m への影響を調べれば阻害の方法がわかる．

酵素活性の制御

体の中での酵素の活性はいつも同じであればよいというものではなく，産物が必要なときとそうでないときがあるので，体の要求に合わせて酵素の活性を加減する必要がある．短い時間で活性を止めたり，回復したりする必要がある場合と，長い目でみて酵素がいる場合といらなくなる場合がある．長い目でみて酵素がいらなくなる場合は，酵素をつくるのをやめ，いまある分子は壊れるにまかせておくか積極的に壊してしまう．一方，酵素システムの日常業務で，つくるそばから産物が他のシステムの原材料としてどんどん使われてゆくような商売繁盛のときと，ぜんぜんおよびでなくて在庫がたまってしまうときがある．こういう短期間での需要と供給のギャップに対応するのに，いちいち酵素の量を変えていては対応に遅れをとる．そういうときには生体内に存在する酵素の阻害剤が酵素活性を一時的に抑えて需給のバランスをとる．

酵素活性の最適温度と最適 pH

酵素が触媒する反応も化学反応なので，温度を上げてゆくとだんだん速くなる．ところが，温度が 60 °C を超えるあたりからおかしくなってきて，速度はどんどんと小さくなり，70 °C，80 °C，90 °C となると反応速度はほとんどゼロに近くなる（図3・8）．酵素の**変性**といわれる現象だ．酵素のきちんとした立体構造が熱でとかされてしまったのだ．酵素はぐにゃぐにゃになり，まったく触媒活性をなくしてしまった．温度を下げるとまた活性を取戻すけなげな酵素もいるが，たいていの酵素は“熱一発”でその寿命を終わり，アンフィンセンの実験（2章のコラム〈タンパク質のフォールディングとプリオン病〉参照）のようには構造が戻らないケースとなる．会合，沈殿など副次的な効果によるところが多い．

どのくらいの温度で変性するか，活性をなくすかは酵素によって違う．温泉

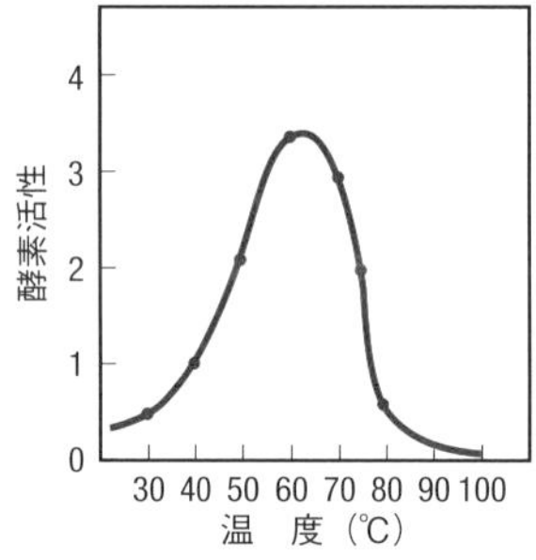

図 3・8 温度と酵素活性． 酵素の活性は温度が高いほど高く，温度の低いときは低い．温度が高すぎると酵素の立体構造が壊れて，酵素は失活する．

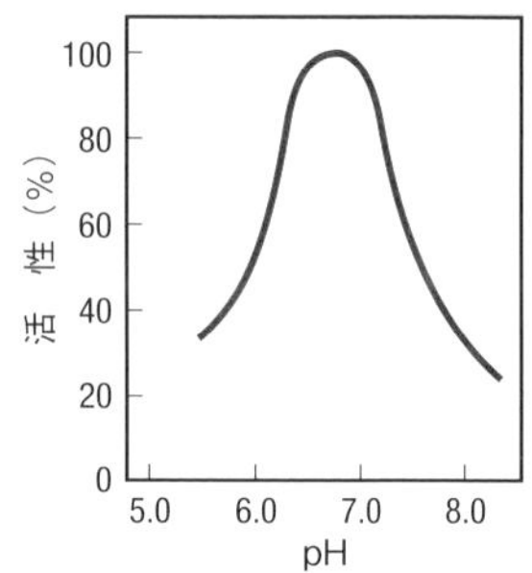

図 3・9 pH と酵素活性． 酵素の活性は中性付近の pH で高く，その両側の酸性またはアルカリ性の領域では低くなるつりがね形をしている．

にすんでいる耐熱菌がもっている酵素は 100 ℃ 近い高温でも機能を保っている．そういう菌のもっているものは酵素に限らず，すべてのタンパク質や核酸が熱に強いわけだ．古い書物には“50 ℃ の温泉にすむ鮒（ふな）を見たり”などという記載もあるが，これは怪しいといわれている．つまり高等な生物は熱に弱いのがふつうだ．酵素は熱だけでなく，酸，アルカリ，有機溶媒，洗剤などの界面活性剤類にも弱いから扱いには注意したほうがよい．酵素の活性を溶液の pH を変えて測ってゆくと，pH 中性付近で高い活性をもっていたものが，酸性側，アルカリ性側で活性をなくすということがよくある（図 3・9）．活性が高い領域を**最適 pH**（または至適 pH）という．これは活性中心にあるヒスチジンやアスパラギン酸，グルタミン酸の解離状態が溶液 pH で変化するからである．

3・3 酵素機能の実際

酵素はいったいどうやって触媒作用を果たしているのだろう．どうして酵素は分子量 1 万以上もある大きなタンパク質分子でないといけないのだろう．最近ではたくさんの酵素の姿が結晶解析という方法によってわかるようになった．その姿と速度論から得られた知識をつなぎ合わせると，酵素が 1 秒の 1000 分の 1 というような短い時間の間に何をして基質を産物に変えているのかがわかってきている．

ヘキソキナーゼ

酵素と基質の結合は**鍵と鍵穴**のように1組ずつが形の上でぴたりと一致するものと考えられてきたが，実際には基質が結合するときに基質も酵素も自分の形を少し変えて，お互いに結合しやすい形で反応していることがわかってきた．その一つの例が図3・10に示したヘキソキナーゼで，左側の絵では基質であるグルコースを待ち受ける酵素が大きな口を開けて待っている．グルコースが活性中心に結合した右の図では酵素の口は閉じてぎゅっと締まった形に変わっている．

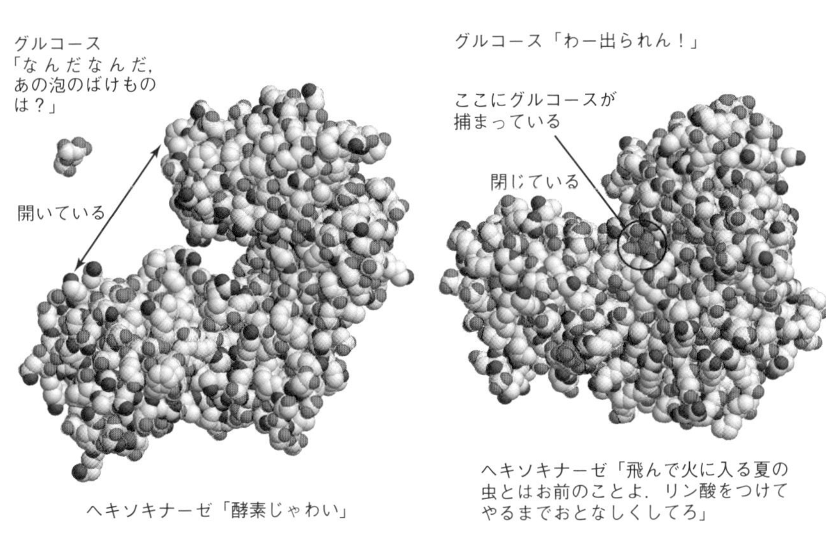

図 3・10 ヘキソキナーゼにグルコースが捕まる． ヘキソキナーゼは口をあけてグルコースのやってくるのを待っている．グルコースが口に入ってくるとヘキソキナーゼはパクリと口を閉めてグルコースを活性中心に押え込んでしまう．

この例のように酵素が基質が結合しやすいように形を変えることを**誘導適合**（induced-fit）とよんだ人がいて，よく使われる言葉となっている．

アルコール脱水素酵素

酵素の活性中心を利用すると，ふつうでは進行しないような化学反応がどうして簡単に進むようになるのだろうか．その例を先にあげたアルコール脱水素酵素でみてみよう．この酵素は亜鉛イオン（Zn^{2+}）を活性中心にもっており，2章で説明した金属タンパク質または金属酵素の一種である．活性中心にある亜鉛イオンはアミノ酸配列上N末端から174番目のシステイン，ヒスチジン（67番），システイン（46番）の三つのアミノ酸側鎖の硫黄と窒素原子，および一つの水分子の酸素原子から電子の供給を受けて**配位結合**している．酵素の活性中心のすぐそばには補酵素であるNAD^+が結合する部位もあるので，活性中心付近の略図を書くと図3・11下のようになる．

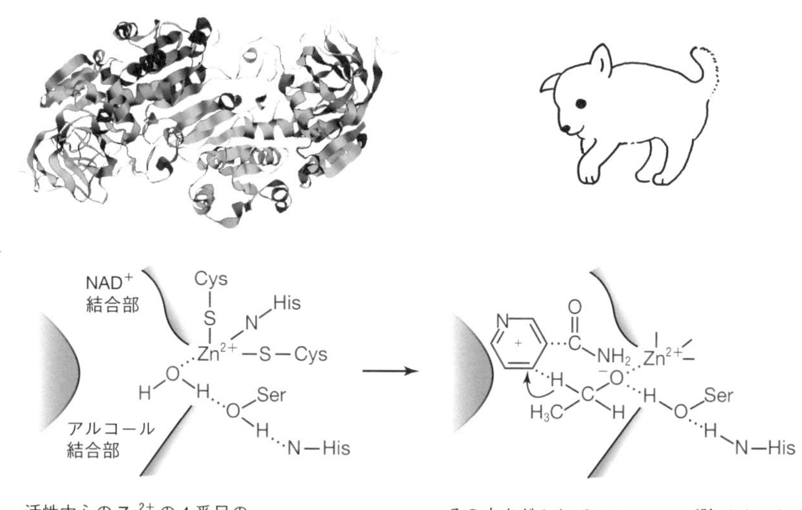

図 3・11　アルコール脱水素酵素の全体像と活性中心

エチルアルコールが基質結合部位に入ってくると，亜鉛イオンに配位している水分子をどかして自分が亜鉛イオンに配位するか，水をどかさずに第5番目の配位子として亜鉛イオンに配位する．こういう状態からエチルアルコールは－OHの水素を亜鉛に結合している水に与えてH_3O^+（つまりH^+）とし，炭素原子に直接ついていた水素でNAD^+を水素化してNADHとする．このようにして酵素の活性中心とNAD^+結合部にはアセトアルデヒドとNADHとH^+が生じた．これらの分子は基質であるエチルアルコールと補酵素のNAD^+ほど酵素に対する親和性が高くないので，遅かれ早かれ酵素から離れてゆく．

上の場合に酵素の活性中心が触媒として有効なのは亜鉛イオンがエチルアルコールの −OH の酸素原子から電子を引きよせて，水素が H^+ として離れやすい環境をつくっている点である．それと同時に，水素を失った酸素が炭素と二重結合をつくろうとする．しかし，その炭素に直接ついた水素が邪魔になるのだが，これを拾いあげる役目の NAD^+ がすぐそばのおあつらえむきの場所にいるという，ふつうでは考えられない超ラッキーなしくみになっている．活性

はずれない，壊れない活性中心

活性中心にはアミノ酸残基のほかに補酵素や金属が使われると説明したが，アミノ酸残基の側鎖どうしが反応しあって新しい構造をつくって活性中心となる場合もある．そのおもしろい例にオワンクラゲという蛍光クラゲのもっているタンパク質 **GFP**（緑色蛍光タンパク質，green fluorescent protein の略）がある．このクラゲは暗い所で短波長の光が当たるとくっきりとしたきれいな緑色の蛍光を出す．蛍光を出すにはまず光を吸収する必要があるので，芳香環をもったチロシンの側鎖とセリンとグリシンの主鎖を使って図の灰色部分のような可視光を吸収する π 電子の共役系をつくり上げる．この構造をつくるのには特別な酵素は必要なく，タンパク質が立体構造をつくり上げる際に同時にできるという点がうまくできている．この構造はいったんできるとタンパク質部分を変性させても壊れないが，蛍光性はなくなる．変性剤を除いて立体構造を復元すると蛍光性も復活するという点では活性中心の環境も大事である．みごとなオワンクラゲ君の芸当です．

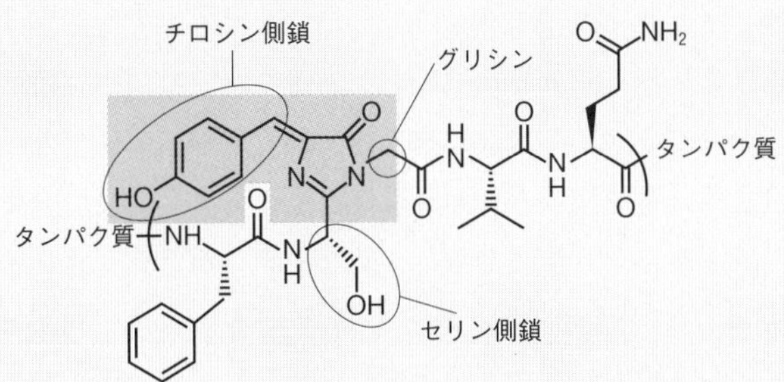

GFP の蛍光活性中心． Ser−Tyr−Gly というアミノ酸配列がタンパク質生成後に環化および酸化反応を受けて図の四角のアミで囲った部分のような可視光を吸収し蛍光を出す活性中心をつくる．

中心ではこのように電子や原子団を与えたり，引きよせたりするグループが基質の化学構造に合わせた立体的位置に配置されていて，反応の進行に必要な電子や原子団の動きが協同作業的にスムーズに進むような仕掛けになっている．電子や原子をやりとりしやすい性質をもつアミノ酸側鎖を，基質分子の化学構造に合わせて立体的に配置して，切断するべき結合を引き伸ばしたり，角度を変えたりするためにはしっかりした屋台骨がいるので，分子量が数万に及ぶタンパク質分子の立体構造の中につくられている足場を利用する必要がある．

話がややこみいってしまったが，1) 酵素の活性中心がシステイン，ヒスチジン，セリン，アスパラギン酸，リシンのように反応性の高い側鎖を集めてつくられていること，2) それでも不足なときは金属イオンが触媒作用の切札として活性中心に組込まれていること，3) 水分子が重要な役目を果たすことがあること，4) NAD^+ などの補酵素がしばしば反応の進行役として欠かせないことなど，酵素化学の要点のいくつかがアルコール脱水素酵素の例で理解できたことと思う．このような構造をもつ酵素は人間が設計したものではなく，この地球上で自然に生じたものであるところがおもしろい．

タンパク質間相互作用の研究——タンパク質は人気もの

一人で仕事を片付けてさっさと家路につくタンパク質はめったにいない．タンパク質はチームワークの達人だ．10 種類以上のタンパク質が協同作業する血液凝固システムはそのよい例だし，血液中のグルコース濃度が高まると，すい臓でインスリンが合成され血液中にでてゆくという例もある．インスリンは組織細胞の膜上にある受容体に結合して，「インスリンが来たよ」という情報を細胞内へ伝える．そうすると血液中のグルコースが細胞内に取込まれ，細胞内のグリコーゲン合成酵素の活性が高まる．回りまわって結果として血液中のグルコース濃度は正常値に戻る．あれもこれもインスリン，受容体，グリコーゲン合成酵素，グルコース輸送タンパク質などタンパク質どうしのチームワークのおかげである．こう考えると自分の体調を知るには，30,000 も 40,000 もあるというタンパク質のどれとどれが相互作用して情報を交換しあうのか，という知識が必要となる．従来は一つひとつのタンパク質の機能を調べながらゆっくり問題を解明していたが，**ヒトゲノム計画**（8 章）により一時に数万にのぼるタンパク質の構造がわかったので，今度はそれらの間の親密度を，これも短期間に知りつくしたくなる．そういう知識が医薬の開発にも重要な役割を果たすことがわかってきたからだ．ではどういう方法でタンパク質間の親密度，つまり相互作用の強さをはかろうか，というアイデアをだし，実用化するのがバイオテクノロジーの大きな目的となってきている．

相互作用とは互いにくっついたり離れたりするという，ごく日常的なことを科学的に分析して「誰と誰がくっつきやすく，誰と誰は反発している」などというゴシップに近いことの相対的な強さを**結合定数**とかギブズエネルギーを使って数値的に表したものである．生化学では「誰と誰が」という部分を測定するのに，ツーハイブリッド法という新しい方法が導入された．また結合定数を測定するには，従来から使われている超遠心法などによる分子量測定に加えて，水晶発振子法や表面プラズモン法，原子間力顕微鏡法が開発されてきている．まず**ツーハイブリッド法**（図 3・12）からみてみよう．

この方法ではまず，あらかじめ相互作用する能力を調べたいタンパク質 A と B が細胞内で合体すると特別な遺伝子が活性化されて細胞のコロニーに色がつくという工夫がある．遺伝子の活性化には染色体の中でその遺伝子 DNA に結合する因子と DNA に結合したこの因子にさらに結合して遺伝子を活性化する因子（転写活性化因子）が必要だが，それぞれの因子にタンパク質 A と B をつけて細胞内に入れる．両者に親和性があって結合すると，それぞれに結合している DNA 結合因子と，転写活性化因子も近づきあって，目的の細胞に β-ガラクトシダーゼという酵素を生産する．培地にこの酵素で分解されると

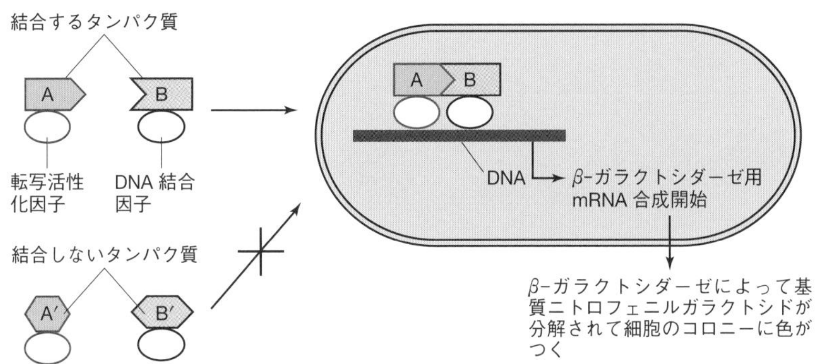

図 3・12　ツーハイブリッド法

色のつくニトロフェニルガラクトシドを入れておき2種類のタンパク質の組合わせごとに細胞のコロニーに色がつくかどうかをみてゆけば，相互作用するタンパク質の表をつくることができる．

相互作用の強さを知るには，原子間力顕微鏡という道具を使うとよい（図3・13）．この顕微鏡は細い針の先でタンパク質一つひとつにさわることができるので，探針の先にタンパク質C，水中に置いた基板の上にタンパク質Dを固定しておいて針の先のタンパク質Cでタンパク質Dにさわる．しばらくして針を基板から離そうとすると，両者が相互作用で結合していると二つを引き離すのに力がいる．相互作用が弱ければ小さい力，強ければ大きい力，相互作用がなければ力は全然いらない，というような測定ができるわけだ．針が小さいばねにつけてあるので，このばねの伸び縮みでタンパク質CとDを切り離すために必要な力を測定するわけである．たとえば，抗体-抗原反応や細胞表面の受容体とリガンドの結合を引き離すには数十 pN（ピコニュートン）という小さいながらもしっかり測定できる力が必要なことがわかる．この顕微鏡を非常に速い速度で走査し，雑音が出ない工夫をすると，単一分子の実時間依存的な運動の様子を可視化できる．たとえば，筋肉のミオシン分子がアクチン繊維上を歩く様子をミリ秒単位の速さで撮影できる．

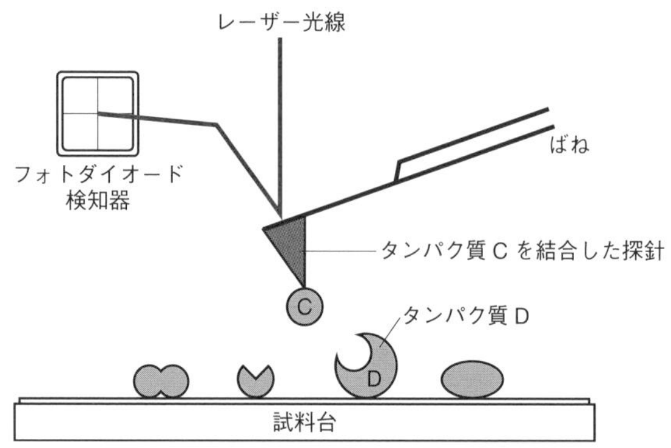

図 3・13　原子間力顕微鏡． ばねの裏側に当たったレーザー光が反射する方向は，ばねのそり具合によって変わる．この変化をフォトダイオード検知器で測定してばねのそり具合，ひいては試料への力のかかり方を知る．この方法でタンパク質CとDを結合してから引き離す力を測定できる．

測定・解析技術

近年高まっている，働くバイオ分子や細胞の動きや分布を高い解像度で調べようという機運を支えるいくつかの顕微鏡についてのぞいてみよう，

STED ナノ顕微鏡

およそ 200 nm とされている光学・蛍光顕微鏡の分解能（アッベの回折限界）をさらに向上させる超解像度顕微鏡として実用化されたもののひとつが STED (stimulated emission depletion) ナノ顕微鏡である．蛍光性試料の表面に短時間レーザー光パルスを当てて蛍光分子を励起したあと，パルスの中心以外の部分からの蛍光を消して中心の狭い領域（直径約 10 nm）からの蛍光だけを集めながら二次元走査してゆくとアッベの回折限界を超えた解像度で試料上の 2 点間を識別できる．生化学研究では蛍光の利用が盛んで，ことにタンパク質自身が蛍光を発する GFP（前出コラム）はその遺伝子を観察したい分子に遺伝子レベルで結合するとその分子の分布や動態が直接観察できる，いわば万能の試薬だ．

走査型イオン電流顕微鏡

先端にピンホールを開けたマイクロピペット型電極を使って，イオン溶液中で試料表面を走査しながら電流値を測定しゆくと，ピンホールと試料表面の距離に応じて電流値が変化する．電流を運ぶイオンの速度（電流値）が電極と試料表面の隙き間の厚さに応じた摩擦力を受けて変わるためである．この顕微鏡の電極先端は試料に触れないので，試料破壊がなくやわらかい生体試料の映像化に適している．このこまかい芸当の解像度はピンホールの口径で決まり，数十 nm 程度まで上げることができる．

ほかにもいろいろな顕微鏡が考案され，ひろく応用されているよ．なかでも，位相差顕微鏡，共焦点顕微鏡，近接場光学顕微鏡，透過型および走査型電子顕微鏡，超音波顕微鏡，などがネコの眼のように鋭く生物学分野でよく使われている．

水晶発振子法では，正確に時を刻むデジタル時計の心臓部にあって一定の振動数で振動している水晶の結晶に，微量のごみがつくと振動数が変化する結果，時間が狂うのと同じ原理を使う．発振子の表面にあらかじめタンパク質 C を

塗っておき，これをいろいろな種類のタンパク質溶液に浸したとき，発振子の振動数が大きく変化するものほどタンパク質Cに結合する量が多いという理屈で攻める．人生を攻めていきたい人には適当な方法である．表面プラズモン（ならずモンではない）法は大変モダンな方法で，薄い金表面にタンパク質Cを固定しておき，以下いろいろな種類のタンパク質溶液に浸すと，タンパク質Cに結合したタンパク質分だけ金表面の屈折率が変化するので，その変化量からタンパク質の結合量を知る．そのとき，ごく小さい屈折率の変化を金表面にできる光の場と表面電子の集団運動の共鳴現象（プラズモン）を利用して測定するのでこのような名前がついている．生化学にも物理的な手法が次々に投入され，新しい測定が進んでいるので物理好きの人にもよい職場が広がっている．

細胞内は数万種類のタンパク質が相互作用のあるなし，強弱を通して生命維持のためのコミュニケーションを図っているネットワークの場であり，個々のタンパク質はなかなか一人にしておいてほしいというわけにはゆかない，共同責任を背負いこんでいる人気ものである．

4

生きるエネルギー

成長期はもとより，大人になっても毎日食事をするのは生きるためのエネルギーを ATP として確保するためと新陳代謝のためです．ATP は ADP にリン酸をつけるだけでつくれるので回転が速いのが特徴で，あなたは 1 日に数十キログラムの ATP を使っていることになります．

本章では私たちが食べ物をどのように体の中で分解してエネルギーを取出し，**ATP** という**高エネルギー分子**の形でためておくかを説明する．ATP は 5 章以下で述べる生体物質の合成や生体の運動機能の発現のためにあらゆる生物で共通に使われる“エネルギーの 100 円玉”である．その ATP がどのような分子であるかを説明した後，糖質，タンパク質，脂肪などの食物成分がそれぞれアセチル CoA まで分解された後，その水素部分が**クエン酸回路**という代謝系で NADH および FADH という還元剤にかわり，ATP を生み出す力となる筋書を説明する．また，それぞれの栄養素がアセチル CoA まで分解される**解糖系**，**β 酸化系**などについても解説する．

4・1 食物とエネルギー

生き物はみな“からだ”というものをもっており，それを見ると一目で生きていないものと区別できる．生きているものはその体が“ひどく複雑でやわらかそうだ”という点で無生物とははっきり違っている．人工の電子機器もそうとう複雑だが，それと比べても生物は小さくて複雑で，細かい構造が非常に多くの種類の分子によってつくられている．どのくらいの種類の分子をどのように集めたら“生物”とよべるようなシステムがつくれるのかはいまでもよくわかっていない．この複雑なシステムも，死んでしまうとだんだん崩れて形がわからなくなり，果ては土となる．昔の人は小さな虫は土から生まれると思っていたのも無理はない．“糞虫は至穢なるも変じて蝉となり，露を秋風に飲む，腐草は光なきも化して蛍となり采を夏月にかがやかす（菜根譚）”というようなきれいな書き方をする．露を秋風に飲む，なんてなんともいえないよい言いまわしである．もっともこういうことを書いた人もまさか土からセミが生まれるわけではない，草からホタルがわくものではない，と知っていてこう書くのかもしれない．中国の人は智恵があるからね．小さく複雑なシステムをつくり上げ維持してゆくには毎日食物をとり，そこからエネルギーを抽出し，体の構造が壊れないようにいつもエネルギーを使って修繕を続けなくてはならない．

私たちがとる食物のなかでエネルギーのもとになるのは，デンプンなどの糖質，脂肪，タンパク質のなかの“水素がたくさんついている”，いいかえると“還元された”炭素である．食物を酸素ガスの中で燃やして，二酸化炭素と水にす

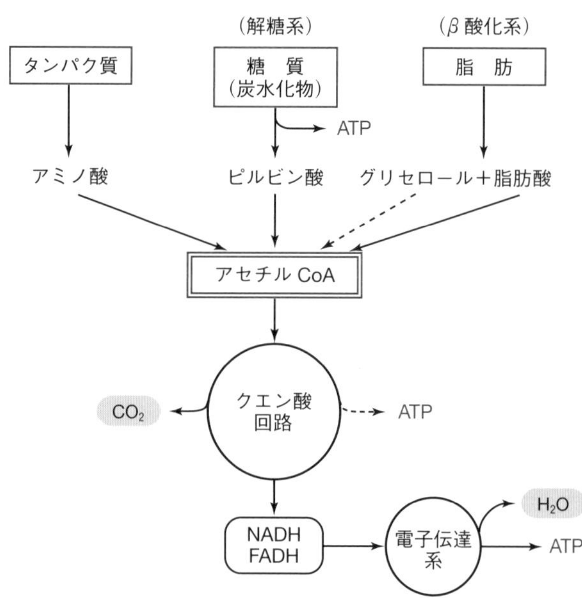

図 4・1　エネルギー生産総覧図． 食物の大部分は ATP を生産するために使われる．

るときに発生するエネルギーの大きさは

デンプン	1g当たり16キロジュール（4キロカロリー）
タンパク質	1g当たり16キロジュール（4キロカロリー）
脂　肪	1g当たり37キロジュール（9キロカロリー）

と測定されている．生物はこのエネルギーを炎のように一時に発散させないで，図4・1に示すような反応システムのなかで，しだいしだいに，間接的に酸化しながらATPという物質をつくり，この分子のなかに小さい単位に小分けしたエネルギーをたくわえてゆく．つまり100円玉ですね．

ATP

ATPはアデノシン5′-三リン酸（adenosine 5′-triphosphate）の略称だ．リン酸が3個ついているATPと2個しかない**ADP**（アデノシン5′-二リン酸 adenosine 5′-diphosphate）は同じ人が帽子をかぶったり脱いだりしているようなものだ（図4・2）．ADPにリン酸をつけてATPにするにはあるまとまった大きさのエネルギーが必要なので，エネルギーを放出する反応からエネルギーを分けてもらう．そのためには一つの酵素の上で二つの反応が同時に進行して，エネルギーの受け渡しに無駄のないようにする．放出されるエネルギー

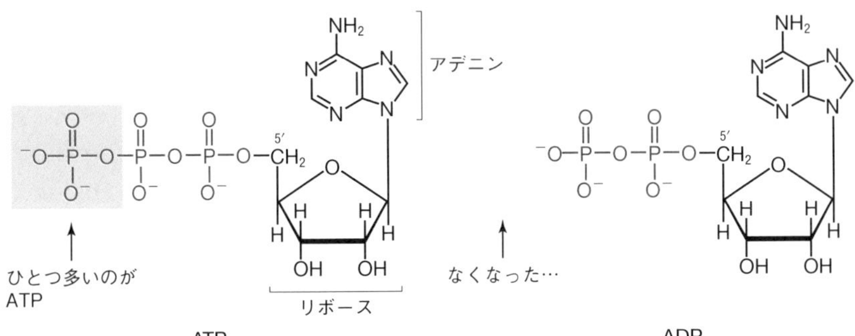

図4・2　ATPとADPの形． ADPにリン酸基が一つ転移されるとATPとなり，ATPが加水分解でリン酸基を一つ失うとADPとなるというように常に行ったり来たりしている．1日に食べる食物のエネルギーは大半がまずATPの形になってから使われるので，延べにすると私たちは1日に体重の1/3から1/2にも及ぶ量のATPをADPからつくって使っている．

が砂のように細かい単位に分散して熱となりどこかへなくなってしまうといけないからだ．エネルギーを分けてくれる反応は，ATP をつくるために十分なひとかたまりを分けてくれるならどんな反応でもよい．

前にも述べたように，ATP はアデニンという塩基とリボースという五炭糖（炭素を 5 個もつ糖）とリン酸でできている化合物で，一見複雑な形をしているが，アデニン（一つおきに窒素と炭素が並んでいる）とリボース（酸素を頂点とする五角形の底辺に OH, OH とつけて，左肩に CH_2OH と書けばよい）がわかればあとはリボースの CH_2OH にリン酸基を 3 個つけるだけだ．ADP ならリン酸基は 2 個でよい．アデニンは生化学ではあちこちに出てくるからよく覚えておくとよい．覚え方は図 2・19 にある．

ATP という分子は加水分解して ADP とリン酸になるとき，30 kJ/mol（1 モル当たり 30 キロジュール）の大きさのギブズエネルギーをひとかたまりとして放出する．生体内で ATP が ADP よりずっと多い環境では ATP の加水分解はさらに大きいギブズエネルギーを生む．この大きさは生体内で新しい分子を合成したり，筋肉を動かしたりする反応の駆動力として使うのに大変便利な大きさなのだ．ATP のこのような性質を一口で言い表すのに，ATP は**高エネルギー分子**であるという．

ATP はなぜエネルギーをもっているのか

ATP がなぜエネルギーをたくわえているかというと，リン酸が 3 個も並んでついているところがあやしい．リン酸が 3 個つながるとマイナス電荷が 4 個も近いところに押し込められるし，リンも少しプラス電荷をもつので，お互いの反発がすごく，ビーンと張りつめた空気が流れてしまう．このような電荷間の反発力のため結合電子が高いエネルギー状態になっている ATP のリン酸基部分から，一番端にあるリン酸を一つとると，とれたほうのリン酸も楽になるし，残ったほうも少しは過ごしやすくなる．お互いに低いエネルギー状態に落ち着けるというわけだ．電子にとって“楽になる”ということは，“低いエネルギー状態に落ち着く”ということなので，リン酸がとれる前に高かった分だけエネルギーが放出される．それが 30 kJ/mol というエネルギー（正確にはギブズエネルギー）だ．ATP にたくわえたエネルギーを利用するというのは，このエネルギーで今度はほかの反応を助けてやることだ．だから，ATP を ADP

にする**ATP 分解酵素**とそのエネルギーを頂戴して筋肉を動かしたり，アミノ酸をつないだりする酵素とは一体となって働く．何度も言うけれど，離れていてはせっかく 30 kJ/mol のかたまりとして使えるはずだったエネルギーが小さな砂粒のような熱エネルギーとなってどこかへ散ってしまうのだ．

アセチル CoA

図 4・1 に示したように食物からエネルギーを取出すシステムで，中心的な存在は**アセチル CoA**，または**活性酢酸**とよばれる分子である．アセチル CoA は**酢酸**（acetic acid，CH_3COOH）と**補酵素 A**（coenzyme A，略して CoA）が合体したもので，アセチルコエーとよぶ．デンプンからも，タンパク質からも，脂肪からもアセチル CoA が生じている．そしてアセチル CoA が**クエン酸回路**と書かれたまぁるい反応回路に入ってぐるりと回る間に，アセチル CoA の酢酸部分の二つの炭素は二酸化炭素に完全酸化される．そのときの酸化剤は酸素自身ではなく，前にも出てきた **NAD^+** と書く**酸化型ニコチンアミドアデニンジヌクレオチド**（nicotinamide adenine dinucleotide）と **FAD** と書く**酸化型フラビンアデニンジヌクレオチド**（flavin adenine dinucleotide）なので酢酸から引抜かれる水素は **NADH** と **FADH** の形でひとまず落ち着く．（二つの水素をとる力があるので $NADH+H^+$ と書くのが正しいとされているが，本書では簡単のため NADH と表している．また FAD も水素二つをとる力があるので還元型は $FADH_2$ と書くのが正しい．）二酸化炭素は水に溶けて水和し，炭酸（H_2CO_3）と炭酸水素イオン（HCO_3^-）+ H^+ になり，血液に出て，肺で再び CO_2 となって排出される．NADH と FADH についた水素のほうは，このあと

エネルギーとギブズエネルギー

ATP が加水分解して ADP になるときに放出されるエネルギーは正確には**ギブズエネルギー**という量である．ATP が加水分解するとき放出されるエネルギーのうち次の仕事に使える分をギブズエネルギーという．次の仕事に使えない分は分子の運動エネルギーなどになって散逸する熱エネルギーに相当する分である．生化学ではエネルギーといえば仕事に使えるギブズエネルギーをさすことが多いので，本書ではギブズエネルギーのことをエネルギーと書いている．

電子伝達系というシステムの入口で電子を渡し，自分はプロトン（H^+）となってうろついているが，電子伝達系の最後のところで電子を受取った酸素と結合して水となってしまう．

4・2　クエン酸回路

クエン酸回路という反応システムは入口からアセチル CoA が入るたびにオキサロ酢酸と結合してクエン酸がつくられ，反応が 1 回転して元の状態に戻ってくると，またオキサロ酢酸がアセチル CoA を捕らえるという触媒的なしくみで働くので，“回路”という名前がついている．回路を 1 回転する間に NAD^+ の 3 分子，FAD の 1 分子がそれぞれ 2 当量ずつの水素を得て，3×NADH と 1×FADH となって電子伝達系に入る．クエン酸回路は発見した人の名前をとって**クレブス回路**ともいうし，回路の主役であるクエン酸にはカルボキシ基（COOH）が 3 個あるので，tricarboxylic acid cycle，縮めて **TCA 回路**ともよばれる．

クエン酸回路に入ったアセチル CoA はどのような反応によって酸化されてゆくのだろうか．図 4・3 を見てみよう．ここでいよいよ生化学特有の化学物質の名前を覚えてゆこう．**アセチル CoA** は図の矢印に従ってクエン酸回路に入るとすぐ，**オキサロ酢酸**（2-オキソピルビン酸）という，酢酸（CH_3COOH）のメチル基にオキサロ基（$\mathrm{O{=}\overset{|}{C}{-}COOH}$）がついたものと結合し，CoA ははずれて，カルボキシ基を 3 個もつ**クエン酸**になる．クエン酸は英語では citric acid といい，その意味は柑橘（かんきつ）類の酸のことであり，レモン，ミカンなどに多く含まれる．アセチル CoA とオキサロ酢酸を結合してクエン酸をつくるのは図に記したように**クエン酸合成酵素**（クエン酸シンターゼ）という酵素である．クエン酸となったアセチル CoA は順次酵素の触媒効果を受けて，再びオキサロ酢酸に戻るが，大切なのはその途中で二酸化炭素 2 分子（$2\times CO_2$）が放出されることと，8 当量の電子が 3 当量の NAD^+ と 1 当量の FAD を還元して 3×NADH，1×FADH を生じる点である．スクシニル CoA のコハク酸への加水分解のとき，過剰エネルギーで GDP（グアノシン二リン酸）が 1 当量の GTP（グアノシン三リン酸）に格上げされることも見逃せない．GTP は ATP と同じくエネルギーの貯蔵分子で，ADP をリン酸化して ATP にすることができる

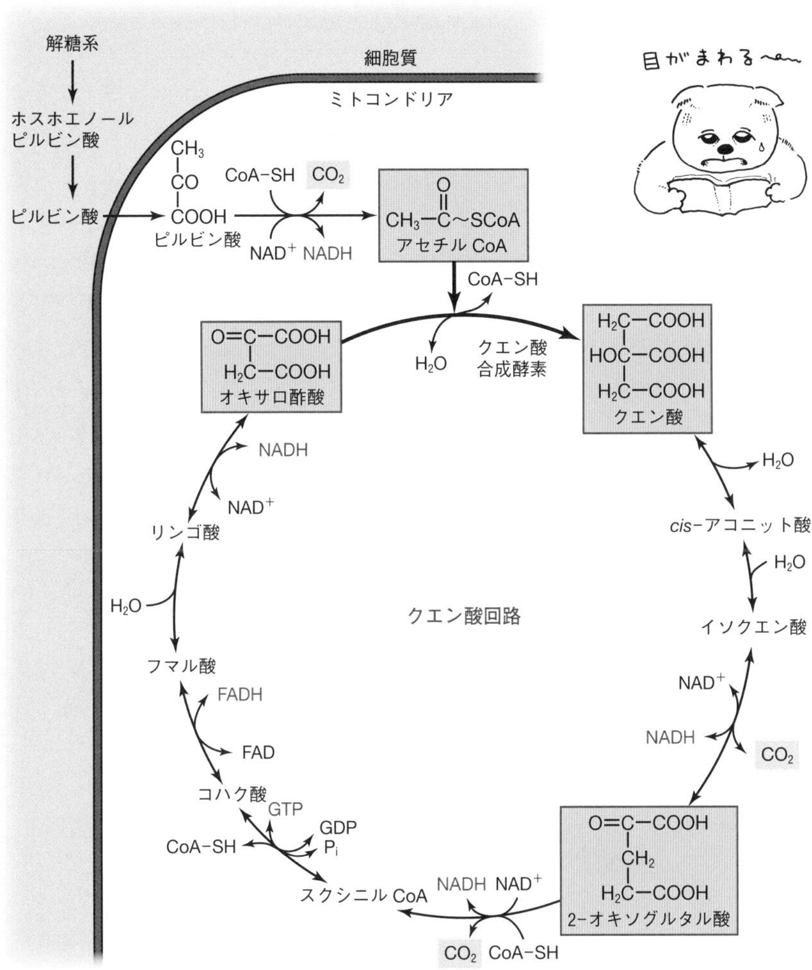

図 4・3 クエン酸回路. ミトコンドリア内でオキサロ酢酸がアセチル CoA を捕まえてクエン酸になるところからこの回路は始まる．CoA のもつ C〜S は高エネルギー結合.

ので，ATP が 1 当量生成されたのと同じことである．電子を高いエネルギー準位で捕らえている NADH と FADH は，次項で述べる電子伝達系に運ばれて，それぞれ 3 当量と 2 当量の ATP を生成するので，アセチル CoA 1 分子の酸化から 12 分子の ATP がつくれることになる.

4・3 電子伝達系

解糖系やクエン酸回路で生じた還元力はエネルギー準位の高い電子としてミトコンドリア（図4・4）の内膜にある**電子伝達系**に入ってくる．電子がもっている高いエネルギーを一時に放出させないで，だんだん低いエネルギー準位で電子を受取る分子に次つぎに渡してゆくシステムが電子伝達系である．電子は図4・5のように整然と並んでいる電子伝達系の分子の間を，低いエネルギー準位を次つぎに用意して迎えてくれるほうへと動いてゆくたびに，差額のエネルギーを放出してミトコンドリア内のプロトン（H^+）を外側へくみ出すポンプの駆動力を供給している．解糖系やクエン酸回路と同じ原理で，大きなエネルギーのかたまりを一時に放出しないで，使いやすい大きさのエネルギーのかたまりとして小分けするのだ．そのほうが使いやすいだけでなく効率もよい．電子の最後に行き着く先は酸素であり，酸素に捕らえられた電子はもうそれ以上受け渡されることはない．電子を受け止めた酸素はプロトンと結合して水分子を生成して安定化する．

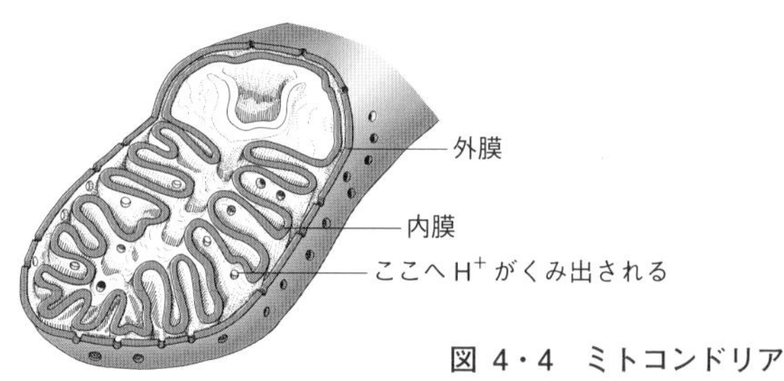

図 4・4 ミトコンドリア

電子伝達系は直接ATPを生み出さないが，その力によってミトコンドリア内部からのプロトンをくみ出し，内膜と外膜の間にプロトンが蓄積する．ためられたプロトンが再びミトコンドリア内に逆流しようとする力を利用してATPが合成される．ミトコンドリアの内膜にはプロトンを通す穴が開いているが，プロトンはただではそこを通れない．ADPをリン酸化してATPにする仕事をしてからでないとミトコンドリアの中へ帰してもらえないのだ．

エネルギー代謝の基本はこのようにアセチルCoAがクエン酸回路で酸化される間に生じたNADHとFADHという還元力のATP生産への利用である．図4・5を見るとわかるように，NADHとFADHでは電子伝達系への入口が違っている．NADHのほうが上流から入れるので，酸素に行き着くまでの間にATPを3個生み出すに十分なエネルギーを放出し，FADHはATPにして2個分のエネルギーでプロトンをくみ出す．糖質もタンパク質も脂肪もすべてエネルギー代謝においてはアセチルCoAという同一の分子になってクエン酸回路に入り，NADHとFADHを電子伝達系へ送り込んでATPを生産する．

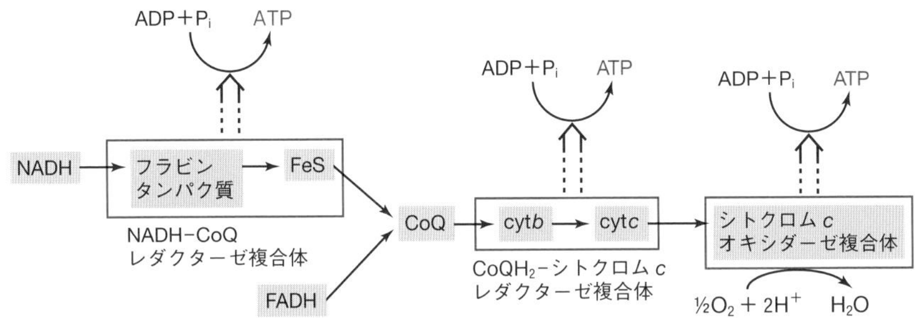

図 4・5　電子伝達系とATP生産． 電子伝達系は種々のシトクロムタンパク質，フラビンタンパク質，補酵素Q（CoQ）などを含むタンパク質システムで，ミトコンドリアの内膜に組込まれている．スタートのNADHと最終の電子受容体である酸素との間のエネルギー差は約200 kJ/molなので，3個のADPをATPに変えるには十分な余裕がある．FADHからの電子伝達はCoQの段階で行われるので，NADHに比べてATPの生産は一つ少なくなる．レダクターゼは還元酵素，オキシダーゼは酸化酵素のことだ．

糖質，タンパク質，脂肪がアセチルCoAに到達するまでの道筋は，それぞれ独立したシステムとして組上げられている．図4・1はそのようなシステムがそれぞれアセチルCoAを生じてクエン酸回路につながる様子を示している．

ATPはどこで合成されるのか

NADHやFADHの還元力が電子伝達系でATPを合成するために使われるということだが，これをもうすこし具体的にいうと，還元状態の電子が酸化状態に近づく途中の3箇所で，プロトン（H^+）をミトコンドリア内部から内膜と外膜の間にある隙き間（膜間腔）にくみ出してせっせと膜間腔のプロトン濃度を高め，酸性にする．濃度の高いところにあるプロトンはエネルギーが高い状態にあるので，濃度の低いところへ移動させるとエネルギーを放出する．このエネルギーをうまく利用してATPをつくるのだ．還元状態にある電子のエネルギーを利用してプロトンを膜間腔に移動させた後，今度は内膜に埋込んであるATP**合成酵素**を通してだけプロトンは濃度の低いミトコンドリア内部に戻れる．ここを通るときの通行税としてエネルギーを酵素に渡すとミトコンドリア内部に戻してもらえるわけだ．酵素は受取ったエネルギーを使ってADPをリン酸化してATPとする，というシナリオである．この酵素はプロトンを通してATPをつくるとき風車のように回転するというので話題となった．

4・4　グルコースの分解とその制御

解　糖　系

まず，デンプンのような糖質の主成分であるグルコース（ブドウ糖）がピルビン酸になる道筋を図4・6でみてみよう．このシステムはグルコースを段階的に分解してATPをつくるが，そのなかでADPをリン酸化してATPにするのに十分なエネルギーのかたまりを分けてやることのできるのは次の2箇所だけである．まず，**1,3-ビスホスホグリセリン酸**からとれるリン酸をADPで受けてATPができる．次に，**ホスホエノールピルビン酸**から離れるリン酸をADPが受取るところでもATPができる．リン酸は同じ酵素の上でやりとりされることが大事で，いったん酵素から離れてしまうとADPに結合してATPに変えるエネルギーはもうもっていない．そこで，1モル当たり約30キロジュール（30 kJ/mol）の大きさをもつエネルギーのかたまりを必要とする，

$$\text{ADP} + \text{リン酸} \longrightarrow \text{ATP} + H_2O$$

という反応と，約50 kJ/molのエネルギーを放出する

$$\text{ホスホエノールピルビン酸} + H_2O \longrightarrow \text{ピルビン酸} + \text{リン酸}$$

という反応が同じ酵素の上で**共役**（カップル）して進むことが大事で，このことを表すのに次のように丸い矢印を使う．リン酸は図の赤い点線に沿って受け渡されている．

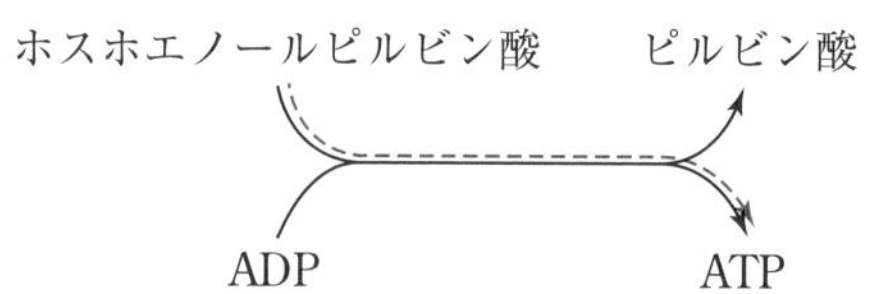

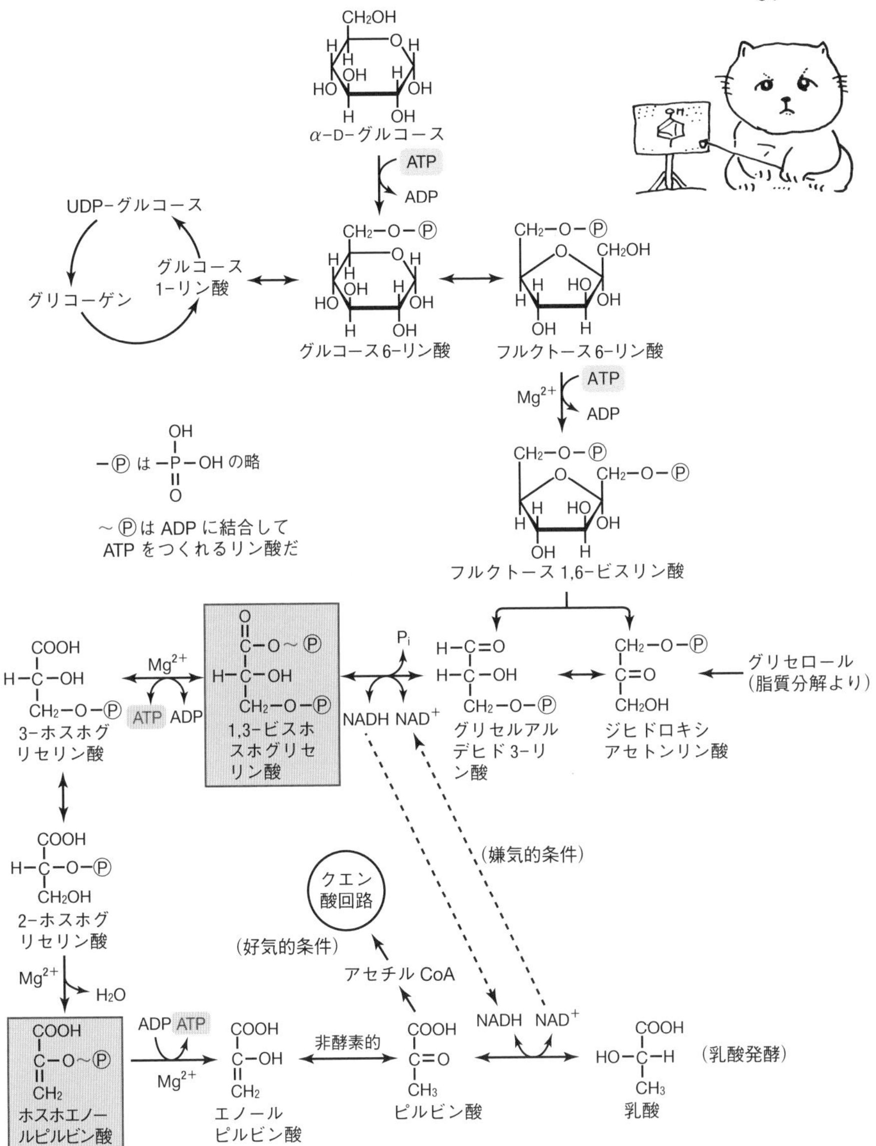

図 4・6　解糖系の反応. 1,3-ビスホスホグリセリン酸が 3-ホスホグリセリン酸になるときとホスホエノールピルビン酸がピルビン酸となるときの二つの段階に ADP へのリン酸基転移が共役していて，ATP が生じる．フルクトース 1,6-ビスリン酸から後は分子数が 2 倍になるので，グルコース 1 分子当たりにすると 4 分子の ATP が生じる．グルコース 1 分子当たり，まず ATP 2 分子が消費され（灰色の ATP），その後 4 分子の ATP がつくられる（赤の ATP）ので，合計 2 分子の ATP が生じる．

1,3-ビスホスホグリセリン酸の場合も同様である.

解糖系は，酸素不足の**嫌気的条件**下で電子伝達系での ATP 生産が止まっても独自に ATP を生産できる貴重なエネルギー生産系であるが，グルコース 1 分子から 2 分子の ATP をつくり，2 分子の NAD^+ を還元して NADH にするだけで終わり，最終産物としてピルビン酸がたまる．O_2 がないままでは NADH を酸化する電子伝達系が止まっているので NAD^+ が足りなくなり，グリセルアルデヒド 3-リン酸から先へ進めず解糖系も止まってしまうが，解糖系の内部だけで生じている NADH を使ってピルビン酸を乳酸やエタノールに還元し，NAD^+ を再生すれば，解糖系は連続的にグルコースを分解し続けられる．自己完結的な生きる道ですね．NAD^+ の還元と NADH の酸化を繰返しながらグルコースを乳酸やエタノールにして変えてゆくのが，嫌気的条件で生きてゆく酵母のような微生物の解糖系の作用で，**発酵**という．酵母を使って乳酸飲料や酒をつくるときに使われる方法がこれだ．こういう状態でも，グルコース 1 分子当たり 2 分子の ATP は連続的に生産されているので，酵母などの細胞はその ATP を利用して生き続ける.

酸素が自由に使える**好気的条件**では，ピルビン酸は電子伝達系が生産する NAD^+ を使って酸化されると同時に，CoA と結合して**アセチル CoA** となる．この反応は**ピルビン酸脱水素酵素複合体**(ピルビン酸デヒドロゲナーゼ複合体) という多機能酵素によって進められる．NAD^+ が十分あってこの酵素が働いていればグルコースをアセチル CoA まで分解して，ATP を 2 分子と NADH を 4 分子生み出すので，グルコース 1 分子から 14 分子の ATP を生み出すことができる.

解糖系は研究した人々の名にちなんで**エムデン-マイヤーホフ-パルナス経路** (EMP 経路) ともよばれる.

解糖系のアロステリック制御

解糖系の図を見るときは，六炭糖のグルコースが途中で半分になって三炭糖になってゆくところが見所である．半分になる前の**フルクトース 1,6-ビスリン酸**がどのくらいできているかは解糖系の活性を決める重要なファクターになる．この分子をつくる**ホスホフルクトキナーゼ** (キナーゼはリン酸化酵素の意味) という酵素は**フルクトース 6-リン酸**にさらに ATP を使ってもう一つリン酸をつけて**フルクトース1,6-ビスリン酸**にする．ビスはもう一つの意なり．この酵素が働くためには，フルクトース6-リン酸にさらにリン酸をつけるためにATPが必要なのだが，ATPが必要以上たくさんあるとかえって酵素の機能が止まってしまう．

反応に必要なATPなのに多過ぎるとなぜ酵素の機能を止めてしまうのか，という疑問には「そのほうが都合がいいのだ」という説明をしよう．考えてみると，解糖系の目的がATPの生産にある以上，細胞内にATPがたくさんあるときはATPを生産しなくてもいいのだ．解糖系は休んでいてもいいのだから，解糖系の主要酵素であるホスホフルクトキナーゼはATPの多い環境ではその機能が低下するのは経済の基本である“需要と供給のバランス”という法則によくあっている．

そういう考えからゆけば，ADPはこの酵素の活性を上昇させるはずだ．ADPとATPは始終交代していて，ADPとATPを合わせた量はほぼ一定なので，ADPが多いということはATPが少ないということになり，解糖系はどんどん働いてADPをATPにつくりかえてもらいたい．ATPからリン酸が二つとれたAMPが多いときも同じだ．反対にATP生産量の多いクエン酸回路が働いているときは解糖系はあんまりしゃかりきにならなくてもATPはできてくるだろうから，過剰のクエン酸はATPと同じようにホスホフルクトキナーゼの機能を下げる．

ATP，ADP，AMP，クエン酸などホスホフルクトキナーゼの基質であるフルクトース6-リン酸とは似ても似つかぬ形をした分子が酵素の活性を上げたり下げたりする方法を**アロステリック効果**という．他のいろいろな酵素系でも同じ原理で活性がコントロールされている例が多い．

無酸素状態でのATP生産

ヒトの筋肉では激しい運動時には血液による酸素の供給が足りないので，細胞は解糖系だけを使ってATPを生産し筋肉を動かすエネルギーとする．生じた乳酸は，血液中を肝臓に運ばれて，激しい運動が終わったあと酸素の供給がもとどおりになると，ピルビン酸を経てアセチルCoAとなり，さらにクエン酸回路で生じたNADHとFADHは電子伝達系に入って十分な酸素の供給を受けATPを生産する．残りの大部分の乳酸はこのATPを使って，再びグルコースまたはグリコーゲンに再生される．乳酸やピルビン酸からのグルコースやグリコーゲンの再生については次項で説明する．もう一つ，解糖系の生産するATPだけに頼っているのは，血液中の赤血球である．赤血球にはミトコンドリアがないのでクエン酸回路や電子伝達系もない．また赤血球は解糖系の中間体である，1,3-ビスホスホグリセリン酸を2,3-ビスホスホグリセリン酸に変えて，高濃度（約4 mM）でたくわえている．この分子がヘモグロビンに結合すると酸素が吸着しにくくなるので，ヘモグロビンの酸素親和性を下げるのに役立っている．

筋肉は嫌気的に生産されるATPだけでも何とか仕事をしてゆけるが，**脳**はそうはゆかない．脳の酸素要求量は非常に高く，酸素の供給がしばらく途絶えると脳障害を起こす．体の中で生産されるATPの一番多くの部分は細胞の内と外でのナトリウムイオンとカリウムイオンの**濃度差**をつけるために使われており，脳の働きはすべてこのイオン濃度差を利用した神経情報伝達によっていることを思えば，脳が多大のATPを必要としていることが理解できる．解糖系による嫌気的なATP生産だけでは間に合わないのだ．大腸菌に脳はない！

ピルビン酸からの糖新生

筋肉の活動中に酸素不足から生じた乳酸は肝臓に運ばれて酸化され，ピルビン酸になる．先に述べたように一部はアセチルCoAとなってATP生産に向かい，残りはグルコースにつくり替えられる．ピルビン酸になれば，図4・6の解糖系をさかのぼって今度はATPを消費しながら，グルコース1-リン酸になり，さらにグルコース6-リン酸になり，最後にはグリコーゲンにまでなりそうなものであるが，そうはいかないところが生化学らしいところだね．生化学では，ものを壊す方向とつくる方向がまったく同じ経路をたどるということはない．これはかなり重要な原則だ．脂肪酸の代謝でも同じ原則が当てはまることをあとで説明する．

糖新生（図4・7）では，乳酸はピルビン酸に酸化された後，ミトコンドリア内に入り，**オキサロ酢酸**となる．このオキサロ酢酸はさらにリンゴ酸となってミトコンドリアから出てゆき，細胞質内で再びオキサロ酢酸となり，この分子がGTPから高エネルギーリン酸を受取りつつ，脱炭酸でCO_2を失うと，迂回しつつ解糖系を一つさかのぼったことになり，**ホスホエノールピルビン酸**が

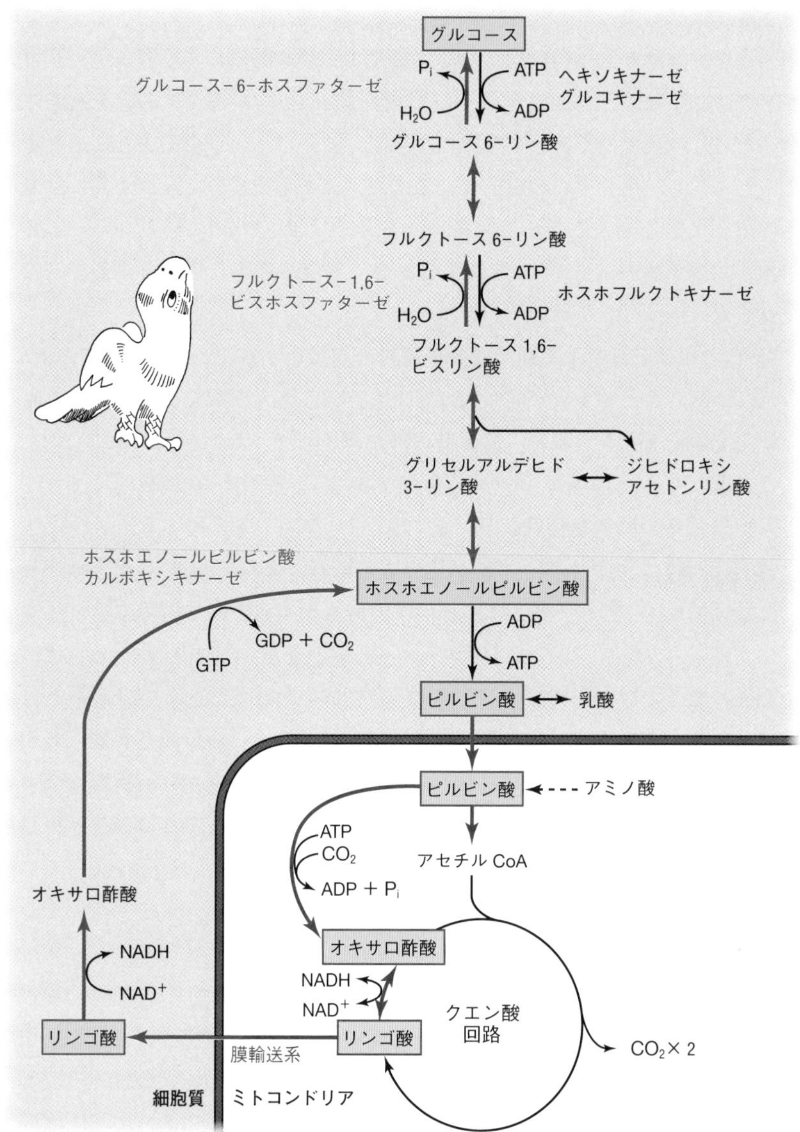

図 4・7 糖新生の道筋. ピルビン酸はATPを使って直接ホスホエノールピルビン酸にならず，オキサロ酢酸を経由する．酵素ホスホフルクトキナーゼも使われない．合成経路と分解経路ではいくつかの点で道筋が変えてある例である．酵素，ホスホエノールピルビン酸カルボキシキナーゼがグルカゴンの作用で増えると糖新生が高まり，インスリンの作用で減ると糖はつくられなくなる（7章参照）．

できる．はじめのところで，細胞質とミトコンドリアをピルビン酸とリンゴ酸が入ったり出たりするのは，ピルビン酸をオキサロ酢酸にする酵素がミトコンドリアにしかないうえ，できたオキサロ酢酸はミトコンドリアの膜を通過できないという事情でやむをえず複雑になっている．こういうややこしいことが起こるところも，生化学の特徴的なところで，人が考えてつくったようには合理的にできていないところが結構多い．もう一つは，フルクトース 1,6-ビスリン酸がフルクトース 6-リン酸になるとき，解糖系と同じ酵素を使えない点が注意点だ．

なぜ，合成系と分解系が同じ道筋を反対方向にたどらないかを考えてみよう．もし，つくる人と壊す人が同じ人だったら，大工さんが家をつくりながら同時に壊してゆくようなもので，何のために，何をしているのかわかりにくい人ということになる．“エネルギーが必要となった”という体の要求に答えようと，勇んで解糖系の酵素を活性化し，盛んに ATP をつくり始めても，活性化された酵素は同時に ATP を使って糖新生を盛んに行うようになる．「今はそのときではない」といっても，酵素は糖を壊す方向もつくる方向も同時に高い活性で触媒するから，結局「つくって壊す，いったいどうなっているのかわからない．ただ暑くなるだけだから，よしとくれ」と体にいわれてしまう．分解系と合成系でところどころ道筋や使う酵素を変えておけば，そこの酵素を必要に応じて選択的に活性化できるので，糖を分解するときは分解方向だけ，糖新生をするときは合成方向だけという具合にその時どきの体の要求に応じることができる．

NAD$^+$ と FAD

2 章で説明したように，酵素はアミノ酸をつないでできたタンパク質であり，タンパク質はたいへん多機能な何万種類もの酵素をつくり出す．でも，足りないところがあって，酵素として役割を果たすためには，アミノ酸以外の金属イオン，有機化合物，糖質，脂質，などを結合している．特に活性中心では電子とプロトンのやりとり，あるいはリン酸基，メチル基，アセチル基などの転移が，効率よく，すばやく，確実に行われるように金属イオンや反応性の高い官能基をもった低分子化合物が結合していることが多い．このような分子やイオンを**補因子**（cofactor），または**補酵素**（coenzyme）という．

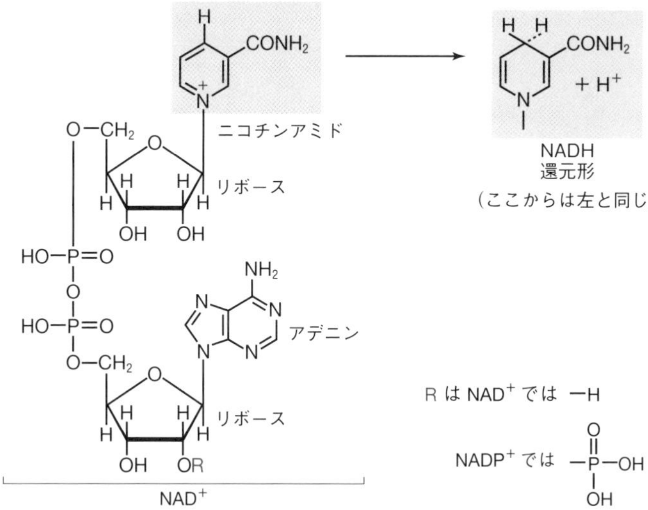

図 4・8 **NAD$^+$ と NADH.** NAD$^+$ のピリジン環の窒素はプラス電荷をもっているので，NADH+H$^+$ となるとき水素の一つをプロトンにする．アデノシンのリボースの2′炭素にリン酸がエステル結合したものは NADP$^+$ と NADPH である．

解糖系の酵素が使っている補因子を例にとってみると，まず **NAD$^+$** がある．ニコチン酸がアミドになっているニコチンアミドとアデニン（ATP のところででてきたね）がリボースを介してリン酸で結合している．その形を見てみよう（図 4・8）．NAD$^+$ が NADH となるとどこに H がつくのかを図は示している．NAD$^+$ とよく似たものに NADP$^+$ というものがあり，その還元型である NADPH は脂肪酸の合成のとき還元剤として使う．その形も図 4・8 でわかるようになっている．

クエン酸回路では NAD$^+$ とともに FAD という補因子が酸化剤として使われ，コハク酸から 2 個の水素原子をとりフマル酸へ酸化する．FAD 自身は 2 個の水素により還元され，FADH となる（図 4・9）．

グルコース 1 モルから生産される ATP の数

解糖系とクエン酸回路でグルコースが完全に酸化されて，電子伝達系も完全に働いているとき，グルコース 1 分子当たり「何個の ATP ができますか」と

アデニン
二リン酸
リボース
リボフラビン（ビタミン B_2）
FAD

$FADH_2$
水素結合部位

図 4・9　FAD と $FADH_2$. これはフラビンとアデニンのジヌクレオチドだ．またアデニンだ．フラビンの環をイソアロキサジン環という．フラビンは分子内に 2 原子の水素を収容することができるので，$NADH+H^+$ のときのように $+H^+$ という形にはならない．

いうのはよく試験問題になる．出しやすいのだね．おまけに落とし穴もある．まず，いままで読んできたことを整理してみれば，解糖系では六炭糖の時代に ATP が 2 個消費されたが，三炭糖になってから三炭糖当たり 2 個，六炭糖相当にすると 4 個の ATP が電子伝達系を使わない**基質レベルのリン酸化**で生じた．また，NADH が三炭糖当たり 1 分子（六炭糖当たり 2 分子）できたので，これが電子伝達系で 6 個の ATP を生み出す．これで，解糖系では計 8 個．

好気的条件ではピルビン酸が脱炭酸してアセチル CoA になるとき NADH が 1 分子，六炭糖当たり 2 分子できる．ここで ATP にすると 6 個．

クエン酸回路では NADH が 3 個，FADH が 1 個，それと見落としてならないのは，GTP が一つできていることだ． GTP は ATP と同じ高エネルギー化合物だから，一つと数える．アセチル CoA 1 分子当たり ATP にして 12 個だから，グルコース当たりにするとその2倍の24個，はじめからの総計は**38 ATP**となる．アセチル基には炭素が2個しかないが，炭素を6個もつグルコースの3倍の個数できるわけではない．炭素の一つはピルビン酸からとれてCO_2になってしまったのだから．落とし穴といったのはこんな簡単なことではない．

落とし穴は“真核細胞の場合”ときた場合だ．真核細胞では細胞質にある解糖系で生じたNADHは電子伝達系のあるミトコンドリアに入れない．そこで，泣く泣くジヒドロキシアセトンリン酸というものに水素を託して，ミトコンドリアの膜を通ってもらう．ところがこの籠(かご)やさんは中に入ってからNAD$^+$でなくFADに水素を渡してしまう．FADHは電子伝達系で二つしかATPを生成しないので，本当なら6個のATPができるところが，4個しかできないので，総計**36 ATP**ということになるのだよ．これが，落とし穴だ．

まとめると，

		グルコース1分子当たり生産されるATPの数
解糖系	2 ATP	2
	1 NADH ×2	6 (4)
ピルビン酸からアセチルCoA	1 NADH ×2	6
クエン酸回路	(1 GTP＋1 FAD＋3 NADH)×2	24
合　計		38 (36)

(括弧内は真核細胞の場合)

ということになる．このようにして計算したATPの生産量は，すべての過程が理論どおりの効率で進んだ場合の最大値であり，実際にはこんなにたくさんのATPができないという実験結果がようやく最近認められ始めている．特にミトコンドリアの内膜の外側に運び出されたプロトンがATP合成酵素に捕まってATPをつくるために使われる効率は100%でない．プロトンをミトコンドリア内部に押し戻そうとする力が大きいとプロトンは何も仕事をしないで戻ってしまう．また電子伝達系からプロトンが理論どおりの数だけ膜間腔に押し出されてこないこともあるので，グルコース1分子のH_2OとCO_2への酸化を通じて生産されるATPの数は30個程度がよいところである．以前はこういう発表をすると実験が下手だから最大値が得られないのではないか，と疑われたが，多くの人の実験結果が一致してこういうことを示すようになったし，そういえば効率100%ですべてがうまくゆくと考えるほうが無理ではないかというふうに意見が変わってきた．この間ずっと努力してきた研究者は偉い．

酵素機能のフィードバック制御

酵素はいつも高い活性をもっているのがよいのではない．必要なときだけ活性を出すのが“ソフィスティケーテッド”な酵素だ．いつ自分の活性が必要とされているかを知る酵素は“インテリジェント”とさえいえる．その原理は，自分が属している酵素システムの最終目標が何かを知っていなくてはならない．たとえば，クエン酸回路という酵素システムの最終目的はATPをつくることである．ATPが十分あるときはADPは少なく，ATPが減るとADPが増加する．だからADPが増えたらクエン酸回路の活性を上げればよい．実は**イソクエン酸脱水素酵素**（イソクエン酸デヒドロゲナーゼ）という酵素（図4・

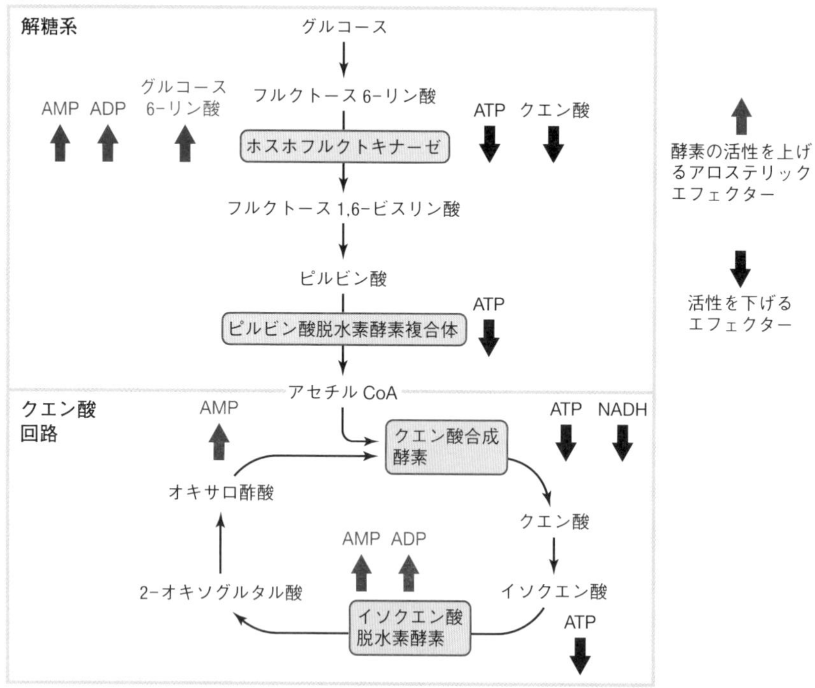

図 4・10　解糖系とクエン酸回路のフィードバック制御. フィードバック制御は需要と供給のバランスをうまくとるためにはよい方法だ.

3でイソクエン酸→2-オキソグルタル酸の反応を触媒する）は**ADP**があってはじめて活性をもつ酵素なのだ．だから，クエン酸回路自身はADPがないと回転しない．反対にATPが多く，ADPが少ないときはクエン酸回路も解糖系も作業する必要がない．NADHが多いときも同様で，いずれATPが増えてくるのだからクエン酸回路や解糖系の酵素は休んでいてよい．このときはむしろアセチルCoAを脂肪酸につくり替えたり，糖新生系を活性化してピルビン酸をグルコース→グリコーゲンと替えて蓄積しておくほうが賢い．まとめると図4・10のようになる．以上のような酵素システムの最終目標の達成状況に応じて“インテリジェント”にキーになる酵素の活性を上げたり下げたりすることを電気回路の言葉を借りて**フィードバック制御**という．前出の**アロステリック効果**による酵素活性の制御はこういうところで使われる．

4・5　脂肪酸からのエネルギー供給

脂肪ときくと「ウヘー」と思う人が多い世の中になった．太る，動脈硬化になる，糖尿病になる，心臓病になる．悪いことが皆脂肪に押しつけられているようだ．脂肪のよい面はないのだろうか．脂肪は料理をおいしくする，少し太ると体がやわらかくなるので人にぶつかったとき相手も自分も痛くない，断熱剤として優れているから冬の寒さに強い，山で遭難しても長く頑張れる．脂肪はもともとエネルギーの貯蔵体だから，何日も何カ月もろくな食物もとれないという状況ではたいへん貴重なのだ．脂肪は単位重量当たりのエネルギー発生量が糖やタンパク質の2倍以上ある．おまけに，飢餓状態だからといってタンパク質でできている筋肉をエネルギー源として使ってしまうとそれだけ仕事ができない体になるが，脂肪は特に何をしているというわけでもないので，エネルギーに使ってしまっても一向にかまわない．もともとそのために体にためられているのだから．

デンプンもタンパク質も1日に必要な量以上を食べ，消化吸収すると余分は脂肪となってたまる．どうしてかというと，脂肪はアセチルCoAを原料にしてつくるので，図4・1にある栄養素は余れば皆脂肪になってしまう．動脈硬化の元凶のようにいわれるコレステロールもアセチルCoAからつくられる．

脂肪のなかでも，血液検査のとき中性脂肪値と記されるトリアシルグリセロールは，図2・15でみたように3分子の脂肪酸がそれぞれのカルボキシ基を使って，グリセロールの三つの −OH にエステル結合している．リン脂質と違って親水性の頭を残していないので，トリアシルグリセロールはまったく水

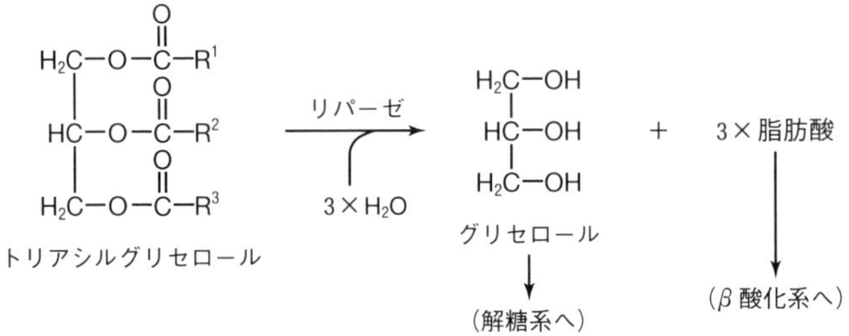

$H_2C-O-C(=O)-R^1$
$HC-O-C(=O)-R^2$
$H_2C-O-C(=O)-R^3$
トリアシルグリセロール

リパーゼ
$3\times H_2O$

H_2C-OH
$HC-OH$
H_2C-OH
グリセロール
（解糖系へ）

＋ 3×脂肪酸
（β 酸化系へ）

図 4・11 リパーゼの働き． この酵素はトリアシルグリセロールのグリセロールと脂肪酸の間のエステル結合を加水分解する．産物の脂肪酸は β 酸化系でアセチル CoA になり，グリセロールは解糖系に入る（図4・6参照）．

補酵素 A

補酵素 A（coenzyme A，略して CoA）はアデノシン 3′-リン酸と 4′-ホスホパンテテインが結合したもので，**アシル基の担体**として働く．アシル基とは

$-C-C(=O)-$ または $R-C(=O)-$ というカルボニル基をもつ炭化水素鎖のことで，CoA はパントテン酸の先端にある SH 基で脂肪酸のカルボキシ基と縮合し，チオールエステル結合という形で脂肪酸に反応性を与えている．これを担体という．脂肪酸に CoA をつけるときに，ATP のエネルギーを使っているから，CoA についた脂肪酸は高いエネルギー状態になっていて，反応しやすい．

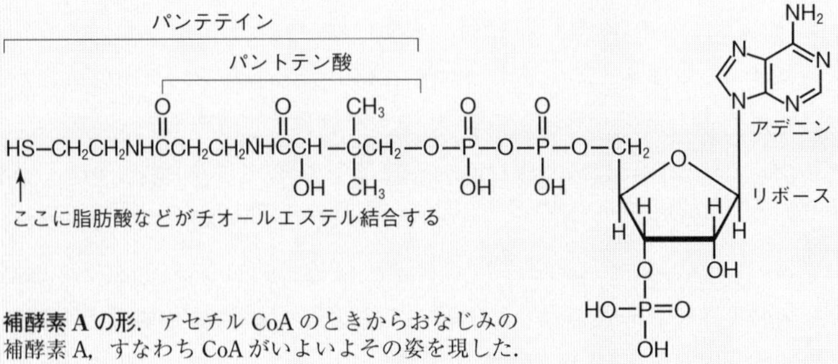

パンテテイン
パントテン酸
$HS-CH_2CH_2NHC(=O)CH_2CH_2NHC(=O)CH(OH)-C(CH_3)_2CH_2-O-P(=O)(OH)-O-P(=O)(OH)-O-CH_2$
ここに脂肪酸などがチオールエステル結合する
NH_2
アデニン
リボース
$HO-P(=O)-OH$

補酵素 A の形． アセチル CoA のときからおなじみの補酵素 A，すなわち CoA がいよいよその姿を現した．

との親和性がなく，油のかたまりとして脂肪細胞の中で大きな油滴をつくっている．このトリアシルグリセロールから，脂肪酸とグリセロールを引き離して血液中に出すのが**リパーゼ**という酵素の役目だ（図4・11）．脂肪酸は水に溶けないので，血液中を運んで肝臓に届けるのは**血清アルブミン**というタンパク質だ．このタンパク質は血清中で最も量の多いタンパク質で，濃度はおよそ6〜8%で，血清タンパク質の50〜60%を占める．

脂肪酸の分解（β酸化）

脂肪酸は肝臓やそのほかのエネルギーを必要としている細胞に運ばれた後，CoAと結合して$RCH_2CH_2CO-SCoA$となる．これが次に述べるように炭素数2の**アセチルCoA**に分解され，クエン酸回路に入って酸化されATPを生み出す．体内の脂肪酸は炭素数が偶数のものが多いので，二つずつ切ってゆくと余

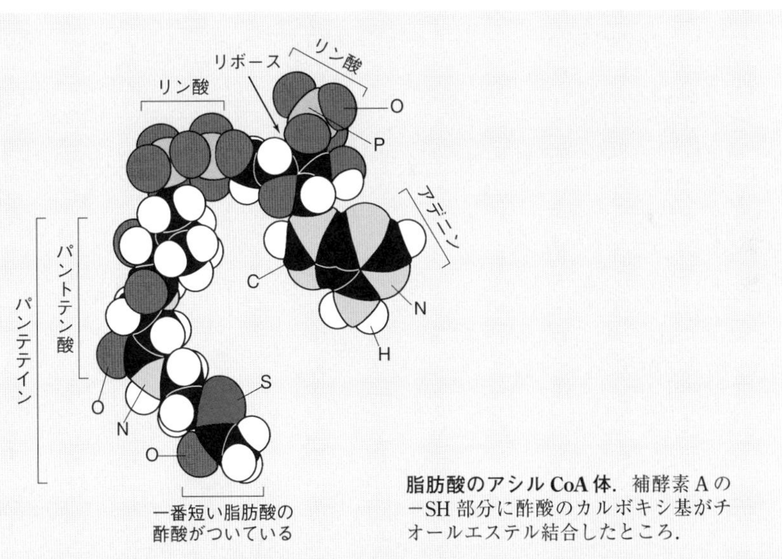

脂肪酸のアシルCoA体．補酵素Aの−SH部分に酢酸のカルボキシ基がチオールエステル結合したところ．

補酵素Aがあるなら補酵素Bもあるかと思うと，そうはいかない．補酵素Cもないし,Dもない．あるのは補酵素M,Q,Rとまたやたらにとんでしまう．こういう名前の付け方というのは生化学に多く，初心者を惑わせる．ビタミンはAからEまでとKが主要である（2章参照）．

りが出ずにすべての炭素がアセチル CoA になり都合がよい．奇数の炭素をもつ脂肪酸からは二つずつ切っていった最後に炭素数が 3 のプロピオン酸がプロピオニル CoA として残る．これはスクシニル CoA に変化してクエン酸回路で利用される．

脂肪酸はカルボキシ基のついている炭素を α 炭素，その隣を β 炭素というが，まず β 炭素をカルボニル基に酸化して，

$$-\overset{\beta}{C}O-\overset{\alpha}{C}H_2-CO-SCoA$$

α と β の間で切るとちょうどアセチル CoA 一つ分が脂肪酸から離れることになる．残ったほうは，いままで β だった炭素がカルボニル基からカルボキシ

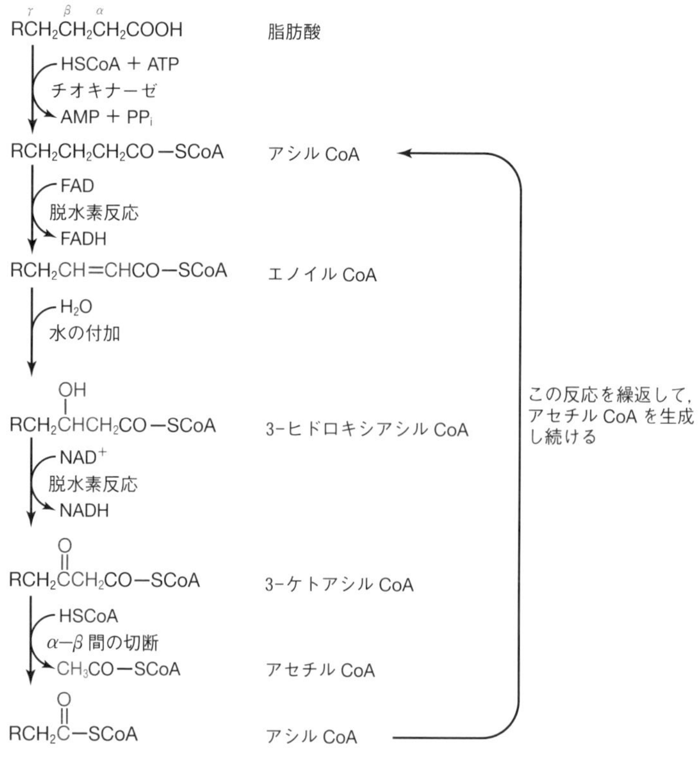

図 4・12　脂肪酸の β 酸化系． カルボキシ基のついた α 炭素とその隣の β 炭素の間を切って，アセチル CoA と炭素が二つ少なくなった脂肪酸アシル CoA をつくる．

基に変わっているので，炭素の二つ短い脂肪酸になっている．$\alpha-\beta$ 結合の開裂は，アシル CoA 転移酵素によって CoA を新しいカルボキシ基の側にも付けながら行われるので，短くなった脂肪酸 CoA を先ほどと同じように，新しい β 炭素の位置で酸化してゆけば，またアセチル CoA がとれる．脂肪酸をこのように，α と β の間で切ってゆく酵素システムを**脂肪酸の β 酸化系**という．

β 酸化系で β 炭素にカルボニル基を導入するには図 4・12 のように，1) まず $\alpha-\beta$ 結合の脱水素反応による**不飽和化**，2) ついで β 炭素への $-$OH，α 炭素への水素の導入を伴う**加水反応**，3) 最後に β 炭素から二つの水素をとる**脱水素反応**で β 炭素にカルボニル基が誕生するという仕掛けになっている．2 種類の酵素が水素を取除いて，それぞれ FAD と NAD^+ に渡す脱水素酵素として働き，もう一つの酵素が加水酵素として作用する．

β 酸化で生じている NADH は電子伝達系に入れば最大 3 分子ずつ，FADH は 2 個の ATP を生じてゆくし，アセチル CoA のほうは 1 分子につき，12 分子の ATP を産み出すので，β 酸化の 1 段階ごとに ATP にして最大で 17 個分のエネルギーを取出すことができる．グルコースとおよそ同じ分子量をもつ炭素数 10 の脂肪酸を考えてみると，β 酸化でアセチル CoA が 5 個と NADH が 4 個，FADH が 4 個できるから，ATP の総生産量は 80 個になり，グルコースの酸化による 36 個という数字に比べて，2 倍以上の値となる．初めに脂肪酸をアシル CoA の形にするのに ATP が必要なのでおよその数字ではあるが，脂肪酸がエネルギー源としてたいへん効率のよいものであることがわかると思う．

5

体をつくる

体は毎日新しい部品で入れ替えられているので，昨日借金をしたのは今日の私ではない，ともいえるのです．大豆を食べても植物にならないのは，大豆タンパク質を全部アミノ酸にしてから人間のタンパク質に特有のアミノ酸配列に並べ替えてから使うからです．

２章で学んだ多くの生体物質は体の中で分解酵素によって壊されたり，合成酵素によってつくられたりしている．植物は基本的には二酸化炭素と水があれば太陽の光を受けて**光合成**を行い，糖（グルコース）を合成する．さらに糖を分解してアミノ酸や脂質をつくることができる**独立栄養型**だ．忘れてはいけないのは，植物といえども根からはリン酸，ミネラル，その他の成分を吸収していることである．動物は光合成ができないから，植物のつくった糖質，タンパク質，脂質を食べてから素材に分解し，自分の体にあったものにつくり替える**従属栄養型**となる．本章ではタンパク質の原料であるアミノ酸，核酸の原料であるヌクレオチド，脂質の原料である脂肪酸やコレステロールの合成と分解機構について説明する．

5・1　アミノ酸の合成と分解

アミノ酸のリサイクル

体内のタンパク質は常にアミノ酸に分解されているし，食事からとるタンパク質もすべてアミノ酸に分解してから吸収するので，血液中および細胞内にはいつもアミノ酸のたくわえがある．このたくわえは，食事からとったものも体内のタンパク質の分解で生じたものもアミノ酸としては区別されないので，完全ではないがかなりのアミノ酸がリサイクルして再利用されている．

必須アミノ酸

食事中のタンパク質を消化してアミノ酸を吸収する目的は，体の中で自分用のタンパク質につくり替えることなので，自分のタンパク質をつくるために必要なアミノ酸が食物中に過不足なく含まれているのが理想的である．ヒトにとっては自分に近い動物の肉，牛肉，豚肉，鳥肉，鶏卵，魚介類などを食べていればだいたい必要なアミノ酸がとれている．植物タンパク質は一つ一つとってみると，ヒトが必要とするアミノ酸が足りないものもあるが，ふつうは穀類，野菜，イモ類，豆類などいろいろな植物性食品を食べるので，特に心配はない．アミノ酸はこのように食事をすれば入ってくるので，そのすべてをたとえばグルコースから体の中で合成する必要はない．たいていの動物は20種のアミノ酸の約半分は体内で合成できる．残りの半分近くは，食事として補給しないと何らかの病気になるので，**必須アミノ酸**とよばれている．ヒトの場合，

1) ロイシン，イソロイシン，バリンというβ炭素から2個の炭素が伸びる分岐鎖アミノ酸，
2) フェニルアラニン（チロシンの原料にもなる），トリプトファンの芳香族アミノ酸，
3) メチオニンは硫黄を含むアミノ酸の代表として，（システインはメチオニンからつくることができる），
4) これに加えてトレオニン，リシン，ヒスチジン，

の9種が必須とされているが，アルギニンも必須に近い．見直してみると**化学構造の複雑なものは必須アミノ酸**だと覚えよう（図2・9参照）．ラットでも上記の9種，成長期のラットはアルギニンも必要で10種，ニワトリではさらにグリシンも必要で11種というように，動物によって異なる．

アミノ酸の合成

必須アミノ酸以外のものは，ピルビン酸，オキサロ酢酸，2-オキソグルタル酸など解糖系とクエン酸回路の代謝中間体やさらにその代謝物にアミノ基をつける反応でつくることができる．その概略をまず図5・1に示す．

アミノ酸合成の出発は，クエン酸回路の中ほどにある中間体，**2-オキソグルタル酸**〔α-ケトグルタル酸ともいう．オキソ酸またはケト酸は分子内にカルボキシ基とカルボニル基の両方をもっているもので，2-オキソすなわちα-ケトとはカルボキシ基（番号では1位）のついているα炭素（番号では2位）

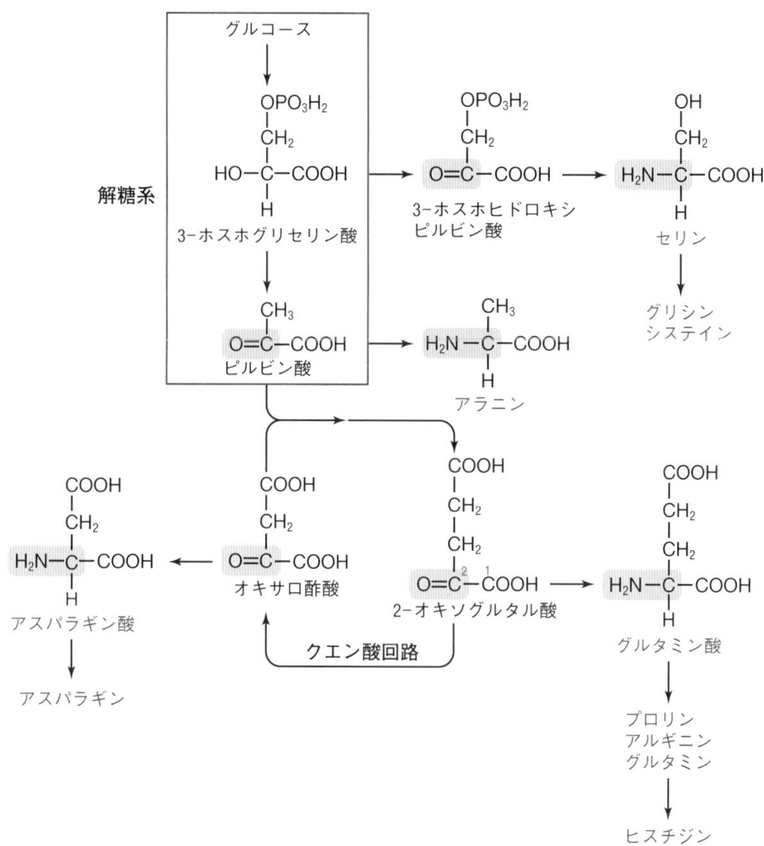

図 5・1 アミノ酸合成の出発物質． 解糖系とクエン酸回路の中間体からのアミノ酸合成経路の略図である．

にカルボニル基がついていることを示す〕のカルボニル基が還元的にアミノ化されて**グルタミン酸**となる反応で，**グルタミン酸脱水素酵素**（グルタミン酸デヒドロゲナーゼ，脱水素酵素という名は水素をとるという意味だから，グルタミン酸から水素をとるという反対方向の反応に対して名づけられている）という酵素が，還元剤として NADH を使ってアミノ酸分解で生じるアンモニアを固定・再利用する．反応は可逆的なので，NAD^+ があればグルタミン酸の酸化的脱アミノ反応となり，2-オキソグルタル酸を生成する．その結果，クエン酸回路の中間体を増やし，グルタミン酸のエネルギー代謝への参加と，オキサロ酢酸を経ての糖新生への参加を活性化する．

2-オキソグルタル酸にアミノ基が導入されグルタミン酸ができると，アミノ基をあちらこちらへ移しかえる**アミノ基転移酵素**（アミノトランスフェラーゼ）が活躍する（図 5・2）．この酵素はいろいろな形の 2-オキソ酸（α-ケト酸）の α 炭素にグルタミン酸のアミノ基を移す結果，新しいアミノ酸と 2-オキソグルタル酸ができる．

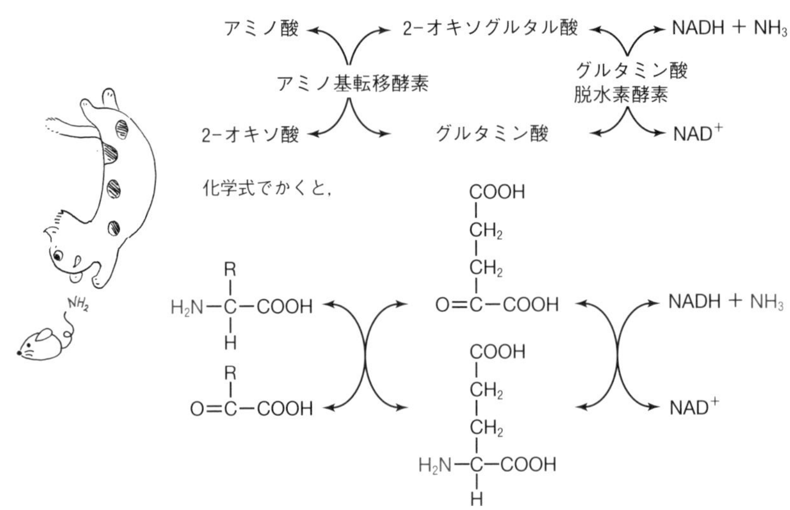

図 5・2 アミノ基転移反応． グルタミン酸から 2-オキソ酸へのアミノ基転移．2-オキソグルタル酸はグルタミン酸脱水素酵素の作用でアンモニアを受取って再びグルタミン酸となる．

アミノ基転移酵素は補酵素として**ピリドキサールリン酸**（活性ビタミン B_6）を利用する．ピリドキサールリン酸はピリジン環をもつ図 5・3 のような化合物で，4 位のホルミル基（アルデヒド基）が酵素タンパク質のリシン残基の ε-アミノ基と**シッフ塩基**（シッフはドイツの化学者シッフの名に由来する）

をつくって結合している．アミノ酸はこの酵素に近づいて，酵素のε-アミノ基に代わり，自分のアミノ基を提供して新しくシッフ塩基をつくり，ついで酵素によって加水分解を受けるとアミノ基を残して自分は2-オキソ酸となって離れてゆく．この状態の酵素に別な2-オキソ酸が入ってきて，いままでの反応の逆をゆけば還元的にアミノ化され新しいアミノ酸となって離れてゆく．

ピリドキサールリン酸　　アミノ酸とのシッフ塩基

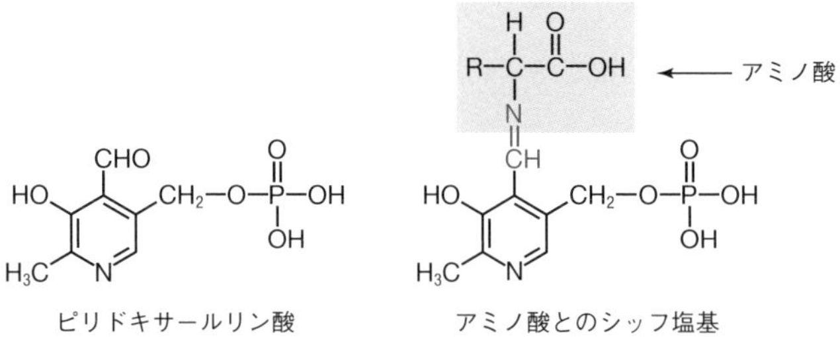

図 5・3　ピリドキサールリン酸の反応． ピリミジン環についたホルミル基が反応相手のアミノ基とシッフ塩基結合（赤）をつくる．

クエン酸回路のもう一つの中間体である**オキサロ酢酸**からは上と同様にして**アスパラギン酸**がつくられる（図5・1）．このように中間体がどんどん使われるとクエン酸回路が止まってしまうので，アセチルCoAとは別にピルビン酸からオキサロ酢酸がつくられてクエン酸回路に補給される．そのしくみは糖新生のときと同じである．それでもアンモニアが多いと2-オキソグルタル酸がクエン酸回路に不足してくる．これがアンモニアの毒性の一つである．

ピリドキサールリン酸はアミノ基転移だけでなく，アミノ酸の酸化的脱炭酸反応やラセミ化反応を触媒する酵素の補酵素としても働いている．酸化的脱炭酸の反応でアミノ酸が－COOHを失ってアミンとなる反応の例として，チロシンからのカテコールアミン（アドレナリンなどのホルモン）の生成反応がある．また，ラセミ化とはS形またはR形のアミノ酸をS形とR形の混合物にする反応でα炭素のキラリティーを変えてしまう．

シッフ塩基はホルミル基またはカルボニル基（ケトン基）とアミノ基の間に生ずる$R^1N=CHR^2$という結合で，酸性条件下でできやすい．生体内ではピリドキサールリン酸とリシンのアミノ基の結合，レチナールとロドプシンのアミノ基の結合などの例がある（7章）.

グルタミンやアスパラギンのように側鎖にアミド窒素をもつものは，それぞれグルタミン酸とアスパラギン酸の側鎖カルボキシ基にアンモニア窒素を固定する酵素の働きでつくられる．グルタミン酸のγ-カルボキシ基にアンモニアを固定してグルタミンとする酵素は**グルタミン合成酵素**（グルタミンシンテターゼ）といい，ATPのエネルギーを使う反応である．アスパラギンの場合は**アスパラギン合成酵素**（アスパラギンシンテターゼ）という．これらの酵素は，ピリドキサールリン酸をもっていないが，マグネシウムイオンとマンガンイオンが必要な金属酵素である．

アミノ酸の分解

アミノ酸の合成が**還元的アミノ化**をスタートとしていたなら，分解は**酸化的な脱アミノ反応**で始まる．そのあとグリシン，セリン以外の18種のアミノ酸

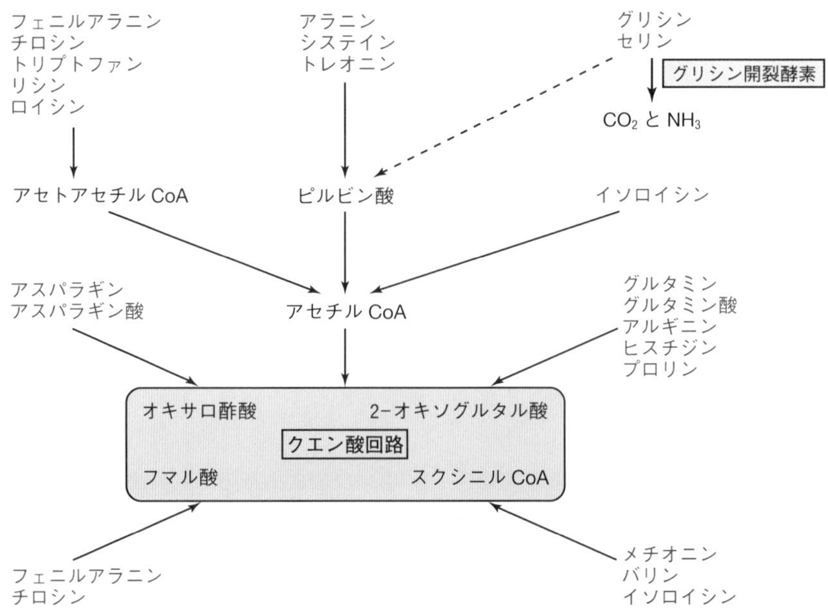

図 5・4 アミノ酸の分解経路. アミノ酸は酸化的脱アミノ反応で2-オキソ酸，フマル酸，コハク酸などとなり，クエン酸回路に入る．とれたアンモニアはプロトン化してアンモニウムイオンか尿素の形で排せつされる．

は図5・4に示したようにオキサロ酢酸，フマル酸，スクシニルCoA，2-オキソグルタル酸，クエン酸などのクエン酸回路中間体，あるいは解糖系の中間体であるピルビン酸，あるいはアセトアセチルCoAを経てアセチルCoAを生じるので，すべてクエン酸回路を経て二酸化炭素と水に酸化されATPを生み出すことができるし，あとで述べるように脂肪酸やコレステロールにもつくり替えられる．また，アセチルCoAではなくクエン酸回路や解糖系の中間体になるものは，糖新生にも寄与できる．

酸化的脱アミノ反応のプロセスは図5・4に示したように，アミノ基転移酵素の働きで各アミノ酸のアミノ基が2-オキソグルタル酸に転移された後，生じた2-オキソ酸に**2-オキソ酸脱水素酵素**（2-オキソ酸デヒドロゲナーゼ）が作用して脂肪酸CoAができ，その後いろいろな酵素の働きで上記の代謝産物を生じる．

5・2 ピリミジンとプリンの合成と分解

ピリミジン塩基

ピリミジンというのは，窒素2個と炭素4個を含む6員環の名で，体の中ではアスパラギン酸とカルバモイルリン酸が合体してできる（図5・5）．アスパラギン酸のカルボキシ基とカルバモイルリン酸の（>)C=Oが残る結果，カルボニル基を2個もつウラシルができたときにはもう，リボシル転移専門の**ホスホリボシルピロリン酸**（phosphoribosyl pyrophosphate，**PRPP**と略す，別名5-ホスホリボシル1-二リン酸）の作用で**リボースリン酸**がついており，ウラシルではなくUMP（ウリジン5′-リン酸 uridine 5′-monophosphate，別名ウリジル酸）というヌクレオチドになっている．ピリミジンの合成は細胞質で行われるので，原料のカルバモイルリン酸はグルタミンのアミド窒素とCO_2から2分子のATP（アデノシン5′-三リン酸）を消費して細胞質でつくられる．

UMPがATPの作用で**UTP**（ウリジン5′-三リン酸）となったのちグルタミンからアミノ基をもらい，ピリミジン環のてっぺんのC=Oが$-NH_2$となると**CTP**（シチジン5′-三リン酸）だ．一方，デオキシウリジル酸（dUMP）が**メチレンテトラヒドロ葉酸**からメチル基をもらうと，デオキシチミジル酸（dTMP）ができる．シトシンとチミンの構造は2章で学んだ．**葉酸**は，ホウレンソウからとれたのでこういう名がついているが，動物の肝臓にもあり，炭素1個（メチル $-CH_3$，ホルミル $-CHO$ など）を受け渡す転移酵素の補酵素になっていることが多い．その構造はややこしいが，プテロイン酸とグルタミン酸がつながっているので，プテロイルグルタミン酸ともよばれる．補酵素となるのはプテリジン環に水素が4個ついているテトラヒドロ葉酸で，転移される炭素は図5・6の下に示すように葉酸につく．

図5・5の酵素系では生成物にはリン酸基が一つしかないものもあるが，いずれこれはATPから2個のリン酸をもらって，UTP，dTTP（デオキシチミジン5′-三リン酸）などのヌクレオシド三リン酸にかわる．この酵素系の初めの

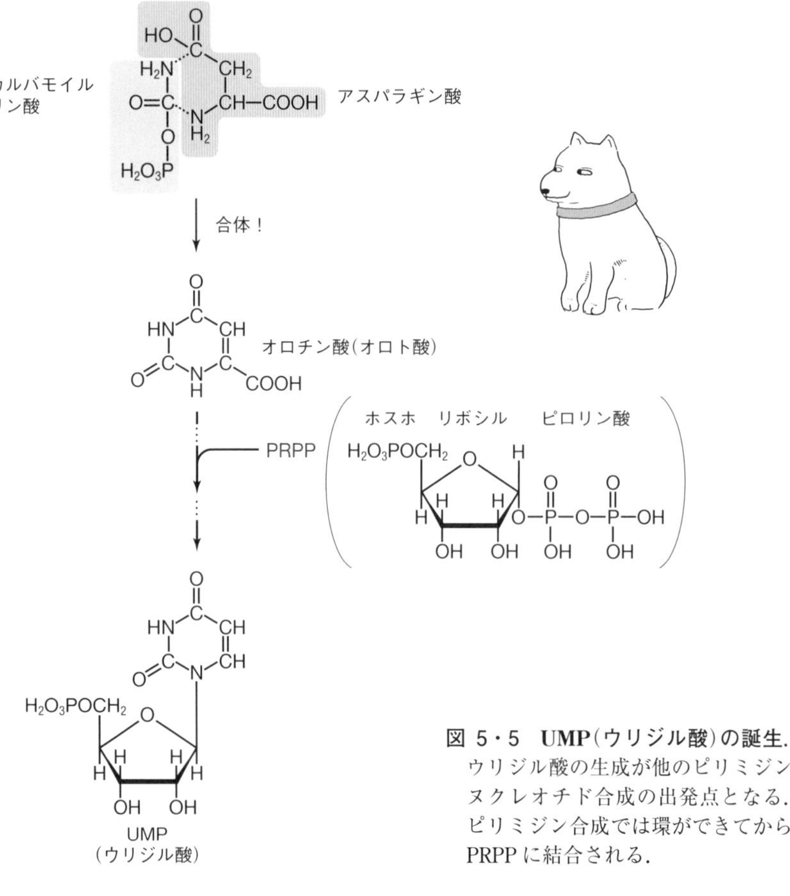

図 5・5　UMP（ウリジル酸）の誕生. ウリジル酸の生成が他のピリミジンヌクレオチド合成の出発点となる．ピリミジン合成では環ができてからPRPPに結合される．

ほうで，アスパラギン酸とカルバモイルリン酸をつないでピリミジン環をつくる酵素は，最終産物の一つ CTP によるアロステリック的なフィードバック阻害を受ける．またそれ以前の段階，カルバモイルリン酸をグルタミンと CO_2 と ATP からつくる酵素はこれも最終産物の一つである UTP によるフィードバック阻害を受けるという，典型的なフィードバック制御メカニズムをもっている．

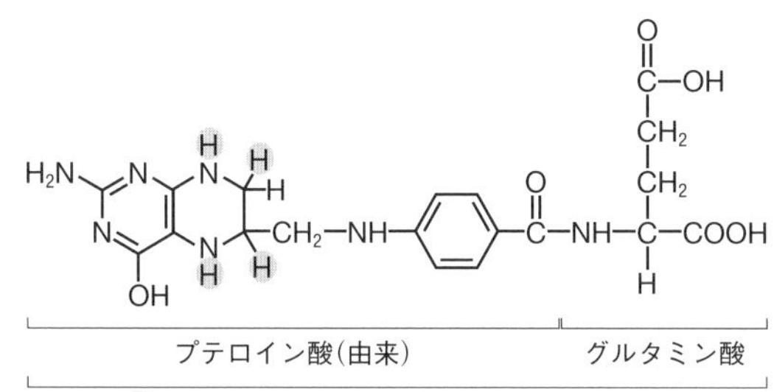

メテニル基 (これらの C1 単位を他の分子に転移する)

メテニル FH4

ホルミル基

ホルミル FH4

図 5・6 メテニルテトラヒドロ葉酸． ホルミル基，メテニル基など C1(炭素 1 個分)転移のための補酵素である．メテニルがメチレン ($-CH_2-$) となると，メチレンテトラヒドロ葉酸という．

プリン塩基

プリン塩基の生合成は図 5・7 にみるようにかなり複雑で，原料だけでもグルタミン，グリシン，CO_2，アスパラギン酸，そして葉酸からの C1 転移が 2 箇所，それに PRPP である．プリン塩基生合成の原料はペントースリン酸回路（後で説明する）でつくられるリボース 5-リン酸である．この糖が ATP の作用で PRPP になった後，リボースの 1 位の炭素がグルタミンからのアミノ基転移でアミノ化され，5-ホスホリボシル-1-アミンとなり，この窒素の上にグリシン，メテニルテトラヒドロ葉酸，グルタミンを使って次つぎと炭素と窒素が積み重ねられてゆき，ATP を消費してひとまずアミノイミダゾールとして5員環に環化する．環がしだいにできてゆく様子だけを強調して示したのが図5・7なので雰囲気をみてほしい．このアミノイミダゾールにさらにアスパラギン酸を使って $-CO-NH_2$ の枝を上方から，ホルミルテトラヒドロ葉酸

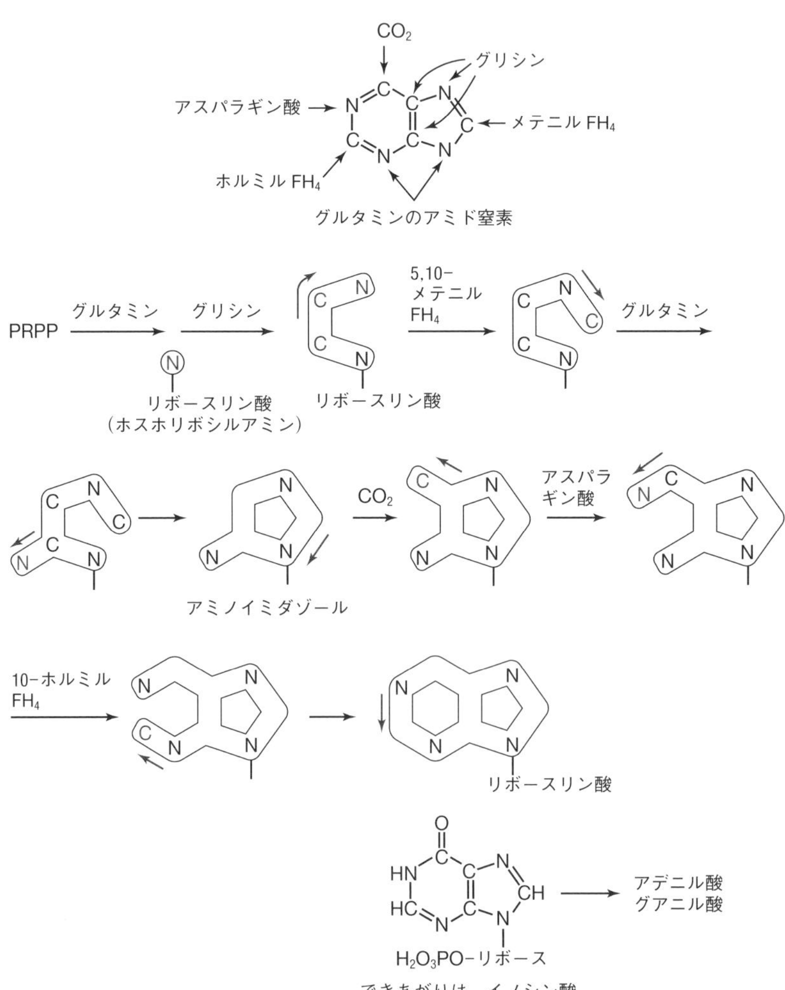

図 5・7　プリン塩基の生合成． プリンヌクレオチドははじめから PRPP の上に塩基部分が組立てられてゆく．新しく加わってゆく原子を赤字で示してある．はじめにできるのはイノシン酸だ．イノシン酸は調味料としても知られているね．

(ホルミル FH_4) を使ってアミノイミダゾールのアミノ基にホルミル転移して－NH－COH の枝を伸ばして脱水縮合で環化すると 6 員環も閉環して，プリン環をもつ**イノシン酸**（イノシン 5′-一リン酸，IMP）が生成する．プリン環の 6 位の炭素にアミノ基をつけて**アデニル酸**（アデノシン 5′-一リン酸，AMP）にするのはアスパラギン酸と GTP の消費で，2 位の炭素にアミノ基を導入する反応は NAD^+ による酸化とグルタミンからのアミノ基転移で，**グアニル酸**（グアノシン 5′-一リン酸，GMP）を生成する．

核酸合成に使われるヌクレオシド三リン酸（ヌクレオチドという）は，以上のような経路ですべてが体内で合成される．食事として核酸も摂取されるが，ほとんどすべては排出され，核酸合成に使われることはない．それでヌクレオチドまたは塩基に関してはアミノ酸のように食事としてとるべき必須のものはない．

ヌクレオチドの分解経路

ヌクレオチドはペントース，リン酸，ピリミジン，プリンに分解される．プリンのかなりの部分はリサイクルして再びヌクレオチドとなり核酸の原料として再利用されるので，この経路をプリンの**サルベージ経路**といっている．サル

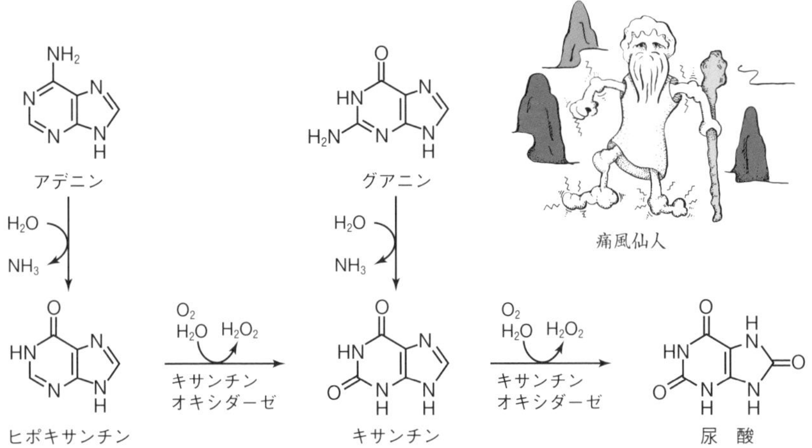

図 5・8 アデニンとグアニンの分解と尿酸の生成． 尿酸は痛風の原因となる．体を暖めて尿酸のナトリウム塩の沈殿を溶かすために昔から温泉療法が行われている．

ベージとは回収するという意味だ．ピリミジンについてはこのようなリサイクル経路は知られていない．プリンの残りは**キサンチン**（図5・8）を経て**尿酸**となり，排出される．尿酸は水に溶けにくい物質で，そのナトリウム塩が関節などに結晶として沈着すると痛みの激しい痛風（gout）という病気の原因となる．この例だけではなくプリン代謝の異常による疾病はキサンチン尿症（キサンチンが尿に出て核酸代謝障害となる），レッシュ-ナイハン症候群（男児にのみおこる遺伝病で，運動障害，高尿酸血症，自傷行為がある）など重篤なものがある．

ピリミジンのうちシトシンとウラシルは最終的にβ-アラニンを生じ，CoAのパントテン酸部分の原料を提供する．チミン，メチルシトシンはβ-アミノイソ酪酸となって排出される．

デオキシリボヌクレオチドの生成

デオキシリボヌクレオチドは相当するリボヌクレオチドのリボース環の2′位を還元して生成される．この反応はADP，GDP，CDP，UDPのいずれにも作用して，デオキシを意味するdをつけた，dADP，dGDP，dCDP，dUDPを生成する．UDPからはTDPがつくられる．この反応は**リボヌクレオチド二リン酸還元酵素**（リボヌクレオチドレダクターゼともいう）という酵素によってNADPHを還元剤として用いながら進められるが，還元は水素アニオン（H^-，ヒドリドイオン）がリボースの2′位の炭素を攻撃してOHと入れ替わる反応で行われる．このとき，酵素に直接水素を渡すのはNADPHではなく，NADPHから水素を受取った**チオレドキシン**という分子量12,000のタンパク質で，1対のSH基の形で水素をもつ．リボヌクレオチドの還元のために水素を使うと−SHは−S−S−となるが，チオレドキシン還元酵素によりNADPHから還元当量を受取って再び還元型チオレドキシンを再生する．

5・3 窒素の代謝

窒素の利用

窒素が体に必要であることは核酸の主要成分である塩基の生合成経路をみればわかる．DNAにしろRNAにしろその生産にはカルバモイルリン酸，グルタミン,アスパラギン,グリシンなどを経由して窒素原子が運び込まれてくる．タンパク質をつくるにしても,アミノ酸には必ず窒素をもつアミノ基が必要だし,リシン,アルギニン,ヒスチジン,トリプトファン,アスパラギン,グルタミンの側鎖には窒素原子が入っている．そのほか，細胞膜をつくっているリン脂質のなかのホスファチジルエタノールアミン，ホスファチジルコリンなど，グルコサミン，ガラクトサミンなどのアミノ糖，核酸の原料であると同時に自由エネルギー貯蔵物質であるATP, GTPなど,補酵素のNAD,フラビン,チアミン,パンテテインなどにも窒素が含まれる．窒素を体の中にどのように取入れ，どのように使い，どのように排せつしているかを調べた結果が**窒素代謝**である．

窒素と酸素

窒素ガスは乾燥空気の78%近い体積を占め，大量にある元素だ．ところが同じ大気中に21%の体積を占める酸素に比べると化学反応性が低いので，安定だがなにもしない分子とみられてきた．残りはアルゴンなどの他のガスだ．窒素だけで酸素がないと私たちは窒息してしまう．酸素の反応性が高いのも困ったものだが，これはO_2という分子は共有結合にかかわる電子の反応性が高いためだ．というわけで大気中の窒素は閉じこもりがちの音無姫，酸素はむやみに手を出すきかん坊というイメージです．

窒素は生体には不可欠の元素であり，食物生産のための肥料として大気中の窒素を気体から安定な化合物として利用する方法がいろいろ工夫されている．有名なのがハーバー-ボッシュ法で，鉄触媒を使って比較的高温高圧で水素と窒素を反応させてアンモニアに変えることができる．窒素はこのほか硝酸塩などの鉱物として地中にもあり，これを餌にする細菌がいる．また大気中の窒素を取込んでアンモニアとして固定し（ガスとなって逃げないようにすることを固定するといいます）自分の栄養素としたり，ほかに生物に供給して寄生する菌もいる（根粒菌）．窒素ガスは安定で反応性が低いがために長年の間に地球の主成分として80%近い体積を占めるに至ったわけで,「静よく動を制す」の例といえる．

音無窒素姫　酸素の小太郎

窒素は乾燥空気の体積の 78%（地球上では 3.9×10^{15} トン）を占めるきわめて大量にある元素である．しかし，これを捕らえて生物が利用できる形であるアンモニア（NH_3）に変えることができるのは**ニトロゲナーゼ**という酵素あるいはその類似酵素をもつ細菌のアゾトバクターやリゾビウム（根粒菌）だけであり，動物にはその能力はない．窒素はまた硝酸塩やアンモニウム塩の形で窒素ガスの約 5 倍もの量が地中や土壌に含まれているが，これを利用できるのは植物や菌類だけで動物はこれも利用できない．そこで，動物は植物や菌類が窒素ガスや硝酸，アンモニアを固定してアミノ酸や補酵素にしたものを食べて体に取入れる．体内に入ったこのような窒素化合物はそのまま利用されることもあるし，分解されてアンモニアの形となった後グルタミン酸のアミノ基やグルタミンのアミド基として固定されアミノ基転移反応で別の化合物に移されてゆく．

アンモニアの形で取込まれた窒素は前にも述べたように**グルタミン酸脱水素酵素**の作用によって 2-オキソグルタル酸と還元的に反応してグルタミン酸を生成する．

$$NH_3 + \text{2-オキソグルタル酸} + NAD(P)H + H^+ \longrightarrow \text{グルタミン酸} + NAD(P)^+ + H_2O$$

グルタミン酸はさらに ATP のエネルギーを使ってもう 1 分子のアンモニアをアミドの形で固定し，グルタミンとなることができる．こうして生じたグルタミンは，**グルタミン酸合成酵素**の作用で 2-オキソグルタル酸に自分がもつアミドからアンモニアを渡して相手をグルタミン酸にすると同時に自分もグルタミン酸となることができる．

グルタミンのアミド窒素は**カルバモイルリン酸合成酵素**の作用で二酸化炭素と反応して**カルバモイルリン酸**を生成することもあり，これは細胞質における核酸塩基の一種である**ピリミジン**の生合成につながる反応である．これとは別にアンモニアと二酸化炭素からのカルバモイルリン酸の合成はミトコンドリア内部で行われ，尿素回路とつながってアンモニア窒素の排せつの役を果たす．

（細胞質：ピリミジン用）

$$\text{グルタミン} + CO_2 + 2ATP \longrightarrow \text{カルバモイルリン酸} + 2ADP + H_3PO_4 + \text{グルタミン酸}$$

（ミトコンドリア：尿素用）

$$NH_3 + CO_2 + 2ATP \longrightarrow \text{カルバモイルリン酸} + 2ADP + H_3PO_4$$

カルバモイルとは（昔はカルバミルといった），NH_2CO- という原子団をさすので，カルバモイルリン酸は，$NH_2CO-O-H_2PO_3$ という化合物である．

窒素の排せつ

一般に水の中にすんでいる動物は，脊椎動物も無脊椎動物も必要のなくなった窒素は**アンモニア**として捨てる．海水にすんでいるか，真水にすんでいるかによって，排せつされるアンモニアの濃度は異なる．サメのような海産の軟骨魚類は例外で窒素を**尿素**（$H_2N-CO-NH_2$）の形で排せつするが，血液中にかなり高い濃度（2〜2.5%）で尿素をため込んでいる．死後アンモニアを発生するのでサメ肉はくさい．しかしそのおかげで細菌による腐敗が遅くなる．これに比べると淡水産の軟骨魚類は同じように尿素を排せつするが血液中の尿素濃度は1%程度で海産のものよりかなり低い．この違いは海産動物は血液の浸透圧を高めて水分の損失を抑える必要があるからだと考えられている．

魚のなかでの変わり者は肺魚で，雨期にはアンモニアで排出し，乾期になると尿素の形で体内にため込み，雨期が戻ると一挙に尿素を水に流す．体内にためておくには尿素のほうがアンモニアより毒性がないので安全なのだ．

哺乳類は主として尿素の溶けた尿を排せつするのに対して，同じ陸生の爬虫類のヘビ，トカゲ，鳥類は水に溶けない**尿酸塩**を白いかたまりとして排せつす

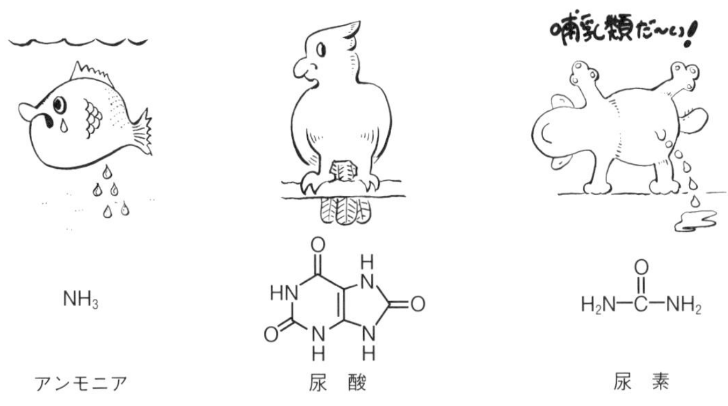

図 5・9 窒素排せつの形． アンモニア，尿酸，尿素が窒素排せつの形だ．君はどれかな．

る．しかし鳥が痛風になるとは聞かない．鳥にとっては液体の尿をためて飛び回るのは重いのだ，という説明もできるが，同じことはヘビやトカゲでは水を節約するためとされる．爬虫類のなかでも水の中にすむカメは尿素またはアンモニア派である．

哺乳類と爬虫類の先祖にあたる両生類をみてみると，一般にオタマジャクシ形幼生の間はアンモニア，成体になるに従って尿素を排せつするようになる．

以上みてきたように，いらなくなった窒素を排せつするにも，それぞれの動物がどのような環境にすんでいるか，どのような形での排せつが最も水の損失が少ないか，毒性が少ないかが動物の排せつ機構の進化の原動力になっていることがわかっておもしろい．

尿素回路

ミトコンドリア内でアンモニアを尿素に変換するには，先に述べたようにまずアンモニアと二酸化炭素からATPのエネルギーを使って**カルバモイルリン酸**をつくる．これをアミノ酸の一種であるオルニチン（タンパク質には含まれないアミノ酸で側鎖はリシンのものより CH_2 が一つ少ない）の側鎖のアミノ基に転移させ，オルニチンをシトルリンに変える．ここでカルバモイルリン酸のカルボニル炭素が尿素に一つだけある炭素になるよう運命づけられている．シトルリンのC−N結合が切れればそのまま尿素ができそうだが，それではもとのオルニチンが再生しないので，ここで尿素をつくるために必要な窒素をアスパラギン酸の α-アミノ基から取込む工夫がされている．このとき，ATPが1モル消費される．生じたアルギニンが**アルギナーゼ**という酵素で加水分解されるとめでたく**尿素**と**オルニチン**が生じて**尿素回路**（別名 オルニチン回路）は完結する（図5・10）．アスパラギン酸の脱アミノで生じているフマル酸を再びアスパラギン酸として回路を完全に回復するにはグルタミン酸からアミノ基を転移しなくてはならない．

5・4 脂質の代謝

アセチルCoAをめぐる相関図

脂質は幅広い種類の分子を含むのでその代謝も脂質の種類ごとに異なってい

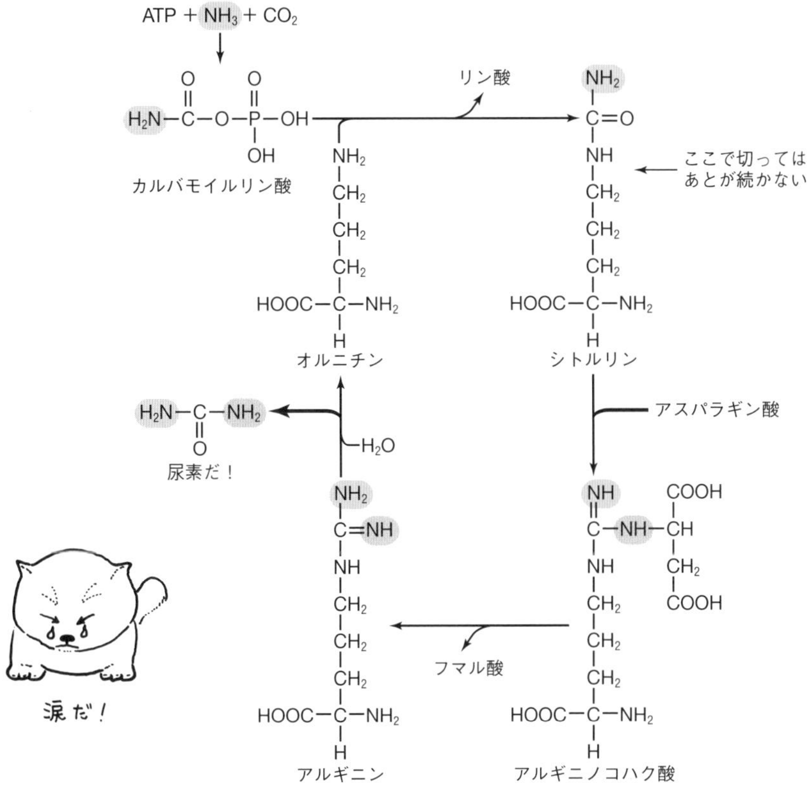

図 5・10　尿素回路. カルバモイルリン酸とアスパラギン酸から2分子のアンモニアを取込んで尿素に変える.

る．そのような脂質の共通の特徴というと，脂肪酸をエステルの形で分子内のどこかにもっていることであろう．広義には脂肪酸をもたないコレステロールやテルペンも脂質に入れる．アセチル CoA は脂肪酸の原料になるとともに，脂質の代謝ではコレステロールの原料にもなる．脂肪酸をいろいろな形のエステルとして含む複合脂質の説明に入る前にアセチル CoA を中心とした脂質代謝の概観をしておこう．

図 4・1 の中心にはアセチル CoA があり，これは解糖系の最終産物，ピルビン酸の酸化的脱炭酸反応，脂肪酸の β 酸化，アミノ酸の分解過程などで生じていた．アセチル CoA が 2 分子結合して，片方から CoA がとれると**アセトア**

セチル CoA となり，これにもう一つアセチル CoA が働きかけて炭素が 6 個になると **3-ヒドロキシ-3-メチルグルタリル CoA**（HMG-CoA）というコレステロール生合成の出発物質が生じる．コレステロールは筋肉増強剤や男性，女性ホルモンの原料となる大事な物質だ．一方，アセチル CoA からできる脂肪酸はリン酸化グリセロールと結合して**トリアシルグリセロール**や**リン脂質**をつくるし，スフィンゴシンというパルミトイル CoA とセリンを原料として生じる物質と結合して**セラミド**，**スフィンゴミエリン**，**セレブロシド**というような複合脂質の疎水性部分となる．

脂肪酸の生合成

脂肪酸はアセチル CoA からどうやってつくるのだろう．4 章で述べた，β 酸化系を逆にたどるのではないことは，合成は分解の逆ではないという“原則”ではっきりしている．この方面の研究では，基質としてアセチル CoA が直接使われるのではなく，アセチル CoA に HCO_3^- を基質として COOH が結合した**マロニル CoA** が使われることが発見された．アセチル CoA をつないでゆけばすぐ脂肪酸ができそうだが，わざわざアセチル CoA に COOH をつける**アセチル CoA カルボキシラーゼ**という酵素があってマロニル CoA をつくる．脂肪酸のつくり始めには，一つだけ頭（プライマー）としてアセチル CoA が必要で，その次からはこのアセチル CoA がマロニル CoA の 2 番目の炭素についている COOH をどかしながら（脱炭酸しながら）結合する（図 5・11）．

できた新しい分子は $CH_3COCH_2CO-SCoA$（アセトアセチル CoA）という **β-ケト酸**（3-オキソ酸）である．ここから先の目的は左から 2 番目の炭素についている β-ケト基をなくして CH_2 とすることだ．まずは C＝O を NADPH で還元すると C＝O が CHOH となり，**β-ヒドロキシ酸**が生成する．今度は新しくできた OH と隣の炭素についている H とを引抜いて，$CH_3CH=CHCO-SCoA$，つまり **α,β-不飽和酸**とする．こうなればあとはもう一度還元して水素を一つずつ α と β の炭素に付加すれば，めでたく**ブチリル CoA** という炭素数が 4 の飽和脂肪酸 CoA エステルが誕生する．アセトアセチル CoA ができてからの反応は，形の上では β 酸化の逆をいっていると思ってよい．ただ，使う酵素は β 酸化のときとはまったく異なるものを使う．こうしてマロニル CoA を 7 回結合すると，炭素数が 16 のパルミチン酸，8 回使えば炭素数 18 のステアリン酸となる．ここまで成長すると，脂肪酸はアシルキャリヤータンパク質（acyl carrier protein，略称 ACP）からパルミトイルアシルトランスフェラーゼの作用によって切り離され完成する．パルミチン酸，ステアリン酸は生体内ではさらに脂肪酸伸長酵素システムによって炭素数が 20 以上の長鎖脂肪酸に伸ばされ，**脂肪酸不飽和化システム**で必要な部分に二重結合を導入されて使われる．

脂肪酸の合成反応ではじめに使われるアセチル CoA は**プライマー**といって重合開始の先頭打者という役目だ．このアセチル基は最後まで脂肪酸の一番はじについていて離れることはない．プライマーが必要な反応は他にもあり，DNA の合成のときには RNA がその役を務める（8 章）．

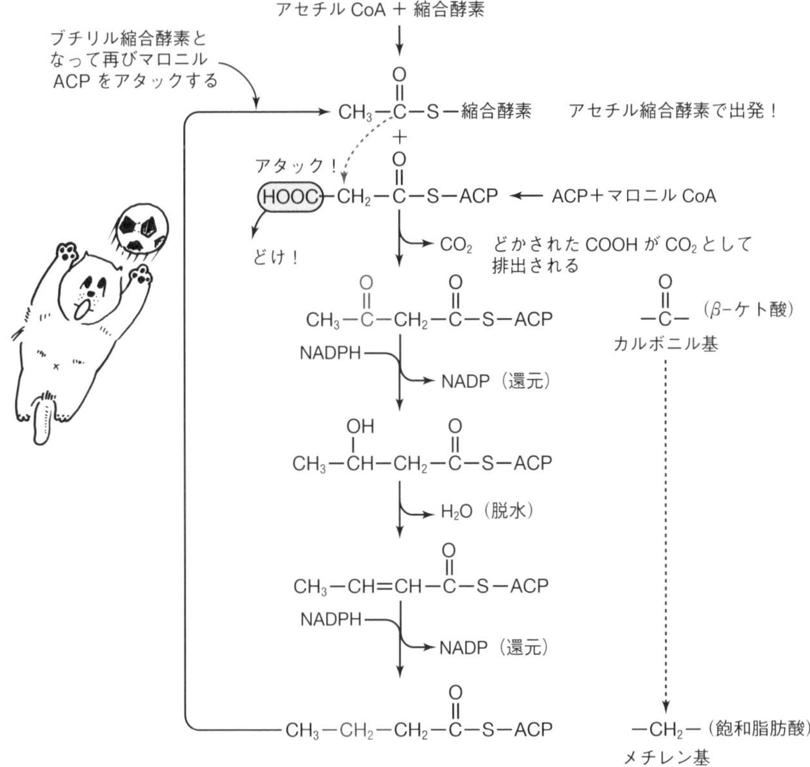

図 5・11 アセチル CoA とマロニル CoA の縮合． 脂肪酸合成の鍵となる反応で，マロニル CoA から CO_2 がとれることが反応の駆動力となる．ACP はアシルキャリヤータンパク質のことで，脂肪酸合成の中間体をつなぎとめている．

脂肪酸はマロニル CoA が基質といっても，そのもとはやはりアセチル CoA だから，代謝の途中でアセチル CoA になるものは皆脂肪酸につくり替えられる可能性がある．糖，デンプンはもとより，アミノ酸のなかでもアセチル CoA に変換されるものはでっぷりとした脂肪酸になる．

脂肪酸合成酵素

アセチル CoA を原料として脂肪酸をつくるには，アセチル CoA に HCO_3^- を基質として COOH をつけてマロニル CoA とする**アセチル CoA カルボキシラーゼ**と**脂肪酸合成酵素**の 2 種類のシステムが必要だ．どちらも 1 回の反応ですむような簡単な反応ではないので，クエン酸回路のように何種類かの酵素からなるシステムになっている．動物の場合，2 種類の酵素活性をもつ**アセチル CoA カルボキシラーゼ**と 7 種類の酵素活性をあわせもつ**脂肪酸合成酵素**がそれぞれ一つのタンパク質になっている（図 5・12）．クエン酸回路や解糖系の酵素システムの場合はタンパク質としては独立した酵素が独自性を維持したまま集まってシステムをつくっているが，脂肪酸合成関係のシステムの場合は複数のタンパク質が一続きの巨大なタンパク質としてつくられるので，一つの分

図 5・12　脂肪酸合成酵素．炭素数 16 の脂肪酸をアセチル CoA とマロニル CoA からつくるには 50 回近い酵素反応が必要だ．その全部を無駄なく行い産物を送り出すのが脂肪酸合成酵素という分子工場だ．一つひとつの丸いかたまりが，ACP および，アセチル転移，マロニル転移，縮合，3-オキソアシル還元，3-ヒドロキシアシル脱水，エノイル還元，パルミトイルアシル転移の機能をもつ酵素である．上下は同じ 8 種の機能をもつ巨大タンパク質であり，二量体をなしている．

子の上に一連の活性中心がシステムキッチンよろしく並んでいる．脂肪酸合成酵素はアセチル CoA をプライマーとして，これをアシルキャリヤータンパク質（ACP）の 4′-ホスホパンテテイン部分に結合してから縮合酵素の −SH に移す．空になった ACP にはマロニル CoA が結合し，縮合酵素の作用でプライマーのアセチル CoA と合体するという形で図 5・11 の経路をたどる．

NADPH を生産するペントースリン酸回路

脂肪酸の合成に必要な水素供与体である NADPH を生産するのは**ペントー**

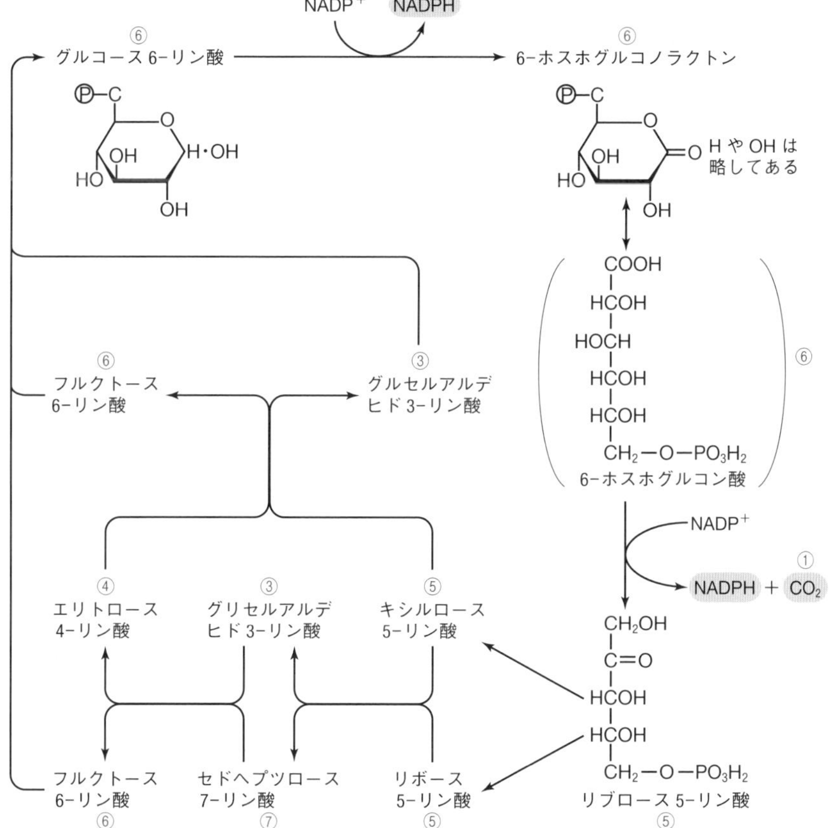

図 5・13 ペントースリン酸回路． この回路では NADPH がつくられて脂肪酸の合成反応などに使われる．赤で示した○で囲った数字は糖がもつ炭素数を示している．

スリン酸回路である．ここでは六炭糖であるグルコース6−リン酸から水素を奪い，NADPHを2当量生産して五炭糖のリブロース5−リン酸を生じ，五炭糖6個から六炭糖5個を再生産する間に$NADP^+$をNADPHに還元する．図5・13のように，グルコース−6−リン酸脱水素酵素が出発物質のC1炭素から二つの水素原子を奪い環状のラクトンとし，NADPHをまず1モルつくる．ラクトン環は加水分解されてカルボキシ基をもつグルコン酸となり，6−ホスホグルコン酸脱水素酵素によって脱炭酸を受けると同時にNADPHをここでもう1モル産出すると，糖部分はリブロースという五炭糖に変わっている．このようにして，**グルコースの炭素一つがCO_2として離れるごとにNADPHが2モル**できる．この回路の後半は五炭糖から六炭糖を再生して再び上に述べた経路に送り込む．その結果，六炭糖のリン酸化合物1モルから，“NADPHが12モル”産出され，脂肪酸合成などに消費される．NADPHはNADHと違って電子伝達系には入らないのでATPの生産に使われることはない．$NADP^+$をつくるのは，NAD^+をATPを使ってリン酸化する酵素，NADキナーゼである．

NADHとNADPHがどういうふうに区別されているかという例を他に探してみると，グルタミン酸の酸化的脱アミノ反応と2−オキソグルタル酸の還元的アミノ化反応を可逆的に触媒する酵素として紹介したグルタミン酸脱水素酵素のうち動物や植物にあるものは，NAD^+−NADHの系を特異的に用いるが，酵母や細菌の酵素は$NADP^+$−NADPHの系を用いることが知られており，高等生物でもミトコンドリアにある酵素はNAD^+−NADH系も$NADP^+$−NADPH系も使える．イソクエン酸脱水素酵素という酵素にもNAD^+−NADH系を使うものと$NADP^+$−NADPH系を使うものの2種類がある．NADPHはリボヌクレオチドのリボースの2′−OHを還元してデオキシリボヌクレオチドとする酵素系でも間接的に用いられている．

トリアシルグリセロールの生合成とエネルギーの貯蔵

アセチルCoAをプライマー，マロニルCoAを原料として脂肪酸合成酵素の働きでできあがった脂肪酸はそのままの形，いわゆる**遊離の脂肪酸**（free fatty acid）としてでなくグリセロールの3個のヒドロキシ基に脂肪酸のカルボキシ基がエステル結合した**トリアシルグリセロール**（別名 **トリグリセリド**，TG）という形で脂肪組織に貯蔵される．牛肉や豚肉を食べるときに白く固まっている脂肪分のことだ．あれは冷蔵庫に入っていたので白く固まっているが，体温ではもう少しやわらかく液体状態に近いものである．トリアシルグリセロールは，グリセロールに結合している脂肪酸に不飽和脂肪酸（シス形）が多いほど固まりにくく，飽和脂肪酸の多いものほど固まりやすいことがわかっている．

トリアシルグリセロールの生成には2分子の脂肪酸 CoA 複合体（アシル CoA）と1分子のグリセロール3-リン酸の縮合でまずホスファチジン酸が生じ，そこからリン酸がとれて**1,2-ジアシルグリセロール**となる．最後に1分子のアシル CoA が反応してグリセロールの3個のヒドロキシ基のすべてに脂肪酸がエステル結合して，めでたくトリアシルグリセロールが誕生する（図5・14）．トリとは3の意味なので，アシル基が3個入っているグリセロールという意味は構造をそのまま表している．ヒトの体の中で当面 ATP 生産用としては不用なアセチル CoA から脂肪酸が合成されてトリアシルグリセロールとして蓄積される．食事として食べた脂肪分はそのままトリアシルグリセロールとして吸収される分と，リパーゼという酵素によって加水分解されてグリセロールと脂肪酸に分かれてから吸収される分とが約半分ずつある．グリセロールと脂肪酸に分かれたほうも，腸の細胞内で再びトリアシルグリセロールにつくり直され，いずれも“キロミクロン”とよばれる大きいものでは直径が1 μm も

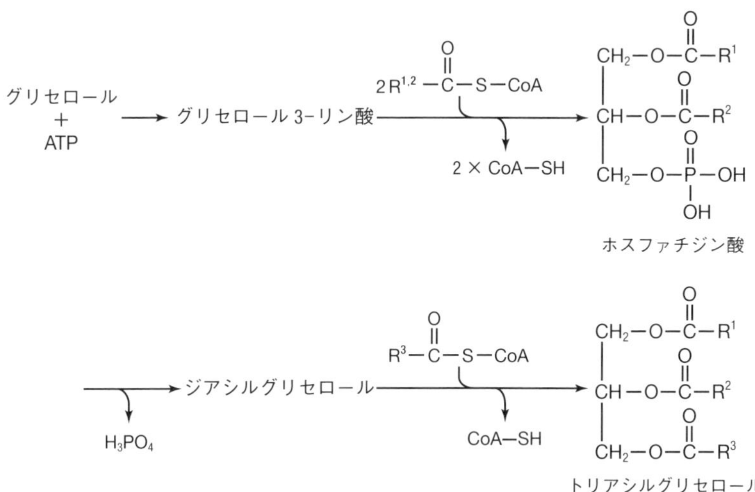

図5・14 トリアシルグリセロールの生合成． 脂肪酸のアシル CoA 体がグリセロールのヒドロキシ基にエステル結合してゆく．

あるリポタンパク質となって，リンパ管→胸管→大循環を経て，最後は肝臓に運ばれる．

食事をしない“飢餓状態”になると脂肪組織のトリアシルグリセロールはリパーゼによって分解され，水に溶けるグリセロールはそのまま血中へ，水に溶けない脂肪酸はアルブミンに結合して血液内に放出され，生きるためにATPの合成を必要としている器官に送られる（アルブミンの構造はあとで図6・4でみる）．当面食べ過ぎた糖分やアミノ酸を脂肪に変えて貯蔵するには“脂肪酸の生合成”の項でみたようにたくさんのATPを必要とする．飢餓状態になったときこの脂肪酸をβ酸化によってエネルギー代謝の原料としても，アセチルCoAから脂肪酸をつくったときに消費した数より少ないATPしか出てこないが，それでも食べ過ぎたときに後々のために脂肪の形で貯蔵しておくのは野生動物にとっては賢明なことだったのだ．特に食料の少ない冬を越すために多くの野生動物は秋のうちにせっせと食物を食べて体の脂肪分を増やしておく．

リン脂質の生合成と生体膜

図5・14のホスファチジン酸のリン酸基にエタノールアミンをつけると**ホスファチジルエタノールアミン**，コリンをつけると**ホスファチジルコリン**，セリンをつけると**ホスファチジルセリン**，糖アルコールであるイノシトールをつけると**ホスファチジルイノシトール**，などのリン脂質の形となる（図2・15参照）．リン酸基とこれらの結合グループでつくる部分が大変親水性でグリセロールの他の二つの－OHに付いている脂肪酸の疎水性とは著しい対照をなしている．

一つの分子のなかに親水性の部分と疎水性の部分がはっきり分かれて存在する分子を水に入れると，たくさんの分子の疎水性部分が集まって水をはじくようにして凝集する．凝集体の外側は水に親水性の部分が集まって水に接し，水との親和性のよい安定な構造をつくる．この構造が丸いだんごのようになるときもあるし，平たい膜や袋になるときもある．リン脂質を水に入れると，平たい膜をつくるので生物にとってきわめて重要な**細胞膜**をつくる材料として全生物にわたって愛用されている物質である．

リン脂質の生合成ではエタノールアミン，コリン，セリン，イノシトールなどのリン酸エステルがジアシルグリセロールに転移されるとき，シチジン二リン酸の誘導体が使われるのが特徴的である．例として図5・15にシチジンジホスホコリンからコリンリン酸部分が1,2-ジアシルグリセロールへ転移される反応を紹介する.

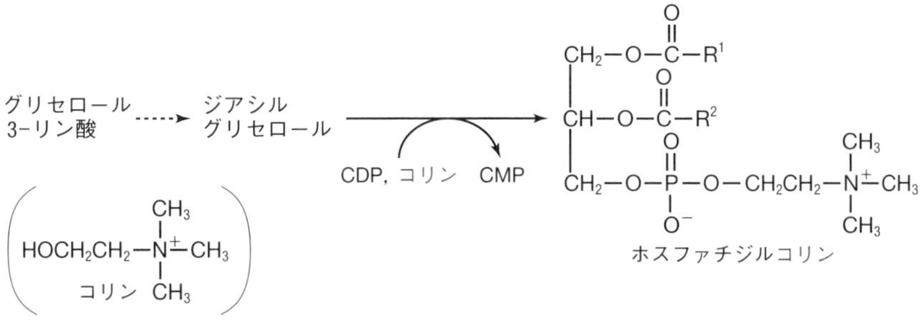

図 5・15 ホスファチジルコリンの生合成. リン脂質の生合成の一例である.

コレステロールの生合成

炭素を27個もつコレステロールは炭素数がちょうど30の**ラノステロール**という分子から3個のメチル基がとれ，二重結合の位置と数が変わる2段階の反応を経てつくられる．ステロイドホルモンやコレステロールエステル,胆汁酸,副腎皮質ホルモン（コルチコイド)，強心剤として働く配糖体（ジギタリスの毒など)，昆虫変態ホルモンなどの原料となる.

人間はコレステロールを食物から取込むこともできるし，細胞の中でアセチルCoAからつくることもできる．アセチルCoAは脂肪酸の原料にもなった．そのときはアセチルCoAがプライマーでマロニルCoAが原料だったが，コレステロールの生合成の出発は2個のアセチルCoAがアセトアセチルCoAをつくり，さらにアセチルCoAが縮合して**3-ヒドロキシ-3-メチルグルタリルCoA**，略して**HMG-CoA**という炭素数6個の重要な分子になるところから始まる（図5・16)．HMG-CoAはコレステロールとテルペン類（炭素数10）合成の出発物質となる．グルタル，グルタリルという言葉は炭素5個の $HOOC-CH_2-CH_2-CH_2-COOH$，つまりグルタル酸に発しているので5炭素化合物である.

HMG-CoAはNADPHを使って $-CO-SCoA$ 部分が $-CH_2OH$ まで還元され，メバロン酸（3,5-ジヒドロキシ-3-メチル吉草酸*）となり，これがATP

* 吉草とはカノコソウというハーブの一種で，イソ吉草酸は足のにおいの成分です.

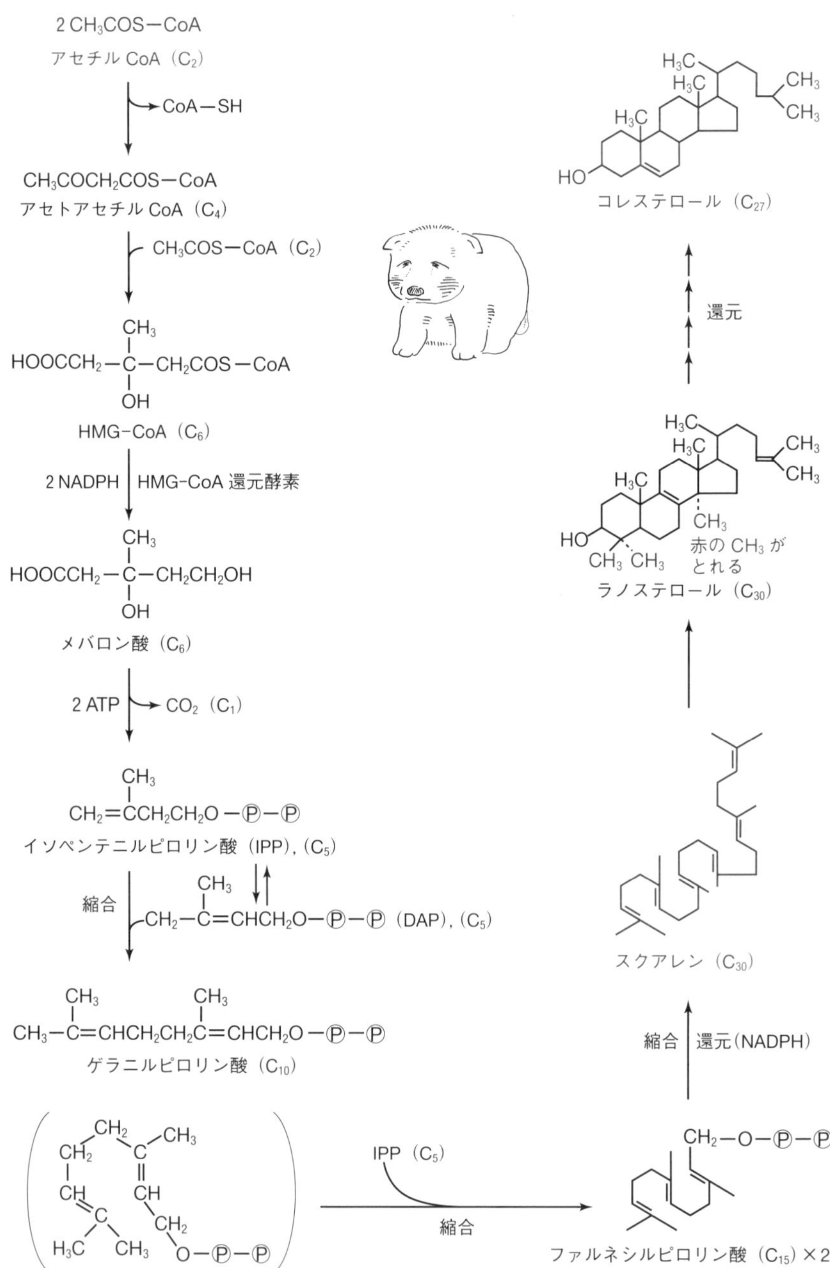

図 5・16 アセチル CoA（C_2）からコレステロール（C_{27}）の生合成

を使ってリン酸化され**メバロン酸5-リン酸**，**メバロン酸5-ピロリン酸**となった後，CO_2がとれて炭素数5の**イソペンテニルピロリン酸**（IPP）とその異性体である**3,3-ジメチルアリルピロリン酸**（DAP）の両方をつくりだし，この二つが重合して炭素数が10の**ゲラニルピロリン酸**となる．ああ，長いね．

炭素数10のゲラニルピロリン酸に炭素数5のIPPが重合して，炭素数15の**ファルネシルピロリン酸**，ファルネシルピロリン酸が二つ縮合してプレスクアレンピロリン酸（炭素数30）となる．この分子はすぐ還元されて，“**スクアレン**”となる．スクアレンからラノステロールへはもう一歩だ．線状のスクアレンがぐるぐると巻いてゆけば6員環が3個と5員環を1個もつコレステロール類に特有の縮合多環構造ができあがる．

コレステロールは細胞膜の脂質成分としても重要な役割を果たしている．リン脂質二重層だけでできた細胞膜はちょっとやわらかすぎる，というときには生物は躊躇（ちゅうちょ）することなくリン脂質の間にコレステロールを詰め込んで細胞膜を堅くする．

ファルネシルピロリン酸（炭素数15）にイソペンテニルピロリン酸（5）が縮合するとゲラニルゲラニルピロリン酸（20）というカロテノイド（40）の原料ができる．ゲラニルピロリン酸（10）はクスノキからとれるショウノウ（カンファー）などよい香りのする植物精油（アロマセラピーに使う）に多いモノテルペン類（10）の原料だ．とすると，ゲラニルが二つ分あるゲラニルゲラニルピロリン酸はジテルペン類（20）の原料である．ジテルペン類にはビタミンA，ジベレリン（植物の成長ホルモン），シロアリの道しるベフェロモンであるネオセンブレンAなどおもしろい化合物がある．ショウノウの分子の形はハンドバッグのようでおもしろいので図5・17に示しておく．

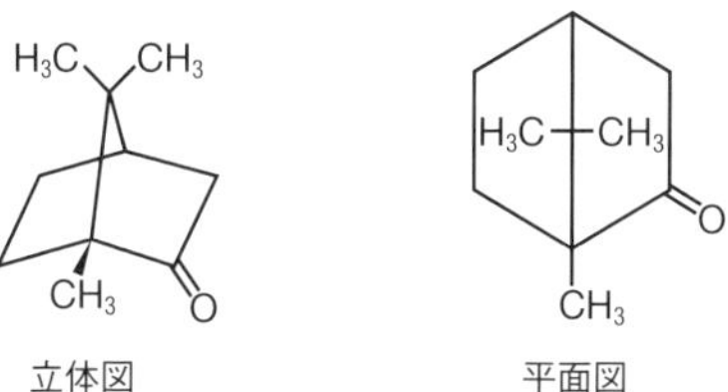

図 5・17 ショウノウ． いいにおいのするショウノウはモノテルペンとよばれる炭素数10のテルペンだ．コレステロールと同じIPPとDAPの重合で生ずるゲラニルピロリン酸からできる．

コレステロールとコレステロールエステル

コレステロールの3β位の −OH に脂肪酸が脱水縮合したものを**コレステロールエステル**といい，血液中のリポタンパク質（6 章）のうち低密度リポタンパク質（LDL）に多く含まれている．このリポタンパク質は肝臓をはじめとする細胞に取込まれるとその細胞でのコレステロールの生合成を止めてしまう．コレステロールは外から運んできましたからもうつくらないでもいいですよ，というわけだ．コレステロールの生合成系は，HMG-CoA が還元されてジヒドロキシ型の**メバロン酸**になるところで止まる．つまり **HMG-CoA 還元酵素**の活性が止まってしまうのだ．リポタンパク質の取込みと共役した細胞内代謝の制御の例としてくわしく研究されている．リポタンパク質の受容体の不足している人とか，受容体のない人の場合は血液中のリポタンパク質が吸収されない．そのため血液中のコレステロールエステル濃度が常時高く，細胞も受容体がないので細胞内でコレステロールをつくり続ける．この結果，血管壁に沈着しやすいコレステロールエステルがたまってしまい，高脂血症とよばれる病気となり動脈硬化にもなりやすい．

アラキドン酸とプロスタグランジン

プロスタグランジンはその種類も多く，非常に広い機能をもつ生理活性物質で，脂質として分類されている．構造を図 5・18 に示す．炭素数 20 のプロスタン酸の誘導体として名前がつけられるが，生合成ではやはり炭素数 20 で二重結合を 4 個もつ**アラキドン酸**（エイコサテトラエン酸）や二重結合が 3 個のエイコサトリエン酸，二重結合が 5 個のエイコサペンタエン酸を出発物質としている．エイコサというのは 20 という意味だから，“英子さんは 20 歳” と覚えよう．“なになにエン酸” というのは二重結合が “なになに” だけある酸ということ

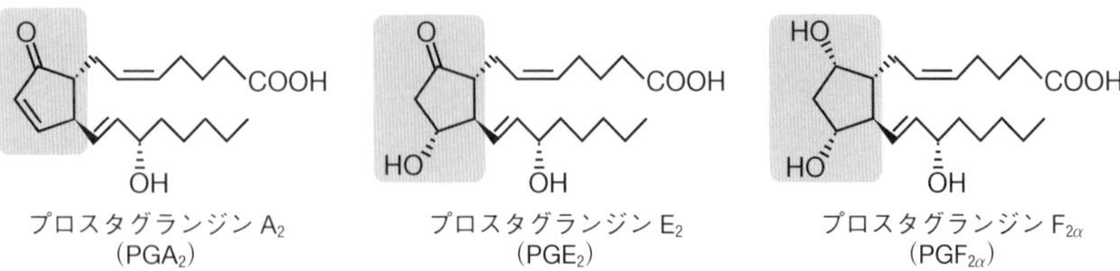

図 5・18　おもなプロスタグランジン． プロスタグランジンは 21 世紀の夢の薬品といわれている．長生きして実現を待てばもっと長生きできるぞ．

表 5・1 種々のプロスタグランジン(**PG**)の生物活性

PG	生物活性	PG	生物活性
PGA_2	血圧降下	$PGF_{2\alpha}$	血圧上昇，血管収縮，腸管運動亢進，子宮収縮，黄体退行，気管支収縮
PGB_2	血圧降下	PGG_2	血小板凝集誘起，動脈収縮，気管支収縮
PGC_2	血圧降下	PGH_2	血小板凝集誘起，動脈収縮，気管支収縮
PGD_2	睡眠誘発	PGI_2	血小板凝集阻害，動脈弛緩
PGE_2	血圧降下，血管拡張，胃液分泌抑制，腸管運動亢進，子宮収縮，利尿，気管支拡張，骨吸収，免疫抑制	PGJ_2	抗腫瘍作用

で，なになにの部分がトリ (3)，テトラ (4)，ペンタ (5) というわけだ．

プロスタというのは“前立”，グランドは“腺”，インは例によって“因子”などという生化学用語だから，プロスタグランジンとは“前立腺由来の因子”という意味だ．はじめ前立腺というところからとれたからこう言うのだね．いまでは体中のほとんどあらゆる部分からとれるのでこの名はあまり意味がない．プロスタグランジンの種類とその働きのおもなものを表5・1に示す．

プロスタグランジンの作用の幅は非常に広いので，将来薬剤として使える可能性が高いものが多く，研究が盛んである．21 世紀の薬は半分以上がプロスタグランジン関係のものになるという人もいるくらい有望視されている．

6

人の体

生化学は自分の体にも目を向けさせてくれます．血液検査は自分の体の調子をみるのによい方法ですので，血液を中心にちょっと体の様子をみてみましょう．血液は酸素を運ぶ赤血球のほかに，100 種類以上のタンパク質を含んでいます．特に多いのはアルブミン，マクログロブリン，免疫グロブリン，血液凝固タンパク質などです．

細胞の中で起こっている生化学反応の基本的なところは生物の種類によらずよく似ている．解糖系やクエン酸回路の反応機構，脂肪酸の合成機構など多くの酵素系は大腸菌とヒトを比べても大差ない．8 章で述べるタンパク質生合成の機構についても生物による差は驚くほど少ない．それに比べると生物の体そのものは千差万別といってよいほどの違いがある．ヒトの祖先は脊椎動物の一種として 5 億年以上の昔にヤツメウナギの同類として地球上に現れた．背骨をもつ生物はその背骨を利用して筋肉をつけ，神経系を発達させ，血管系を体中に張り巡らせて大きくなり，地球上に増え続けた．感染細菌のような外敵から自分の体を守る方法にも**免疫系**という新しい方法が発達し，免疫系をもたない無脊椎動物に比べて生体防御機構も格段の進歩をみせている．子供の産み方をみると，魚は裸の卵を産み，爬虫類は殻つき卵，哺乳類は胎生，なかには卵胎生という動物もいる，という具合にこれも生活環境の変化とともにいろいろな方法を編み出している．本章ではヒトの体に焦点を当て，動物の進化を分子レベルからみてみよう．

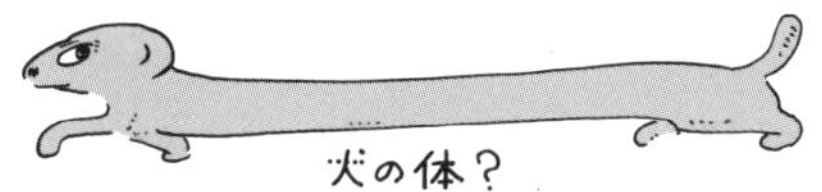

6・1　血液とその pH

ヒトの血液は赤血球，白血球，血小板，単核球などの細胞，100 種類以上のタンパク質に加えて酸素，炭酸イオン，炭酸水素イオン，ナトリウムイオン，カリウムイオン，塩化物イオン，アミノ酸，糖（特にグルコース），有機酸などを含んでいる．血液の pH は健康人の場合，常に 7.4 に整えられている．このように溶液の pH を一定の値に保つには，酸と，この酸からプロトン（H^+）のとれた共役塩基の間で**緩衝効果**が実現されているからである．緩衝効果とは，溶液中にたとえば炭酸（H_2CO_3）と炭酸水素イオン（HCO_3^-）のように共役する酸と塩基が共存すると，外からさらに酸や塩基を少量加えても溶液の pH がほとんど変化しない現象をいう．血液の pH を一定に保っているのは，炭酸水素イオンと炭酸の緩衝系である．炭酸（H_2CO_3）は呼吸作用の結果排出される二酸化炭素が，**カルボニックアンヒドラーゼ**（炭酸デヒドラターゼ，炭酸脱水酵素ともいう）という酵素の作用で水と結合してできる．この酵素は肺では炭酸から水をとり，二酸化炭素にして吐く息とともに体の外に出してやる．カルボニックアンヒドラーゼは酵素のなかで最も速く働くものとして有名だ．1 秒間に約 100 万分子の二酸化炭素を次の反応に従って炭酸と炭酸水素イオンにする．

$$CO_2 + H_2O \rightleftharpoons H_2CO_3 \rightleftharpoons H^+ + HCO_3^-$$

またこの酵素は亜鉛イオン（Zn^{2+}）をもつ金属酵素の一つだ．クエン酸回路や脂肪酸合成の際に反応中間体から CO_2 がとれるところがあるが，とれた CO_2 は気体にならずにこの酵素の作用で水和して炭酸や炭酸水素イオンとなっている．pH 7.4 の血液中では炭酸の約 95％は炭酸水素イオンに解離している．緩衝液の pH は，次のように炭酸水素イオン（共役塩基）と炭酸（共役酸）の濃度に依存している．pK_a とは酸の解離定数の対数の絶対値であり，H_2CO_3 の HCO_3^- と H^+ への解離では 6.4 という定数だ．共役塩基と共役酸が 1：1 の濃度で溶けているときは，溶液の pH が 6.4 で，pK_a に等しい．

$$pH = pK_a + \log(HCO_3^-/H_2CO_3) \qquad pK_a = 6.4$$

炭酸と炭酸水素イオンを足した合計の濃度が高いほど解離度は低くなるので，相対的に炭酸水素イオンが減り，pH は低くなる．こういうことは，体内での二酸化炭素の生成が多いときに起こるわけだ．反対に，二酸化炭素が少ないと，血液の pH は高くなる．

血液の pH が 7.4 より酸性になると**アシドーシス**といい，アルカリ性になると**アルカローシス**といってともに体によくないし，放置すると意識不明になったり，全身がけいれん状態になる．アシドーシスでは炭酸水素イオンに比べて炭酸が増えており，その原因には，1) 激しい運動で乳酸が多量に発生して炭酸水素イオンを炭酸に変えている，2) 脂肪の分解が急激でケトン体の酸（3-ヒドロキシ酪酸，アセト酢酸など）が増えている，そのため緩衝効果が効かなくなっている．3) 呼吸器の疾患で肺から CO_2 が効率よく廃棄されない，などがあげられる．血液が酸性になると体は腎臓からアンモニアを血中に出して pH の低下をある程度防ごうとする．アルカローシスのほうは，高山などでの酸素不足からくる血液中の炭酸の減少，おう吐などで胃液（pH ＝ 2）を大量に失うなどの原因がある．

血液の pH が 7.4 から 0.1 でも上下するとアシドーシス，アルカローシスとなって具合が悪いのだから，人の体というものは実に精密にできている．体温にしても，36 °C を境に上下 1 度以上変化すれば病気である．絶対温度にすれば，309 K にプラスマイナス 1 K という小さい変化で病の床につくということになる．pH や温度に限らず，体の中の環境を一定にしている機能を**ホメオスタシス**（**恒常性**）という（7 章参照）．血液の例をもう一つあげると，毎日雑多なものを食べていても，血液中の物質濃度，たとえばアミノ酸の種類や濃度，グルコース濃度はほとんど一定に保たれる．しかし，ホメオスタシス能力にも限度はあり，極端にタンパク質をとりすぎるとアシドーシスをひき起こすことがある．

6・2 赤　血　球

血液の体積の約半分は赤血球である．ヒトの赤血球は解糖系やペントースリン酸回路の酵素群と**ヘモグロビン**が詰まった袋であり，その袋は脂質二重層膜からできている．膜からはたくさんの血液型糖鎖をもった糖タンパク質や糖脂質が出ており，膜の表面は数 10〜100 nm の厚さで多糖類に覆われている．この袋はしなやかでいろいろな形に変形自在なので，図 6・1 に示すように太い血管中では円盤状をしているが，円盤の直径より細い毛細血管内を通過するときはやわらかい餅のように変形して通ってゆく．毛細血管もやわらかい細胞でできているからこちらも赤血球が通るときには膨らんで赤血球が通りやすくしてやる．毛細血管の中をこのようにして赤血球を押してゆく力は毎分 70 回前後拍動している心臓のポンプ力による．赤血球の形をこのように自在に変化できない**鎌状赤血球貧血**とよばれる病気の人は，毛細血管の中を赤血球（図 6・1 の下段の右の赤血球）を通すことが困難なので全身に酸素が十分ゆきわたらない貧血症となる．

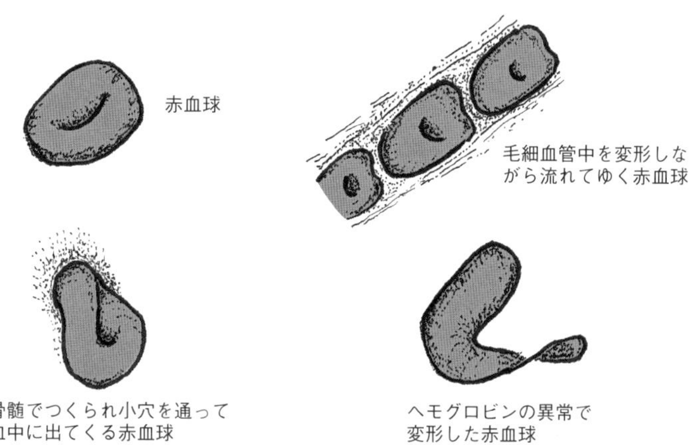

図 6・1　赤血球の模式図． 赤血球は直径が 8 μm くらいの円盤状の細胞で，中央がくぼんでおり，やわらかく変形しやすいうえに元の形に戻りやすい．中にはヘモグロビンがたくさん詰まっていて酸素の輸送をもっぱらの仕事としている．

赤血球は相当特殊化した細胞で，哺乳類の場合は**核がない**のが特徴である．もとは骨髄で赤芽球（赤血球になる前の萌芽的細胞）として成長し，血管に出て網状赤血球となり，核を失う．網状というのは，クレシルブルーという色素で染めると RNA とタンパク質の複合体が網目状に染まって見えるからで，この RNA はヘモグロビンをつくるための道具である．数日で成熟赤血球になるとタンパク質生合成機能を失うし，核がないから，分裂して子孫を残すことをしない点では，働きアリや働きバチのようなものだ．血管中での寿命は約 120 日で，酸素運搬体としての機能を十分果たして死んでゆく．骨髄は骨の中にあるやわらかく活発な組織で，赤血球だけでなく次に述べる白血球を生み出す機能ももつ**造血器官**としてたいへん重要な組織なのだ．ここで誕生する**血液幹細**

胞（**血液ステム細胞**）というものが，のちにすべての血液細胞に分化してゆく．骨髄が血液細胞誕生の地であるから，白血球の病気すなわち白血病で苦しむ患者に健康な白血球を生み出す骨髄を移植する試みが行われている．この例に限らず，臓器移植は近年盛んになっている．幹細胞は血液に限らず人体のいろいろな組織からとられており，培養条件により各種臓器に分化する能力をもっているので，臓器再生医療の原材料として医学的に注目されている．

ヘ モ グ ロ ビ ン

ヘモグロビンは赤血球の中にある赤いタンパク質で，肺にいって酸素を捕らえた後，筋肉など全身の細胞に酸素を供給する機能をもっている．肺胞のごく薄い膜を通して血液に溶け込んでくる空気中の酸素が，さらに赤血球の膜を通して入ってくるのを捕まえる．ヘモグロビンが酸素を吸着する活性中心は**ヘム**という分子で，鉄イオンを中心にもつ．この鉄イオンが Fe^{2+} という状態にあることが重要で，この状態だと肺のような酸素の多いところでは酸素を吸着し，活動中の筋肉のように酸素の少ないところでは酸素を離す，という酸素の運搬

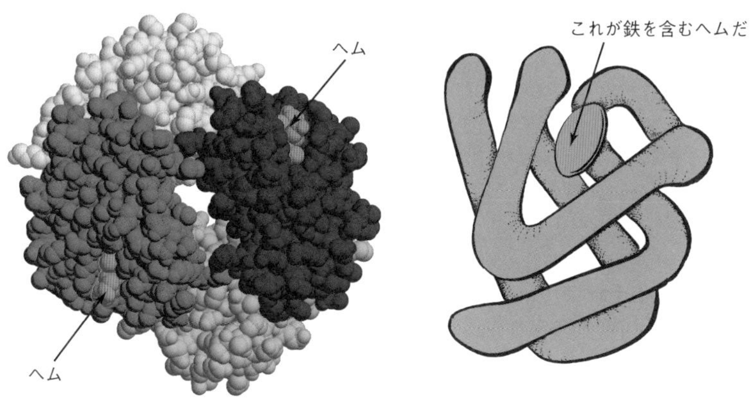

ヘモグロビン（分子模型）　　ミオグロビン（略図）

図 6・2　ヘモグロビンとミオグロビン．ヘモグロビンもミオグロビンも α ヘリックスに富んだグロビンというタンパク質に 2 価の鉄イオンを含むヘムが結合している．ヘモグロビンはミオグロビンによく似た 2 種類のサブユニット α と β を二つずつもつ $\alpha_2\beta_2$ 四量体タンパク質で，アロステリック効果をもつ酸素吸着曲線を示す．左図の色の濃さが異なる部分の一つずつが右図のミオグロビン型構造をもっている．

役を務めることができる．Fe^{3+} になると酸素を吸着できないメトヘモグロビンとなる．ヘモグロビンの役目の大事なところは酸素を吸着するだけでなく，酸素が必要なところでは酸素を離すというところだ．酸素の脱着はまわりに酸素があるかないかによって自然に行われるしくみとなっており，酸素が多いところでは酸素を積込み，酸素の少ないところでは離す．

一方，酸素をためておく必要のある筋肉には，**ミオグロビン**というヘモグロビンの親戚タンパク質だが，ごく欲の深いものがいて，ヘモグロビンから酸素を取上げて自分のヘムの鉄イオン（Fe^{2+}）に結合してしまう．ヘモグロビンはミオグロビンとよく似たサブユニット分子が 4 個（α が二つ，β が二つで $\alpha_2\beta_2$ となっている）集まっている四量体タンパク質であるが（図 6・2），よく似たものが 4 個集まると互いに邪魔しあって酸素が吸着しにくくなるという**協同効果**のおかげでヘモグロビンはミオグロビンより酸素を吸着しにくくなっている．ヘモグロビンとミオグロビンの酸素吸着曲線を比較すると図 6・3 のようになる．ここでは横軸に環境の酸素濃度を表す酸素分圧（p_{O_2}）をとり，縦軸はヘモグロビンとミオグロビンの分子のなかでヘムに酸素を結合しているものの割合を表す**酸素飽和度**という量である．この量はヘモグロビンの酸素結合型と非結合型の可視スペクトルの違いを利用して測定する．病院にゆくと指先に大きめのクリップを留めてくれるのがパルスオキシメーターという酸素飽和

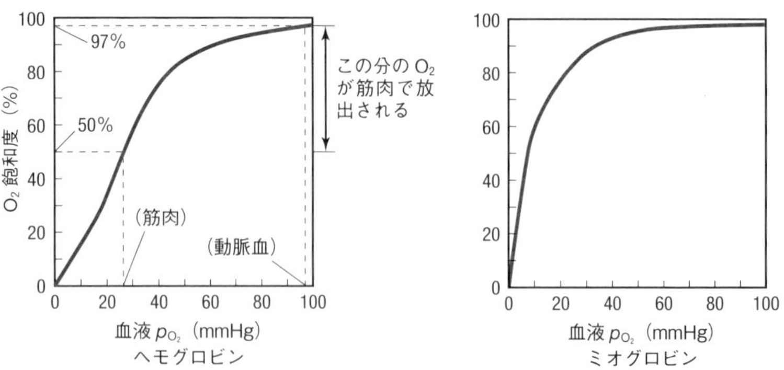

図 6・3　酸素吸着曲線の意味． ヘモグロビンのグラフの意味は，酸素分圧の低いときは酸素が非常につきにくく，酸素分圧が 20 mmHg を超えるころから急速に酸素の吸着が増大し，40 mmHg で 80% 近い飽和度となる．これに比べるとミオグロビンのほうは酸素分圧の低いところから急速に飽和し，酸素分圧 20 mmHg では 80% 近い飽和度をもつ．

度をはかる道具だ．図6・3の二つの吸着曲線の大きな違いは，ミオグロビンの吸着曲線は左端からいきなり立ち上がってゆっくり飽和度1のレベルに近づいてゆくのに対し，ヘモグロビンの吸着曲線ははじめはゆっくり立ち上がり，中ほどから急になり再び飽和度1のレベルにゆっくり近づくという，リガンドが一つ結合するごとに次のリガンドが結合しやすくなる正の協同効果が発揮されるので，**シグモイド形**の曲線となっていることである．この違いは生理的にも大変意味のあることで，図6・3に書いたように肺の酸素分圧ではヘモグロビンが十分に酸素で飽和され，この血液が酸素分圧の少し低い筋肉組織までゆくとすぐヘモグロビンは酸素を放出する．しかし，この酸素分圧ではミオグロビンはまだまだ十分酸素を吸着するので筋肉には酸素がたくわえられる，という仕掛けはなかなか鋭い．

血液は酸素を運搬する液体として脊椎動物だけでなく無脊椎動物にもある．酸素の運搬は無脊椎動物では主として，1) 液体そのものに酸素が溶けている，2) **ヘモシアニン**という銅イオンを含むタンパク質，鉄イオンを含む**ヘモグロビン**が酸素運搬の役割を担っている，という二つのやり方がある．ヘモシアニンにしてもヘモグロビンにしても，無脊椎動物の場合は赤血球のような細胞には詰められていなくて，血液に溶けた状態のままで酸素運搬を行っている．この場合のヘモシアニン，ヘモグロビンの特徴は分子量が大きい会合体または連結した巨大タンパク質となっていることである．たとえば軟体動物のヘモシアニンの分子量は数百万，ヘモグロビンは数十万あることがわかっている．ヒトのヘモグロビンは分子量 64,000 なので，その 10〜100 倍も大きい．

6・3 血液タンパク質

アルブミン

血液から赤血球や白血球などの細胞と血液凝固系タンパク質を除いた透明な液を**血清**という．血清の**アルブミン**は分子量が 68,000 程度の単純タンパク質で，肝臓で合成される1本のポリペプチドからなっており，図6・4に示すようにたくさんの α ヘリックス構造をもつ．単純タンパク質とはアミノ酸以外の糖とか金属とか補酵素を含まないもののことをいう．アルブミンは血清中で最も多いタンパク質であり，100 mL の血液中に 6〜8 g も含まれている．その働きの第一は水に溶けにくい脂肪酸を結合してエネルギー源として脂肪酸を必要としている細胞まで運んでゆくことである．そのほかにも薬として飲んだり，注射したりするなかに水に溶けにくい薬物が混ざっていればアルブミンに結合して血管内を運ばれると考えられている．

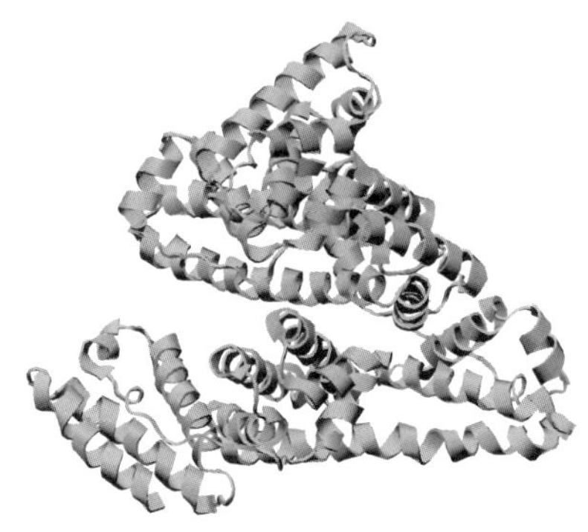

図 6・4 血清アルブミン． α ヘリックス構造に富んだタンパク質で，脂肪酸はじめ疎水的で血液に溶けにくい薬物などの分子を結合して運搬する．ヘリックス間の隙き間や分子の外側はアミノ酸側鎖で埋まっている．

α_1-プロテアーゼインヒビター

α_1- という接頭語は血清成分の電気泳動の際，α，β，γ，と分けられるうちの α 画分をさらに細分化した α_1 画分にくるタンパク質という意味で，あとのプロテアーゼインヒビターは日本語で**タンパク質分解酵素の阻害剤**という意味である．阻害剤とは酵素の機能を止めてしまう働きをもつ分子のことで，タンパク質分解酵素の特性に応じていろいろな種類のインヒビターが用意されている．タンパク質分解酵素には活性部位にあってペプチド結合の加水分解を推進するアミノ酸残基や補酵素の違いによって，セリン酵素，チオール酵素，金属酵素，アスパラギン酸酵素，の 4 種類があり，そのなかにまた基質特異性が異なる酵素が何種類もある．タンパク質分解酵素の機能を阻害するためには，このように化学的に異なる性質をもつ機能部位を別べつな方法でふさいでゆかなくてはならないので，阻害剤のほうもタンパク質分解酵素の種類に合わせてたくさんなくてはいけない．α_1-プロテアーゼインヒビターはセリン酵素を特異的に阻害する性質をもっていて，トリプシン，キモトリプシン，エラスターゼ，などを選択的に阻害する．

α_2-マクログロブリン

このタンパク質も生体防御に一役買っている．役目は生体に侵入する細菌が放出するものをはじめとする多種類の**タンパク質分解酵素を捕獲**してマクロファージや肝細胞に運び込み，分解してしまうことである．α_2-マクログロブリンがほかの阻害タンパク質と違って，タンパク質分解酵素の活性中心の化学的性質や基質特異性に制限されずにさまざまなタンパク質分解酵素を捕獲する方法はきわめて巧妙で，“分子ネズミ捕り”機構とよばれている．昔は，ネズミを捕まえるとき“ネズミ捕り”と称する籠(かご)の中にネズミの好物であるチーズなどを入れておいて，これにネズミが飛びついた途端に籠の戸が閉まるというメカニズムを利用した．α_2-マクログロブリンは5億年以上前からこれとよく似たメカニズムをもっていて，どんなネズミでも，ではなくどんなタンパク質分解酵素をも図6・5のようにして捕らえてしまう．

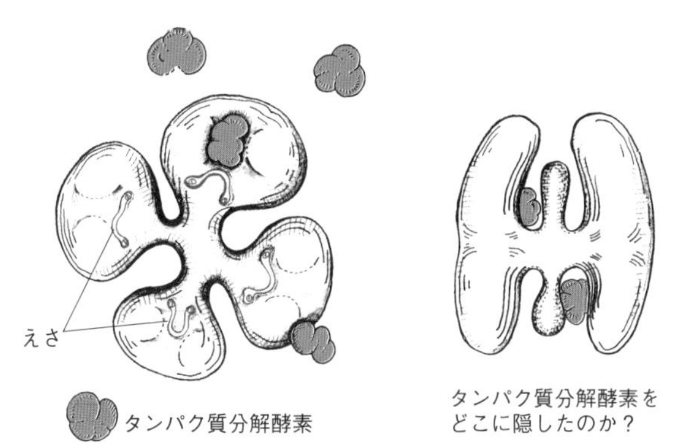

図 6・5 α_2-マクログロブリンの形と機能. “分子ネズミ捕り”のあだ名をもつこの分子は“えさ”とよばれる部分をタンパク質分解酵素が切断すると，ネズミ捕りのふたが閉まるように変形して分解酵素を捕らえてしまう．

トランスフェリン

鉄イオンを輸送するタンパク質である．過剰の鉄イオンは肝臓のフェリチンというタンパク質複合体のなかにたくわえられているが，体の他の器官の細胞が必要とする鉄イオンは血管中を**トランスフェリン**に結合して運ばれてゆく．鉄を必要とする細胞の表面にはトランスフェリンに対する特異的な受容体があり，トランスフェリンを捕まえると細胞の中へ誘い込む．一般に細胞が外からものを取込むことを**エンドサイトーシス**というので，これは受容体を使ってのエンドサイトーシスだ．細胞は受容体を使わなくてもいつもまわりの粒々や液体を飲み込んでいるので，この液体の中に入っているものも一緒に細胞内に取込まれる．このような取込み方を**ファゴサイトーシス**（食作用）とか**ピノサイトーシス**（飲作用）という．受容体を使ったエンドサイトーシスのほうが特定の物質を取入れるときの効率は何十倍も高い．トランスフェリンの受容体はこのタンパク質を取込んだ後，鉄イオンだけをはずして鉄のついていない空のタンパク質はまた血液中に戻してやる．そうすると輸送タンパク質の消耗を防ぐことができるという，大変よくできた経済的なリサイクルシステムである．トランスフェリンへの鉄イオンの結合は溶液の pH が酸性になると弱まるので，細胞内へ取込んだ後，酸性条件にして鉄をはずすというしくみになっている．

血液凝固システム

血液タンパク質で忘れられないのは，血液凝固に働くタンパク質の一群である．血液凝固の反応はけがをした場所で，血液がむき出しになった組織や空気に触れるというきっかけで進み，数分の間に傷口付近で血が固まってそれ以上の出血を防ぐ効果がある．遺伝的に血の固まらない人がいることもよく知られていて，イギリスのビクトリア女王に端を発するヨーロッパの王族の間に多発した**血友病**患者の系図が有名である．凝固するのは**フィブリノーゲン**とよばれるタンパク質で，その形は電子顕微鏡で見ることができ，三つのこぶがついた細長いダンベルのように見える．このタンパク質自身はよく水に溶けるので固まることはないが，**トロンビン**という酵素の作用で一部切断されると**フィブリン**となり，互いに凝集し合うようになり，血液凝固をひき起こす．フィブリノーゲンという名はフィブリンのもとという意味であり，フィブリンのフィブはファイバーと同じ語源で繊維という意味である．最後のインという語尾は化学物質やタンパク質の名前をつけるときによく用いられる形である．トロンビンはプロトロンビンという親分子（プロは前という意味でプロのついたものは前駆体ともいう）が第 X（じゅう）因子というおもしろ味のない名前のタンパク質分解酵素の作用を受けて生じるものである．X は 10 番目の因子という意味のローマ数字である．

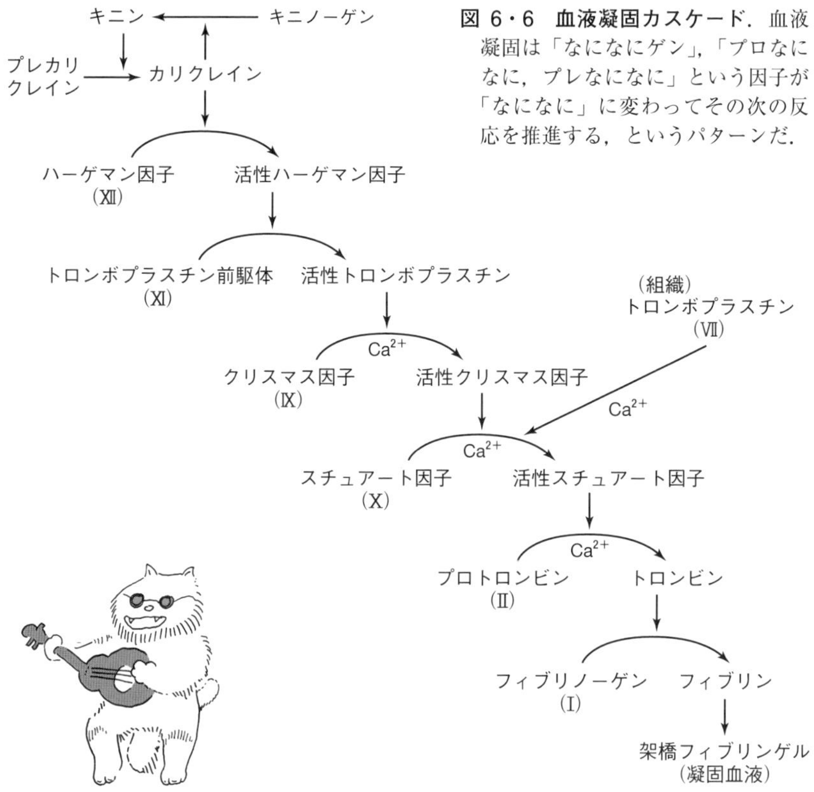

図 6・6　血液凝固カスケード．血液凝固は「なになにゲン」，「プロなになに，プレなになに」という因子が「なになに」に変わってその次の反応を推進する，というパターンだ．

この第Ⅹ因子も実は活性型第Ⅸ(きゅう)因子（これは9番目の意味で，別名クリスマス因子という．この名前はメリークリスマスとは関係なく，クリスマスという名の患者がこの因子を欠いていたのでこの名がついた）の作用で不活性型第Ⅹ因子から生じるものである，という具合に図6・6に示すように最初のキニンによるプレカリクレインの活性化から始まって，合計6段階にわたる**カスケード**活性化機構を経て最終的にフィブリンの凝集反応が起こる（カスケード機構については7章参照）．そのため，一つには血液凝固は瞬間的に起こるような素早いものではなく，ややゆっくりとした時間のかかる反応であること，二つ目としては各段階での反応がすべて前段階で活性化された因子の触媒作用によって進むので，全6段階の合計の増幅率は大変大きくなることが特徴である．

血液が凝固しない患者は図6・6に示したいろいろな因子となっているタンパク質のどれかを遺伝的に欠いている場合が多い．タンパク質は遺伝子の塩基配列によって決められるアミノ酸配列をもって生産されるが，その遺伝子が完全に欠けていたり，正しい機能をもつタンパク質の構造情報をもっていないと血液凝固カスケードが途中で止まってしまうので，最終的なフィブリンのゲル化が起こらないことになる．これが血友病のような血の固まらない病気である．血友病Aではフィブリンを安定化する第Ⅷ因子（8番目）が欠損しており，血友病Bでは第Ⅸ因子（クリスマス因子）がない．血友病のような遺伝病はなかなか治療が困難である．足りない因子を体に入れて治そうとする試みや，足りない因子の遺伝子に相当するDNAを患者の細胞に注入して，必要な因子を細胞内でつくらせようとする試みなどが考えられている．

遺伝病は血友病のほかにもたくさんあり，そのほとんどが**難治疾患**，すなわち治療のむずかしい病気とされている．現在の医学ではまだ治療の困難な病気には遺伝病，ウイルス病，慢性疾患（がん，アレルギーなどを含む），成人病などが多い．

リポタンパク質

脂肪分の多い食事をした翌日に血液を採ってもらい，赤血球が沈殿した後の血しょうを見ると，白く濁っている．いったん分解されて吸収された脂質が，小腸でキロミクロンという種類の**リポタンパク質粒子**に再構成されて血液で分解され，残りは肝臓に至り，エンドサイトーシスで吸収してしまうが，あまり多いとしばらくの間は血液が濁っている．液が濁って見えるのは，溶けている粒子の直径が数百nm以上で，波長が400～800 nmの可視光線を散乱するからだ．リポタンパク質というのは，水に溶けない脂質を数十～数百nmくらいの直径の小さな玉にして，そのまわりをタンパク質とリン脂質で取巻いて“のり巻きおむすび”にしたようなものだ．肝臓はキロミクロンを吸収すると，もう少し小さい何種類かのリポタンパク質につくり替えて，血液中に送り出す．それぞれの種類についているのり，つまりタンパク質部分は少しずつ種類と性質が異なっており，積込んでいる脂質も，コレステロールの脂肪酸エステル，トリアシルグリセロールなどが多い超低密度，低密度画分のリポタンパク質VLDL（very low-density lipoprotein），LDL（low-density lipoprotein），リン脂質が多い高密度画分のリポタンパク質 HDL（high-density lipoprotein）というふうに分類されている．以上のようなリポタンパク質の画分は超遠心機という機械で，血液に食塩を加えて比重を大きくしながら遠心分離して，比重別に分けたときの分類である．遠心分離機は地球の重力の 500,000 倍というような大きな遠心力を溶液内の分子にかけることができるので，ふつうでは沈殿しないような小さい粒子や分子を沈めることができる．粒子の比重が液の比重より小さいときは，沈殿しないで浮き上がってくる．粒子を大きさや電荷で分けるゲルクロマトグラフィーや電気泳動法も有効です．

このほかに血液中にはγ-グロブリン，補体など免疫系のタンパク質がある．これらについては 7 章で説明する．

6・4 硬い組織

コラーゲン

ヒトの体はだいたいやわらかい．自動車のようなものにぶつかられるといっぺんでつぶれてしまう．そのなかでも少しは固いところが骨で，その外側の硬い部分は**コラーゲン**というタンパク質と**リン酸**，**カルシウム**でできており，硬いだけでなく，カルシウムイオンを溶かし出したり沈着したりして，体全体のカルシウム貯蔵庫にもなっている．骨の中や内側にはやわらかい組織があり，骨の成長や折れた骨の修復をする**骨細胞**や骨膜由来細胞と，赤血球や白血球をつくる**血液幹細胞**という細胞があることは前に述べた．コラーゲン分子は非常に細長い棒状のタンパク質で，たくさんの分子が縦に並んだり，横につらなったりして水に溶けない大きな構造をつくる材料である．ヒトをはじめとして脊椎動物では大量に利用されているタンパク質だ．コラーゲン分子は太さ 1.5 nm で長さが 300 nm もある長い棒状の分子であり，3 本のポリペプチドが互いに

図 6・7 コラーゲンのらせん構造． コラーゲンはαヘリックスとは違う三重らせん構造をとっている．1 本 1 本の矢印がポリペプチド鎖を示しており，それぞれの鎖の ○ 印はα炭素である．

絡み合ったおもしろいらせん構造をしているので，図6・7を見ていただきたい．前に出てきたαヘリックスでは1本のポリペプチドがらせんをつくっていたが，コラーゲンはαヘリックスがつくれない．その理由は，コラーゲンのアミノ酸組成の半分以上はグリシンとプロリン（と4-ヒドロキシプロリン）といういずれもαヘリックスをつくりにくいアミノ酸が占めている点にある．グリシンだけでポリペプチドをつくると，コラーゲンらせんによく似たポリグリシンらせんをつくる．

コラーゲン分子はたくさん集まって縦横に並び，分子の間に共有結合で架橋がつくられ，しだいに丈夫な繊維状構造となってゆく．腱（けん）は純粋なコラーゲンの繊維状構造が主体となっているので電子顕微鏡できれいな縞模様を見ることができる．繊維芽細胞などの中でタンパク質としてコラーゲン分子が生合成さ

骨粗鬆症（こつそしょうしょう）

骨は骨髄にある2種類の細胞，骨芽細胞と破骨細胞の働きのバランスの上にあなたの今の建築物としての体を支えている．一方の骨芽細胞がコラーゲンとアパタイト（カルシウムとリン酸の化合物）から骨をつくり，他方の破骨細胞が骨を溶かしてゆく．そのバランスです，健康な状態を保っているのは．骨芽細胞の働きが優る成長期には骨のしっかりした体をつくり，破骨細胞が優る老年期には骨が弱って折れやすくなるので骨粗鬆症（こつそしょうしょう）が発症しやすいわけだ．その傾向はX線撮影で骨密度というものを計り，骨密度が低い人には骨芽細胞を元気づけ，破骨細胞の勢いを減らすというような治療をする．骨粗鬆症の人が転んだりすると脊椎がぐしゃと潰れる圧迫骨折を起こしやすく，これが起こるとひどく痛い，しばらく前までは，1カ月くらいベッドで不動の生活です，と告げられ，目の前真っ暗だったが，今はつぶれた脊椎を風船でもちあげておいて人工骨セメントを注入し，これが短時間で固まると痛みはすっかりとれるのでありがたい世の中になったものです．医療工学の成果，balloon kyphoplasty（バルーンカイフォプラスティ），略してBKP法がお勧めです．

骨粗鬆症は漢字も発音もむずかしいね．鬆は髪（以前，カミは長～い友という広告がありました）の下が友でなく松（しょう，こつそしょうのしょう）だ，くらいで覚えられるかな．めったに見ない字では嚔もあるよ．

れてから，細胞の外で水に溶けない繊維構造をつくる過程はよく研究されていて，分子を集めて生体構造をつくる方法のよい例となっている．

コラーゲンの生合成

コラーゲン分子は，細胞内でα鎖とよばれる1本のポリペプチドとして合成されてから三本鎖の成熟型になるまでに，かなり手の込んだ手術を受ける．合成された直後のポリペプチドは**プレプロ$\boldsymbol{\alpha}$鎖**といって，アミノ酸を約1500個もつ大きな分子で，むろん水にも溶ける．タンパク質合成に使える20種類のアミノ酸のなかには，4-ヒドロキシプロリンとか5-ヒドロキシリシンのようなプロリンとリシンのヒドロキシ化型のものはないのに，コラーゲンにはこういうものが必要だ．そのためには，ポリペプチドをつくりながらプロリンやリシンの側鎖を特別な酵素を使って**ヒドロキシ化**する．この反応にはFe^{2+}，アスコルビン酸（ビタミンC），酸素，2-オキソグルタル酸が必要なので，ビタミンCが不足してかかる壊血病は，プロリンやリシン残基のヒドロキシ化が進まないためにコラーゲン繊維が正常にできない病気だということがわかるわけだ．

プレプロα鎖には，将来コラーゲンとしてらせんをつくるグリシンや4-ヒドロキシプロリンの多い部分があり，その両端に球状のドメイン（プロペプチド）がついていて，3本の分子が図6・7のようならせん構造をとるのを助ける．ヒドロキシリシン残基に糖鎖がつく反応の後，三重らせんを完成した状態の**プロコラーゲン**は細胞外に出される．細胞外では特異的なペプチダーゼの作用で両端の球状ドメインが切取られ，**コラーゲン**という棒状の分子になり，分子集合を開始して繊維構造をつくる．その後，コラーゲン分子内にも繊維構造内にも，共有結合による架橋構造がかかり，しだいに強じんな繊維が形成されてゆく．三重らせんのコラーゲンができて繊維構造をとっても，架橋構造ができない病気があり，この場合はコラーゲン繊維が伸びる上限が架橋ではっきり決められないので，やたらに腱やじん帯が伸びまくり，関節を反対に曲げてみせたりもできるし，皮膚がブイーンとどこまでも伸びる症状をみせる．

3本1組でらせんをつくっているコラーゲンの分子の1本1本はα鎖という名がついているが，体中のα鎖が皆同じかというとそうではない．アミノ酸配列の異なるものが何種類かあり，組織に特異的に分布している．骨，腱，歯の象牙質，角膜のコラーゲンはＩ型という$\alpha 1$鎖２本と$\alpha 2$鎖１本で，$[\alpha 1(\mathrm{I})]_2\alpha 2(\mathrm{I})$ という組成をもっている．軟骨，硝子体，硝子軟骨にあるものは $[\alpha 1(\mathrm{II})]_3$，胎児皮膚のものは $[\alpha 1(\mathrm{III})]_3$ というように組織によってコラーゲンの分子種が異なる．アミノ酸配列の異なる分子種ごとに比べると，生物の系統図の上では非常に離れているヒトとイソギンチャクのものの間にさえ顕著な類似性がある．

コラーゲンの分解

コラーゲンのらせん部分はなかなか丈夫で，ふつうのタンパク質分解酵素の作用では分解することはできない．しかし，らせん部分の一端に**テロペプチド**という名の，らせんでないところがあり，繊維構造をまとめておくための架橋はこの部分に集中しているし，らせん部分より分解されやすい．テロは端の，終わりのという意味で，ここが非特異的なペプチダーゼで分解されるとコラーゲン繊維は架橋を失ってばらばらになるので，周辺のマクロファージなど貪食細胞に吸収され，分解される．らせん部分だけをねらって分解するのは**コラゲナーゼ**という特殊な金属酵素（Ca^{2+}）で，これはコラーゲンのらせん部分のC 末端から 1/4 くらいのところを切断する．切断されたコラーゲン繊維は構造が壊れ，断片化されて貪食細胞に消化されてしまう．コラーゲンはヒトをはじめとする多細胞動物の体をつくっている大切なタンパク質なので，もし簡単に分解されるようなことがあると大変だ．たとえば，破傷風菌が人体にとりつくと，まずこの菌に特有の強烈なコラゲナーゼを出して人体の組織をつくっているコラーゲンを溶かし，毒素を放出しながら侵入してくる．人体のもつα_1-プロテアーゼインヒビターとかα_2-マクログロブリンのような阻害剤もこの菌の出すコラゲナーゼの活性は止められないので，破傷風菌にとりつかれると抗血清を使わない限り命取りになりかねないのだ．

三本鎖のコラーゲンはたいへんぴんと張った棒状の分子であるが，温度を 40〜60 °C に温めるとばらばらになり，**ゼラチン**という糸まり状の分子に形を変えてしまう．水に溶けたゼラチンを冷やすとゼリー状に固化するが，コラーゲンの三本鎖構造は回復していない．デザートに食べるゼリーはコラーゲンを変性させてつくったものだ．これもタンパク質の変性の一つの例である．

エラスチン

エラスチンは血管壁，肺胞，皮膚など弾力性に富んだ組織をつくるタンパク質で，Gly-X-Gly-X-Gly-のようなアミノ酸配列が多い．Xは何とはっきり決まらないという意味だが，アラニンやバリン，プロリンのように疎水性のアミノ酸を多く含む．立体構造はランダムコイル状であり，ペプチド鎖間に4残基のリシンからできるデスモシン（図6・8）やその異性体であるイソデスモシンの架橋が多くかかっていて，引っ張ると2,3倍に伸び，手を離すとまたもとの長さに戻る，ゴムのように弾力性のある繊維をつくる．ゴムも柔らかいポリイソプレン鎖を硫黄で架橋した構造をもち，よく伸び，また縮む．

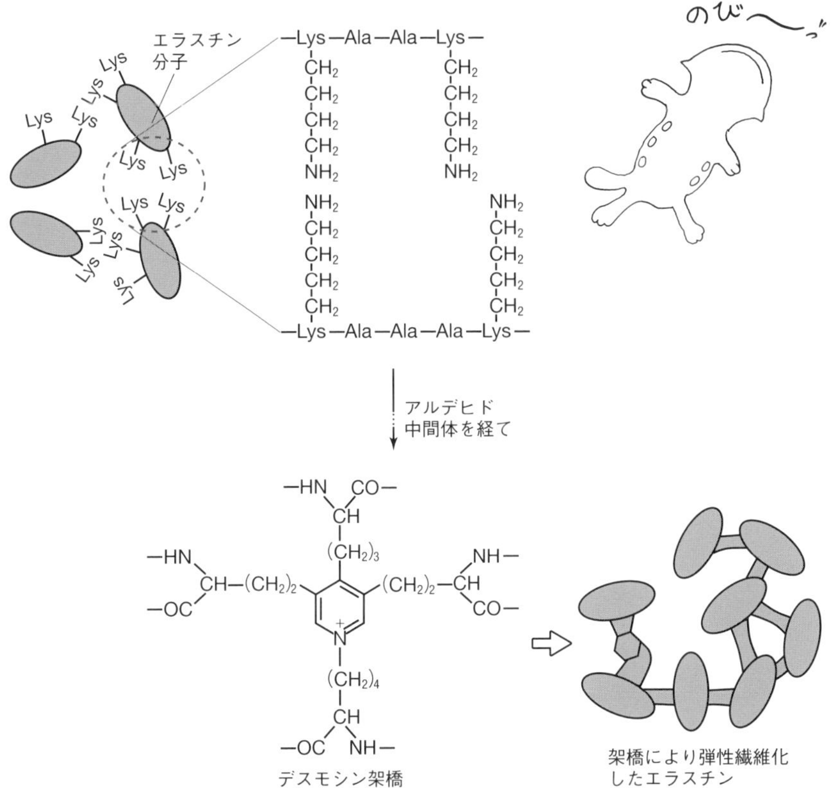

図 6・8　エラスチン．大動脈などの血管の弾力性を保つのに重要なタンパク質で，伸びたり縮んだりが簡単にできるのが特色だ．

ケラチン

ケラチンは毛やつめ，角，うろこ，羽のタンパク質で，α ヘリックスをつくるペプチドが2本ずつ集まってさらにコイルドコイルとよばれる多重らせんをつくる α ケラチンと，鳥の羽などに多い β シートをもつ β ケラチンがある．ともにペプチド鎖間のジスルフィド架橋が多く，水には溶けない．リシン，アルギニン，ヒスチジンを多く含む．

6・5 筋 肉

動物が動物らしく動くのは筋肉をもっているからだ．筋肉の細胞の中には**ミオシン**というタンパク質でできた太い繊維と**アクチン**というタンパク質でできた細い繊維の2種類の繊維構造がぎっしり詰まっている．その様子を図6・9で見てみよう．太い繊維と細い繊維が互い違いにお互いの隙き間に入り込んでいる様子を横から見た図から想像していただきたい．筋肉はこの構造で何をす

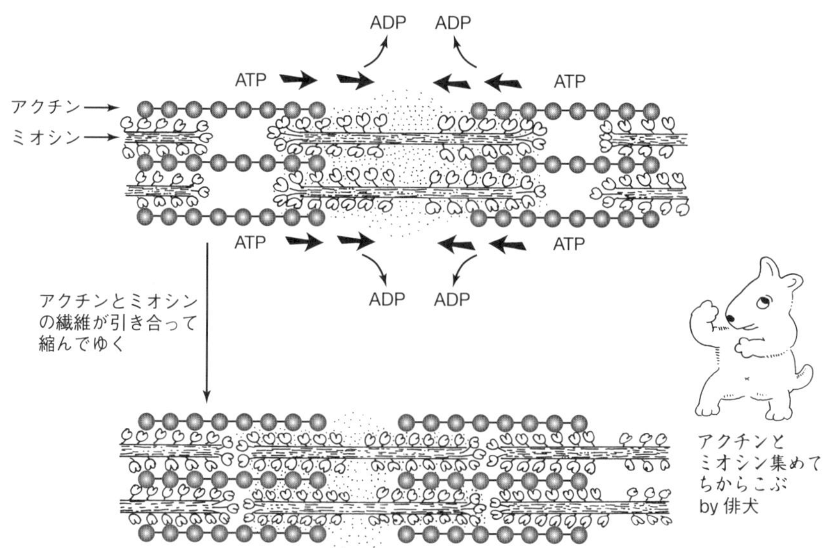

図 6・9 筋肉の太い繊維と細い繊維． 筋肉はミオシンが集まってできた太い繊維とアクチンが重合した細い繊維が互い違いに入り組み合っている．筋肉が収縮して力を発生するときは2種類の繊維が互いに引っ張り合ってお互いの隙き間に入ってゆく．

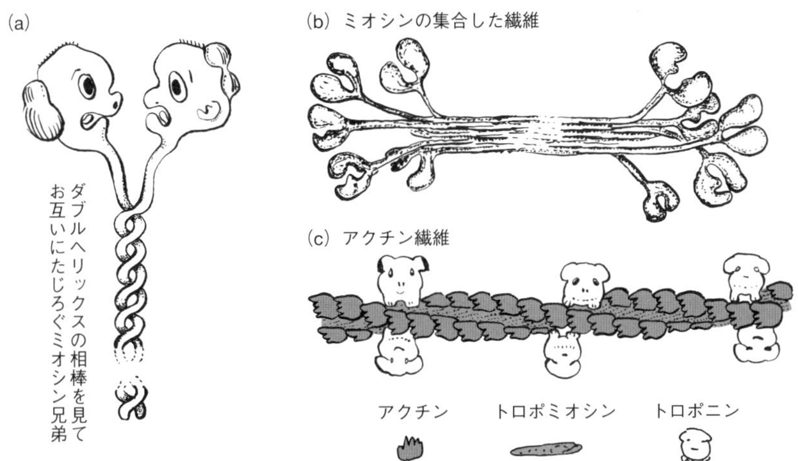

図 6・10 ミオシンとアクチンの分子構造. ミオシンは二つ頭のオタマジャクシのような形をしている(a). 頭にATPを分解して筋肉を収縮させるしくみがあり, 細い棒状の部分には集まった太い繊維をつくる仕掛けがある(b). アクチンの一つ一つは丸い(c).

るのかというと, 太い繊維と細い繊維が引っ張り合ってお互いの間に入り込んでくるようにして全体の長さを縮めるのだ. 細胞の中を埋めている繊維構造が縮むと細胞も縮み, たくさんの細胞でできている筋肉も縮む. 筋肉は縮むのが仕事だ. 力こぶをつくってみるとわかるように長さが短くなると太さは太くなる.

筋肉が縮むとき手に荷物を持っていると荷物も持ち上がり, 筋肉は重いものを持ち上げるという力仕事をする. (力)×(持ち上げた距離) が仕事量だ.

仕事をするために筋肉はATPの加水分解で放出されるエネルギーを使うので, ミオシンは**ATP分解酵素**の役割を果たしていて, 自分で分解したATPのエネルギーを逃がさないうちに筋肉の動きに変えるのだ. ミオシン分子は一つ一つ見ると長い真っすぐな軸とその先についた二つの頭の部分からできている (図6・10a).

ミオシン分子が集まって太い繊維をつくるときはこのαへリックスでできた長い軸の部分が集まって平行に並ぶ. そうすると大きな頭の部分が繊維のまわりに突き出した太い繊維ができる (図6・10b). ミオシンがATPを分解してエネルギーを利用するのはこのとび出した頭の部分なので, ここが外に出ていてATPを次つぎと捕まえることができないとまずいのだ．ミオシンの頭はATPのエネルギーを得るとアクチンの細い繊維をたぐりよせ，またATPを分解してそのエネルギーでアクチン繊維をたぐりよせ，という運動を繰返すので，ATPが分解されているあいだ筋肉は縮み続ける（図6・9）．

引き寄せられる側のアクチン繊維はというと，これはミオシンとはまったく違って，丸い小さなタンパク質分子が二重らせん状に並んでいる．そのらせんに沿って細長い**トロポミオシン**分子と丸い**トロポニン**が順序よく繰返して並んでいる（図6・10c）．この二つの分子はふだんはアクチン繊維とミオシン繊維が引っ張り合うのを邪魔している．筋肉の活動が始まるためには細胞内の**カルシウムイオン濃度**が高くなってトロポミオシンとトロポニンの邪魔をはずさなくてはならない．神経が「筋肉よ，いまが縮むときだぞ」という情報を伝えてくると筋肉細胞内の小胞体からカルシウムイオンが放出されてカルシウムイオンが細胞内に満ちるわけだ．「筋肉よ，縮むのをやめてくれ」というときは細胞内のカルシウムイオンをまた小胞体の中に吸い込んでアクチン繊維のまわりのカルシウムイオンを取去ってやればよい．

筋肉には平滑筋と横紋筋という2種類がある．顕微鏡で見たときに横縞模様が見えるのが**横紋**（横縞模様という意味だ）筋で，縞模様はミオシンの太い繊維とアクチンの細い繊維がきちんと並んでいることを示している．横紋筋でできているのは短い時間に強い力を発揮するいわゆる**筋肉**（骨格筋という）と心臓の筋肉である．これに比べて平滑筋というのは内臓や血管壁の筋肉でミオシンとアクチンの繊維が不規則に細胞内に詰まっているので特別な模様は見えない．平滑筋のほうはゆっくりとした持続的な動きをする筋肉で，繊維が不規則な網目構造になっているので大きな伸び縮みの変化がある．

7

生体内の情報伝達と生体防御

細胞間の情報伝達を行うために細胞の外側の状況が変わると細胞膜にある受容体がこれを察知して細胞内に伝えます．細胞内ではセカンドメッセンジャーとよばれるサイクリックAMPをはじめとしてカルシウムイオン，カルモジュリンなどが総出で細胞の機能を環境変化にあったものに変えてゆきます．

生体は多数の分子の集合体であり，それらの分子が間違いなく決められたときに決められた働きをすることで全体として調和のある生きた状態を保っている．単細胞生物の場合でさえ，細胞の一端から他端へ，細胞の外から内へと常に分子と分子の間で連絡をとっていないと生きてゆくのはむずかしい．これが多細胞生物となると細胞間の**情報伝達**がことのほか重要となってくる．また体が感染菌の侵入を受けると体中の細胞がこぞって菌を撃退すべく**生体防御反応**に走る．脊椎動物の生体防御反応は炎症の発症を契機にして白血球の一種の好中球や顆粒球の作用，血清や体液中のタンパク質分解酵素阻害剤の作用を経て，いよいよ**免疫機構**の出番となる．免疫反応の初期は，**抗原提示細胞**による外来抗原の処理と提示であり，これに続くT細胞による外来抗原の認識とB細胞による**抗体**の生産が私たちの体を守ってくれる．一方，最近とみに発展してきた臓器移植医療においては，この免疫機構による非自己臓器の拒否反応が大きな障害となっている．生体に侵入した異物や感染菌の性質を調べて免疫系を活性化する機構にも，情報伝達の網の目が縦横に張り巡らされている．

7・1 脊椎動物と無脊椎動物

動物には脊椎動物と無脊椎動物がある．背骨のあるなしがどのように生物の進化に影響を与えているかは前章のはじめで簡単にふれた．背骨は無顎綱（むがくこう）のヤツメウナギ，ヌタウナギといった原始的な形から硬骨魚を経て哺乳類（ほにゅうるい）のヒトに至る偉大な動物進化を支えてきたのだ．これに比べて陸上での無脊椎動物の進化の頂点は昆虫である．昆虫は多細胞生物の形を堅いキチン質の殻で覆うことで保っているが，血管や神経の発達は限られたものである．社会性昆虫（ハチ，アリ，シロアリなど）ではむしろ数十万にのぼる個体の集団が何らかの情報伝達を行いながら脊椎動物では例をみないような集団行動を行っている．この場合の情報伝達についてはわからないことが多いが，今後の機械化，情報化社会においての集団ロボットの使い方などで大いに参考になると考えられている．

7・2 化学的な情報伝達

多細胞生物においては体温の維持に限らず，異なる役割分担をもつ細胞の間での情報伝達ということが，体全体の調和をとって生活してゆくために大変重要である．このような細胞間の情報伝達は化学物質のやりとりと神経の興奮で行う．たとえば，体が成長期にあるとき，細胞分裂をする順番に当たっている組織の細胞に，「そろそろ増殖を始めてください」というシグナルを送るのは**成長ホルモン**(growth hormone)である．成長ホルモンが少ないと背があまり伸びないし，出すぎると巨人になる．成長ホルモンは分子量が 22,000（アミノ酸数 191 個）のタンパク質であり，脳下垂体で合成され，視床下部ホルモンの制御を受け分泌される．その分泌は成長ホルモン放出因子(ソマトリベリン)の作用で増え，反対にソマトスタチンという放出抑制因子の作用で減少する．名称の由来は，ソマ，ソマト(体，体の)，リベリ(放つ)，スタ(止める）ですよ．

上皮増殖因子（epidermal growth factor，略称 EGF，上皮成長因子ともよぶ）は傷の修復などのときに上皮組織の分化と増殖を促すペプチドで，分子量 6000 の小さいタンパク質である．分子量がおよそ 140,000 の**神経成長因子**(nerve growth factor，略称 NGF）は神経細胞（ニューロン）の分化に効果があり，神経繊維の伸展を促す．神経繊維というのは神経細胞からのびる比較的長い突起であり，活動電位を発生して神経興奮を細胞体から神経終末へ伝達する．血液中にあってけがの修復などの作用のために働いている増殖因子（成長因子）には**血小板由来増殖因子**（platelet derived growth factor，略称 PDGF）という分子量 13,000 から 16,000 のものがある．

このような増殖因子はある種の細胞の成長および増殖分化が必要になると，細胞に働きかけて「細胞さんよ，そろそろ活性化してください」という信号を送る使命を帯びて血液中へ流れ出してゆく．成長および増殖分化をしなくてはいけないんだが何時したらよいかわからないでいる細胞は，常に細胞表面に受容体とよばれるタンパク質を備えている．このタンパク質は細胞膜の外側に特定のホルモンを待ち受ける郵便受として働く“結合部位”と，細胞膜を貫通して細胞の内側に通じる“幹の部分”と細胞内で酵素活性を発揮する“機能部位”の三つの部分に分かれている．血液を流れてきた成長ホルモンが受容体の郵便受にあたる結合部位にしっかりと着陸し，このようなホルモンを受取った受容体がいくつかたまると細胞膜上に受容体集合をつくる．細胞の外側で受容体が集まると，幹の部分でつながっている細胞の内側の機能部位も集まることになり，これが引金となって細胞内の機能部位を活性化する（図 7・1）．

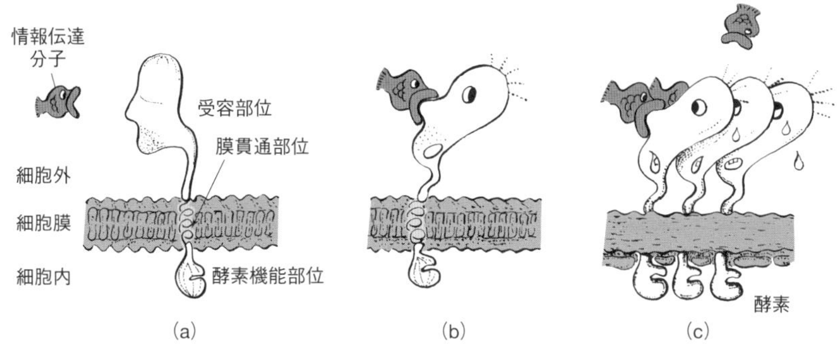

図 7・1 受容体の模式図． 受容部位，膜貫通部位，酵素機能部位が細胞外から細胞内へ情報を伝達する．(a) じっと情報伝達分子（シグナル）のくるのを待つ受容体，実は眠っている．(b) 情報伝達分子にくいつかれて目をさます受容体．(c) 目をさました受容体は集まって細胞内へ活性酵素を放って緊急情報を伝える．

グルコース量の調節機構

情報伝達の例として，グルコース代謝の調節について糖尿病との関係にふれながら説明してみよう．

グルコースは脳や筋肉，その他の組織でエネルギーが必要になると肝臓から血中に送り出される．肝臓はグルコースを重合してグリコーゲンとして貯蔵しており，あちこちの組織がグルコースを必要とするとグリコーゲンをグルコースに分解して血液中に送り出す．いま，体がグルコースを必要としているぞ，という信号を肝臓に送るのは**グルカゴン**および**アドレナリン**（高峰譲吉発見，エピネフリンともいう）とよばれる2種類のホルモンである．グルカゴンはすい臓の**ランゲルハンス島の α 細胞**でつくられるペプチドホルモン（29個のアミノ酸）であり，アドレナリンは**副腎髄質のアドレナリン細胞**でつくられる芳香族化合物である（図7・2）．2種類のホルモンは肝臓細胞にある特異的受容体に結合することによって，肝臓に「グリコーゲンを分解してグルコースをつくり，それを血中に送り出してください」という通信をする．

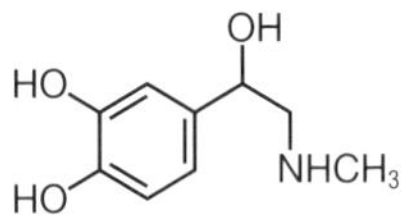

HO, HO, OH, $NHCH_3$

図7・2 アドレナリン． 原料はアミノ酸のチロシンだ．

二つのホルモンは肝臓に対して同じような指令を出すが，その動機は同じではない．グルカゴンの場合は血液中のグルコース濃度が低くなると，すい臓がその刺激を受けてこのホルモンを増産する自然な反応である．アドレナリンの場合は，ストレスがかかったときという，正常ではない状態で，交感神経の支配下に副腎髄質が生産するものなので，非常時への対応ということになる．

ホルモン

ホルモンとは体の中の**内分泌細胞**や一部の**神経細胞**によってつくられる分子で，体の内外の状況の変化に対してそれぞれ責任をもって対応すべき**標的細胞**にその変化を知らせる**情報伝達分子**の一種である．分泌細胞がホルモンをリンパ液や血液のような体液に流し出すと，ホルモンを受取る標的細胞は細胞表面の特異的受容体を使って自分に向かって分泌されたホルモンだけをキャッチする．だからいろいろな分泌細胞から複数のホルモンが同時に出ていても受取る側で混乱することはない．

ホルモンを分類するとき，分泌細胞の種類で分ける場合とホルモンがどんな物質でできているかで分ける場合がある．分泌細胞で分ける場合は，表7・1のように分ける．分子の種類として分ける場合は，ペプチドホルモン，ステロ

表 7・1 哺乳類のおもなホルモン

生産部位	分子の種類	ホ ル モ ン
視床下部	ペプチド	下垂体ホルモンの放出ホルモン(因子)または放出抑制ホルモン(因子)群
	ペプチド	オキシトシン，バソプレッシン
下垂体	ポリペプチド	副腎皮質，メラニン細胞，甲状腺，性腺の各刺激ホルモン，成長ホルモン，プロラクチン
副腎髄質	カテコールアミン	アドレナリン，ノルアドレナリン
性 腺	ステロイド	アンドロゲン，エストロゲン，ゲスターゲン
副腎皮質	ステロイド	グルココルチコイド，ミネラルコルチコイド
甲状腺沪胞細胞	アミノ酸	チロキシン，トリヨードチロニン
消化管	ペプチド	セクレチン，ガストリン，コレシストキニン
すい臓	ペプチド	インスリン，グルカゴン
甲状腺傍沪胞細胞	ペプチド	カルシトニン
副甲状腺	ペプチド	副甲状腺ホルモン

イドホルモン，アミノ酸，カテコールアミンなどに分類する．

ホルモンの作用を大別すると，1) ステロイドホルモンや甲状腺ホルモンによる遺伝情報の発現誘導作用と，2) ペプチドホルモンやカテコールアミンホルモンによる細胞内の代謝調節と細胞構造の調整機能に分けられる．ステロイドホルモンには細胞質内に特異的受容体があり，ホルモンと受容体の複合体として核に入り遺伝子に影響を与える．甲状腺ホルモンは受容体を介さないで直接核に入り，やはり遺伝子の発現に影響を与える．これに比べてペプチドホルモンやカテコールアミンホルモンには標的細胞の細胞膜表面に受容体があり，ホルモンが細胞の中に入る前に受容体との複合体をつくる．ホルモンを結合した受容体はその後，細胞内の**アデニル酸シクラーゼ**を活性化し，**セカンドメッセンジャー**とよばれる**サイクリック AMP**（**cAMP**）の合成を高めて細胞内の情報伝達系を活性化する．cAMP の活性化に続く機構に関しては図 7・3 参照．

G タンパク質

図 7・3 の G とよばれるタンパク質は，細胞内の情報伝達機構に関連して注目されている．このタンパク質が G とよばれるわけは，GTP か GDP のいずれかを結合しているからで，GTP を結合した場合の G は酵素として働き，周

辺にあるGTPをGDPに加水分解してしまう．Gはα,β,γの3種類のサブユニットからなっており，αがふだんはGDPを結合した不活性型でいる．アドレナリンやグルカゴンをキャッチしてホルモン受容体が活性化すると，αサブユニットがβ,γから離れて受容体に結合，同時にGDPを離してGTPを結合する．GTP–G複合体は受容体から離れて，アデニル酸シクラーゼを活性化してサイクリックAMP（cAMP）の細胞内濃度を高めることによっていろいろな酵素を活性化して細胞機能を制御する．入りくんでいるね．

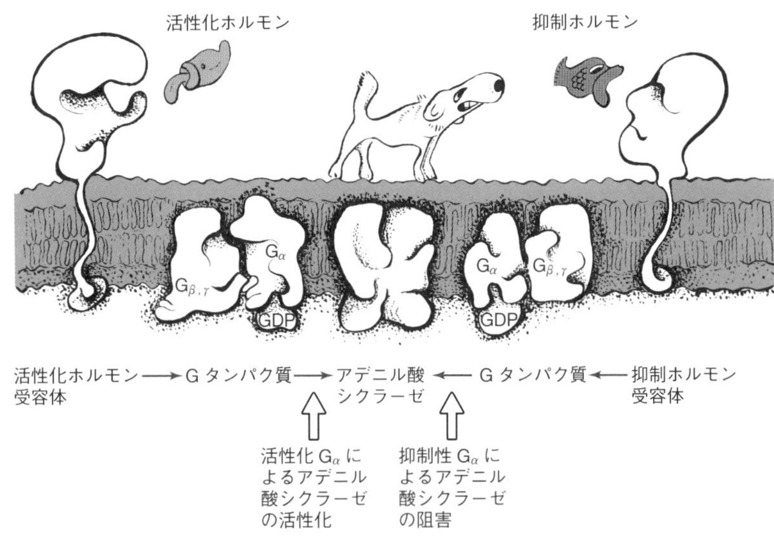

図 7・3　細胞内情報伝達系. 受容体にホルモンが結合するとその信号は細胞の内側に伝えられ，最終的にはアデニル酸シクラーゼが活性化されてサイクリックAMP（cAMP）が合成される．このcAMPは“セカンドメッセンジャー”とよばれるほど広い活動範囲をもっていて，細胞の外からの情報伝達に応じて細胞内の酵素活性を制御する．→は刺激伝達経路を示す．

サイクリック AMP

ホルモンの受容体は細胞膜に結合したタンパク質であり，細胞の外側にそれぞれのホルモンを特異的に結合する機能部位（ドメイン）をもち，細胞の内側にはリン酸化機能など酵素活性部位をもつドメインがある．二つのドメインは細胞膜の脂質二重層を貫通する膜貫通ドメインによって連結されている．たとえば，アドレナリン受容体の結合ドメインにアドレナリンが結合すると膜貫通ドメインの構造変化を通して内側のドメインが細胞内にあるGタンパク質を通じてアデニル酸シクラーゼを活性化する．**アデニル酸シクラーゼ**はATPを原料としてサイクリックアデノシン3′,5′-一リン酸，すなわち**サイクリックAMP**（cyclic AMP，略して**cAMP**）をつくる．

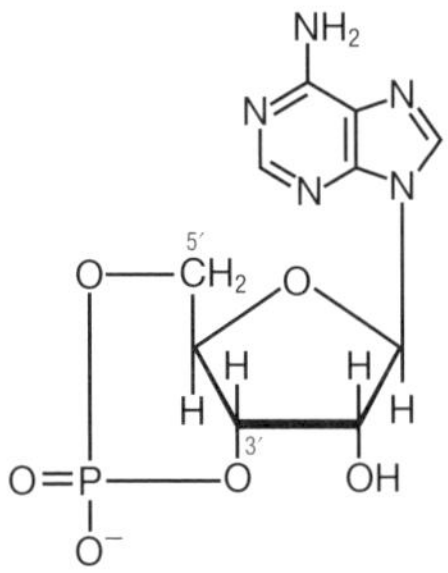

図 7・4　3′,5′-サイクリック AMP（cAMP）． サイクリック（環状）という名は，リン酸基がリボースの5′だけでなく，3′ともエステル結合をつくっていて環状になっていることを表している．つくる酵素はアデニル酸シクラーゼ，材料はATP，いらなくなったcAMPを壊すのはホスホジエステラーゼだ．

cAMPが合成されると，グリコーゲンをばらばらに分解してグルコース1-リン酸にする酵素である**グリコーゲン分解酵素**（グリコーゲンホスホリラーゼ）が予想どおり活性化される．ホスホリラーゼの意味はグリコーゲンを分解するとき水を使う加水分解ではなく，リン酸を使って**加リン酸分解**するということだ．だから分解産物がグルコースでなくグルコース1-リン酸なのだ．しかし，この酵素の活性化は直接cAMPが酵素に働きかけるのではない．面倒なことに，cAMPが活性化する相手は，ホスホリラーゼそのものではない．図7・5に示すようにホスホリラーゼは**ホスホリラーゼキナーゼ**という酵素によってリン酸化されて活性型に変わる．このキナーゼをリン酸化して活性化するために**プロテインキナーゼ**という酵素があり，この酵素を活性化するのがcAMPなのである．プロテインキナーゼはグリコーゲン分解酵素の活性化へ向けて働くと同時に，グリコーゲン合成酵素という別の酵素の活性を下げるので，グリコーゲンは分解されるだけとなる．

生じたグルコース1-リン酸はホスファターゼというリン酸を取去る酵素の働きでリン酸のないグルコースとなり，細胞膜のグルコース輸送タンパク質によって細胞外，すなわち血中に出てゆく．以上のことを図7・5にまとめておく．

肝細胞を刺激してグルコースを分泌させるには，次から次へと活性化の刺激が新しい酵素を通じて伝えられる**カスケード機構**が組上げられている．カス

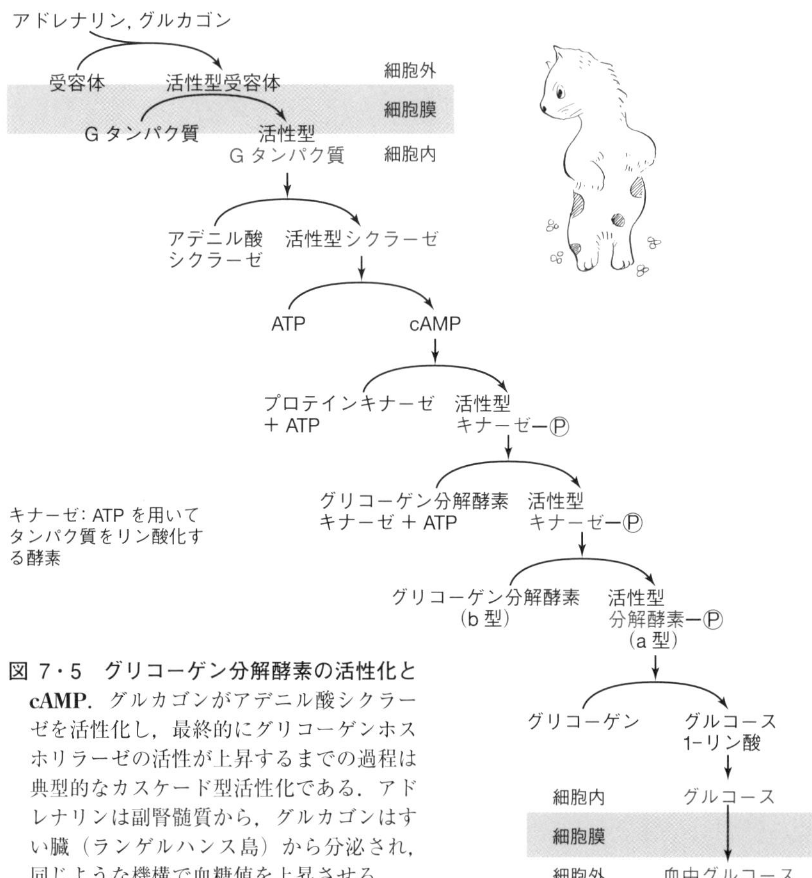

図 7・5　グリコーゲン分解酵素の活性化と cAMP. グルカゴンがアデニル酸シクラーゼを活性化し，最終的にグリコーゲンホスホリラーゼの活性が上昇するまでの過程は典型的なカスケード型活性化である．アドレナリンは副腎髄質から，グルカゴンはすい臓（ランゲルハンス島）から分泌され，同じような機構で血糖値を上昇させる．

ケードとは小さい滝が川の上流からいくつも並んでいる光景のことなので，何段にも組合わさった生化学反応を表す言葉としてよく使われる（6 章の血液凝固のところでもでてきたね）. カスケード機構は, 一番最初にくる小さい刺激を次つぎに増幅してゆき，最終的には大きな変化をひき起こす必要のあるときに使われる.

血液中に出たグルコースは，体をめぐってゆくうちにエネルギー源としてグルコースを必要としている細胞に取込まれる. このとき, どの細胞がグルコースを要求しているかは細胞膜を通してグルコースを運搬する**グルコース輸送タンパク質**を多く用意している細胞ほどグルコースが必要なんだと判断すればよい.

カルシウムイオンによる酵素活性の制御

サイクリック AMP が**セカンドメッセンジャー**としていろいろなタンパク質機能を制御しているのと同じように，細胞内のカルシウムイオン濃度を変化させることでも細胞は自分のもっている酵素の機能をうまく制御している．その様子を簡単にみてみよう．細胞外の Ca^{2+} 濃度は 0.3 mM 程度であるのに比べ，細胞内濃度は 10^{-7} M と低いのは，細胞内では Ca^{2+} が小胞体内に格納されているからで，神経刺激など Ca^{2+} が小胞体から放出されるとカルモジュリンやトロポニンなどカルシウム結合タンパク質に結合して活性化する．

カルモジュリンを例にとると，この 148 個のアミノ酸からできているタンパク質は Ca^{2+} が結合すると構造が硬くなり，活性化される．活性化されたカルモジュリンは細胞内にあるいろいろな酵素の活性を制御する．酵素の機能はリン酸化と脱リン酸化で変化するものが多いので，カルモジュリンはリン酸化酵素の機能を制御することで，多数の酵素を間接的に制御している．

インスリンの働きと糖尿病

情報伝達分子がもたらす全身情報を理解して細胞は必要な行動を起こす，という格好のよいシステムが私たちの体の中で常時作動している．血中にグル

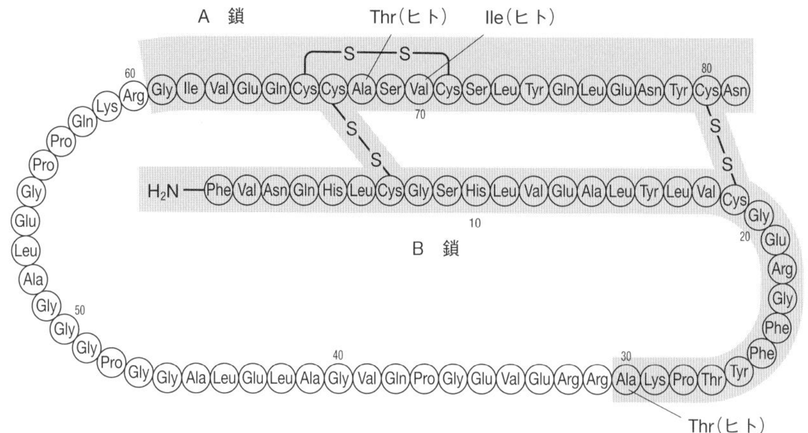

図 7・6 ウシインスリンの構造． アミノ酸残基を 21 個もつ A 鎖と 30 個の B 鎖の 2 本のポリペプチドが −S−S− 結合でつながっている．インスリンはすい臓のランゲルハンス島 β 細胞で合成される．

コースが多すぎるときは，ペプチドホルモンである**インスリン**（図7・6）がすい臓から血中に出て，肝臓や脂肪細胞膜表面にある**インスリン受容体**に結合する.「グルコースが多いのでインスリンを分泌してください」という刺激をするのは血液中のグルコース自身で，濃度が高くなると**すい臓**にゆき，インスリンの合成を高める作用をする．インスリンが受容体に結合すると，細胞膜にあるグルコース輸送タンパク質の活性を高めるので，グルコースは細胞内に取込まれて今度はグルコース 6-リン酸につくり替えられ，血液中のグルコース濃度が下がる．細胞内ではインスリン受容体の働きで，解糖系をはじめとする糖代謝が促進されると同時に，グリコーゲンの合成も促進され，アセチル CoA の増加とともに脂肪酸合成活性が上昇する．

糖尿病は血中グルコース濃度が高いまま下がらない病気で，尿にグルコースが出てくるし，そのままにしておくと体が非常に消耗し，血液が酸性になって意識不明になる危険な病気である.血液中のグルコース濃度が下がらない結果，細胞がエネルギー源としてグルコースを利用できず，代わりに脂肪酸を使うので，アセチル CoA やアセトアセチル CoA，3-ヒドロキシ酪酸のようなケトン体が大量にたまり，血液を酸性にする（ケトーシスおよびアシドーシス）．血液が酸性になり，酢酸，アセト酢酸，3-ヒドロキシ酪酸が陰イオンの形でそのまま尿として排せつされると，電気的なバランスを保つために陽イオンである Na^+ が一緒に排せつされ，同時に大量の水分が失われる．その結果，患者は大変消耗し，意識不明におちいることになる．

糖尿病の原因は単純ではないが，インスリンを注射するとかなり病状が良くなる．インスリンの不足が原因で糖尿病になる場合から考えよう．一つは，すい臓の β 細胞が壊れていてインスリンの生産をしていない場合で，血中のインスリン濃度が低いためグルコースが細胞内に取込まれない．すい臓の機能が損なわれる原因ははっきりしていないが，自分のすい臓の β 細胞を免疫細胞が壊してしまうという**自己免疫疾患**の一つと考えられていて根本的な治療はむずかしいのが現状である．

次に，インスリンは生産されるがその構造が正常でないため，機能も損なわれていて受容体にきちんと結合しない場合がある．この場合は，正常なインスリンを生産できる遺伝子を人工的にすい臓に組込む，あるいはインスリンをつくっていない β 細胞（次項参照）がインスリンをつくるようにするというような**遺伝子治療**が将来の治療法として試されている．現在では第一の場合同様，正常な機能をもつインスリンを血中に投与する方法が唯一の治療法である．注射が一番ふつうの方法だが，一定の時間ごとに注射するというのはなかなか面倒なものなので，自動的に血液中にインスリンを注入する方法や飲み薬，噴霧型などがいろいろ考案され，実用化もされている．

糖尿病のなかにはインスリンは正常に分泌されているが，血中グルコース濃度が下がらないものもある．この場合は，インスリン受容体のほうに問題があり，その数が少ない例と機能が正常でない場合が知られている．インスリンの注入は効果がなく，受容体の濃度を増やすことも現在では不可能なので，治療は食事療法以外ないむずかしいケースである．

インスリンとグルカゴンの働き

インスリンとグルカゴンは胃と小腸の間にあるすい臓でつくられる．すい臓にあるランゲルハンス島という組織にはグルカゴンを生産する α（またはA）細胞とインスリンを生産する β（B）細胞，ソマトスタチンというホルモンを生産する δ（D）細胞がある（図7・7参照）．すい臓にはこのほか，トリプシンなどの消化酵素を消化機能のない前駆体の形で生産して小腸へ流し込む作用がある．消化酵素にはじめから機能があるとすい臓自身が消化されてしまって危険だからだ．トリプシンの名は粉砕するというギリシャ語に由来する．粉砕因子だからね．

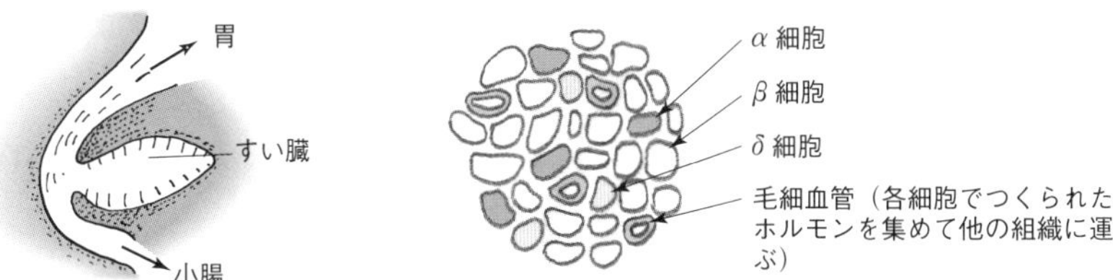

図 7・7 すい臓とその内部にあるランゲルハンス島．（左図）すい臓は胃と小腸の中間にあり，インスリンや各種消化酵素の不活性型前駆体をつくっている．（右図）すい臓にはランゲルハンスという研究者の名前に由来するインスリンやグルカゴンを生産する細胞が集まった部位が複数個ある．この集団内部はグルカゴンを生産する α 細胞，インスリンを生産する β 細胞，そしてソマトスタチンというインスリンやグルカゴンの分泌量の抑制や成長ホルモンの放出を抑制する因子を生産する δ 細胞がある．

インスリンとグルカゴンはほぼ反対の作用をもっており，インスリンが血中グルコース濃度を低下させる方向に働き，グルカゴンは上昇させる．グルコース濃度の低下のためには，血液中のグルコースを細胞内に取込んで，グリコーゲンとしてたくわえ，同時にグルコースを分解する解糖系を活性化する．タンパク質合成，脂質合成，コレステロール合成を活性化して遊離のアミノ酸やアセチル CoA が ATP 生産に使われないようにする．反対にグルカゴンはグリコーゲン，脂肪，タンパク質の分解過程を促進して ATP 生産に振り向ける．インスリンとグルカゴンはこのように体全体のエネルギー代謝，タンパク質，脂質，グリコーゲンの生産と分解，その結果としての血糖値の変化を制御するために共同で働き，全体のホメオスタシス（恒常性）を保つために働いているホルモンである（図 7・8）．

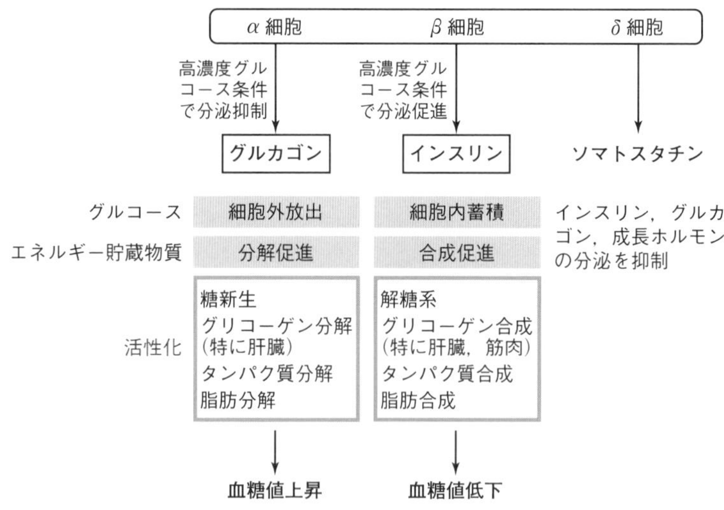

図 7・8　合成系と分解系のバランス（ホメオスタシス）の中心として働くグルカゴンとインスリン

インスリンのこのような作用のためには，細胞膜にあるインスリン受容体（細胞外でインスリンを結合する α サブユニットと，その結果細胞内でチロシンキナーゼを活性化する β サブユニットからなる），やはり細胞膜にあるグルコース輸送タンパク質などが活躍する．

7・3 細 胞 膜

細胞膜は細胞の中のものが簡単に外へ流れ出さないように守っている仕切りのようなものではあるが，ただの脂質二重層の袋ではない．まず，細胞の中と外では溶液のイオン組成が著しく違う．一番目立つのは**カリウムイオン**と**ナトリウムイオン**の不均等な分布で，カリウムイオンは細胞の外で少なく，中で多い．またナトリウムイオンは細胞の外に多く，中には少ない．

このようなイオン濃度の不均一をそのままにしておくと，カリウムイオンは細胞膜を通って外側へ，ナトリウムは内側へ，ともに細胞膜内外での濃度が均一になるまで流れ続け死へと進む．だからいつも表7・2のようなイオン濃度の不均一分布を維持するためには，細胞内へ流れ込んでくるナトリウムイオンを外にくみ出し，外へ流れ出すのと同じ量のカリウムイオンを細胞内へ輸送し続けなくてはならない．そのためには細胞膜にATPのエネルギーを使ってカリウムを細胞内へ，ナトリウムを細胞外へ輸送するタンパク質がある．細胞膜の内外はイオン濃度分布に関して緊張状態におかれているといえる．

表 7・2　細胞内外のイオン濃度

細胞内	細胞外
140 mM K^+	4 mM K^+
12 mM Na^+	150 mM Na^+
4 mM Cl^-	120 mM Cl^-
148 mM その他の陰イオン	34 mM その他の陰イオン

この表は一つの例であるが，K^+ が細胞内に多く，Na^+ が外に多いのは一般的な特徴である．

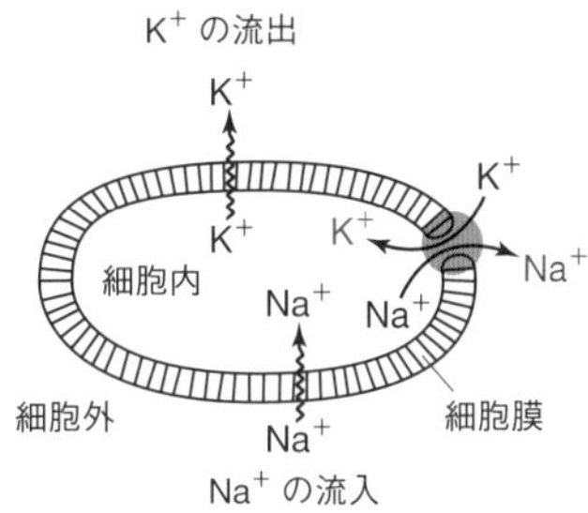

K^+ を中へ，Na^+ を外へくみ出すポンプが働いている

細胞はこの輸送タンパク質を働かせるのに莫大な量のATPを消費している．細胞膜の内外にこのようなイオン濃度差とそれによるナトリウムによる膜電位差を常時保っておくことによって細胞膜は単なる仕切りではなく，環境の刺激に対応して反応する活動的な器官（たとえば神経）として働くようになる．細胞膜のナトリウムイオンを通すチャネルやカリウムイオンを通すチャネルの性質が少し変わるだけでもともと緊張状態にある細胞膜に一過性の刺激が膜電位の変化として走ることになる．カルシウムイオンに関しても細胞膜内外の濃度差があり，その一過性の変化が内外の情報伝達の手段として使われている．

細胞膜の受容体

細胞膜は脂質二重層であるため水より有機溶媒に親和性のある分子が結合しやすい．たとえば，麻酔薬とかアルコールがその一例で，麻酔が効くのは麻酔薬が神経細胞の膜に入り込んで膜の性質を変えるためとか，アルコール中毒になるのは細胞膜にアルコールが染み込んで障害を与えるためだというような説もある．

細胞膜にはイオンチャネルのほかにいろいろなタンパク質が埋込まれている．**受容体**というタンパク質がその代表例である．ペプチドホルモンの受容体，ステロイドホルモンの受容体，増殖因子の受容体，トランスフェリンの受容体，リポタンパク質の受容体，α_2-マクログロブリンの受容体，スカベンジャー受容体(変性リポタンパク質を集めるゴミ集め受容体)，アシアロ糖タンパク質の受容体などは広い範囲の細胞にある．このような受容体は細胞膜表面に1000から数万個の分子が存在する例が多いので1種類の受容体に限ってみると，細胞膜表面の1%以下しか覆っていないことになる．その程度の量でも受容体に結合する分子は受容体を見失うことはない．むしろ1種類の受容体で細胞膜表面を広く覆われるとほかの受容体の入る隙がなくなりかえって不都合となる．

一方，限られた特殊な細胞にしかないものとして，

1）網膜の光受容体

2）舌にある味の受容体

3）鼻にあるにおいの受容体

4）神経細胞のシナプスにあるアセチルコリンなど神経伝達物質の受容体

などがある．こういう特殊な任務をもつ受容体は特殊化した細胞の表面を広く覆っているものが多い．特に目の網膜にあるロドプシンという光受容タンパク質は大量に存在し，大変感度の良い感覚器官としての眼をつくっている．以下，感覚器官の代表として網膜のロドプシンについて簡単に説明する．

光の受容体，ロドプシン

ロドプシンは網膜のかん（桿）体細胞にあるタンパク質である．細胞膜が幾重にも折れ曲がり重なり合ってつくっている“円盤膜”の脂質二重層に，もうこれ以上は詰め込めないというくらい詰め込まれている．機能中心に**11-*cis*-レチナール**というビタミンA由来の強く光を吸収する分子をもっている（図

7・9を見てみよう）．網膜に光が当たるとタンパク質に結合したこのレチナールが光のエネルギーを吸収し，そのエネルギーを使って11-シス形からトランス形のレチナールに形を変える．機能中心であるレチナールの形の変化はただちにタンパク質部分である**オプシン**に伝えられ，オプシンの構造の変化をひき起こす．この変化はオプシンのまわりにあるいくつかの酵素群の活性を高め，暗状態ではかん体細胞に流れ込んでいたナトリウムイオンが逆に外へ流れ出し，**過分極**をひき起こす．この変化はかん体細胞につながっている神経細胞群の興奮をひき起こし，視神経を通して脳に伝えられる．ロドプシンは大変敏感な受容体であるが光の明暗にだけ感じる受容体である．

色を見分けるには光の受容体の種類が3種類あればよい．いわゆる光の三原色に対して別べつに反応する受容体があれば，その3種類の受容体が興奮した割合を網膜と脳が計算して何千種類の色の違いを見分ける．すべての色が三原

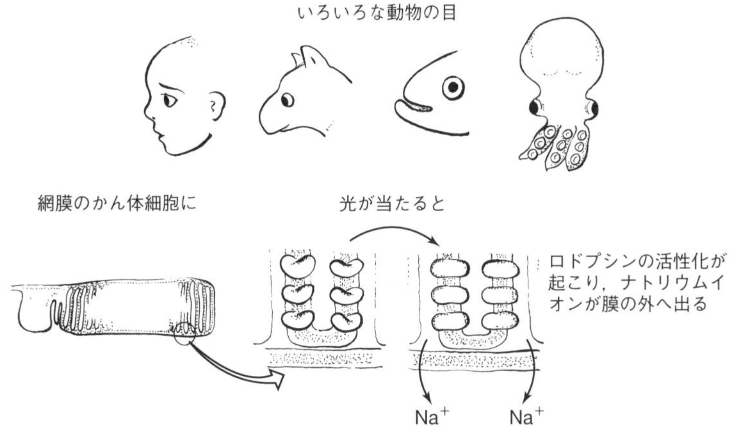

図 7・9 網膜の構造とロドプシン． 網膜には光受容タンパク質であるロドプシンを精いっぱいため込んでいるかん体細胞と錐体細胞がぎっしりと並んでいる．

色の混ぜ具合でつくれるように，網膜の錐体細胞にある3種類の受容体は光の明暗だけを感じるロドプシンに対して**アイオドプシン**とよばれている．

味の受容体

味は舌で感じる．舌には味蕾という細胞の集まった構造があり，その細胞膜表面に甘い物質，塩辛い物質，苦い物質，酸っぱい物質を別べつに吸着する受容体タンパク質が存在する．甘味受容体にグルコースやスクロースが結合するとその結果，味蕾にある味細胞につながった神経細胞が興奮して電気信号を脳に送る．そうすると脳で甘い細胞が刺激されているからには甘いものが口に入ってきたのだろうと察し，「甘いぞ」と思うわけだ．

においの受容体

においの機構は一番わからないことが多いのだが，においを感じるのもやはり鼻の中にある細胞の受容体タンパク質らしい．ヒトは1万種類のにおいをかぎわけることができるそうだが，受容体はそんなにたくさんはないだろう．数百種類の受容体の刺激の受け方の組合わせで1万種類以上のにおいを区別するのだろうと考えられている．視覚でも三原色を感じる受容体があれば数千種類の色を区別できるのと同じ原理だ．

聴　覚

聴覚には化学的な受容体はない．音は空気の振動だから受容体で受けるような化学物質は伝わってこないわけだ．その代わり耳の中には空気の振動とその振動数に非常に敏感に反応して興奮を脳に伝える細胞がある．

神経の受容体

視覚，味，におい，聴覚，痛み，寒さなどの感覚受容体が刺激を受けると細胞膜の電位が変化する．その変化はこれに接続している神経細胞の電気的興奮（やはり膜電位の変化）をひき起こして神経細胞の軸索を秒速数メートルから数十メートルの速さで伝わってゆく．神経細胞はけっこう長い軸索をもっていて相当な距離を1本の軸索で情報を伝えてゆくが，神経細胞間で情報伝達をする必要もある．特に脳の中では体中から伝わってくる信号を処理し，それぞれの信号がもたらす情報に対応して意味のある行動を起こさなくてはならない．そのためには神経回路網のなかで信号を料理する．これは細胞でつくられた大変に複雑な回路で，何百億という数の細胞の間を数知れない**軸索**と**樹状突起**（デンドライト）とよばれる“電線”がつないでいる．軸索が信号を送り出し樹状突起が他の細胞からの信号を受取る．その軸索の先端と神経細胞の接触部の間は隙き間があいていて膜電位の変化としての電気が直接流れることはできない．そこを流れるのは**神経伝達物質**という分子で，興奮を伝えてきた細胞側がこれを出すと興奮を受ける側は選択的な**受容体**を使って伝達分子を受け止める．受け止めた側では受容体の作用で細胞膜の電気的興奮が新たに生じて信号が間違いなく新しい細胞を伝わって回路網内に伝えられ意味のある情報に育っていく．

このような神経伝達物質にはいくつか種類がある．最もよく知られているのは**アセチルコリン**であり，受容体は**アセチルコリン受容体**である．そのほかにグルタミン酸，ノルアドレナリン，ドーパミン，セロトニン，γ-アミノ酪酸(GABA)，グリシン，サブスタンスP，エンケファリンなどが神経伝達物質として知られている．伝達物質のなかには相手に興奮をひき起こすのではなく，抑制効果をもつものもある．

7・4 生体防御と免疫システム

自分の体を守るというとき，1) 侵入者から自分を守る必要と，2) 自分が出す危険物から自分を守る必要の2種類がある．感染菌やウイルスの侵入を阻止するのが前者の例で，胃腸の消化酵素をはじめとして炎症や病変部に集まる顆粒球（多形核白血球ともいい，好中球，好酸球，好塩基球を含む）や単核食細胞（単球とマクロファージ）などの細胞が放出するタンパク質分解酵素の破壊作用から組織を守るのが後者の例である．

食細胞とプロテアーゼインヒビター

免疫機構をもたない無脊椎動物では感染菌を退治するのはもっぱらこれを食べてしまう原始的な**食細胞**の役目と考えられている．このような細胞はカブトガニのように古いタイプの生物にもみられる．またカブトガニをはじめとする甲殻類やそのほかの無脊椎動物の体液中には特定の糖鎖をもつ細胞を凝集する

脳内の情報伝達分子

脳は筋肉とともに動物のもつ特徴的な器官の一つであり，自分は動いたりはしないが，他の器官を大きく動かす．後頭部にある小脳と，脳の大部分を占める大脳からなり，小脳は運動器官，言語，五感，などの統御，大脳は哺乳類で重要となってくる記憶，学習，予想などの機能をもつ．このような機能はヒトの場合，約 150 億の大脳細胞，700 億の小脳細胞，脳全体では合計約 850 億にのぼる神経細胞が担っている．神経細胞間の信号のやりとりとその処理は細胞から伸びる軸索（神経繊維）側の樹状突起（デンドライト）から信号受取り側の樹状突起への膜電位差の伝達（秒速約 50 m）として処理される．軸索先端の樹状突起での次の細胞への信号の受渡しは**シナプス接合**とよばれる隙き間で複数種の情報伝達物質をやりとりしてこなしてゆく．信号を伝えるシナプスからは伝達物質が放出され，信号を受取る側にある特異的な受容体に結合する．セロトニン（幸福感），ノルアドレナリン（意欲），ドーパミン（快楽），GABA（γ-アミノ酪酸，ストレス鎮静），メラトニン（体内時計）など特殊な情報伝達物質の移動が人間の感情表現を担っている．このような脳の機能をコンピューターシミュレーションで再現しようという試みはスーパーコンピューターの発達とともに現実味を帯びて実行されつつある．われわれの感情の多くの部分はこういう分子間情報の受渡しが基礎となっている．大きな課題は,「自分が自分であり，今何をしている」という意識がどう育つのかというあたりにある．

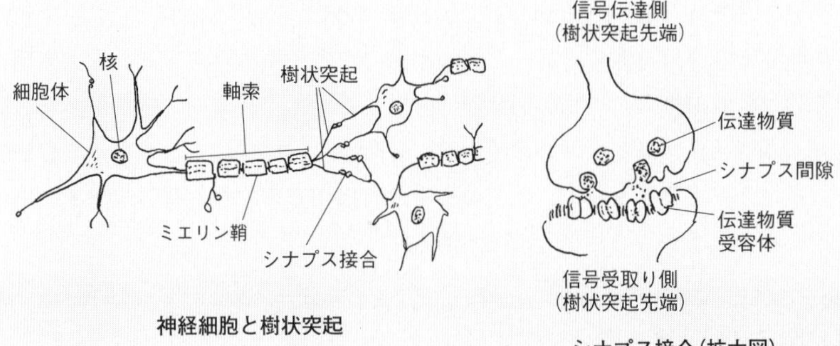

神経細胞と樹状突起　　**シナプス接合(拡大図)**

大脳（新皮質）はさまざまな高度な処理ができる代わりに速度には限界があるシステムで，小脳はある程度決まったことしかできないけれど，大規模な並列計算をするので非常に速いシステムである．

機能をもつ**レクチン**というタンパク質が見いだされている．レクチンの作用は必ずしも明らかではないが，何らかの形で生体防御に一役かっていることはまちがいない．

感染菌は感染すると必ずタンパク質分解酵素を放出してホスト（菌が感染した相手の生物をホストという）の組織を分解して侵入口を広げ，分解物を栄養とする．だから，細菌の出すタンパク質分解酵素の機能を止めてしまえば細菌を殺すことはできなくても，その悪い影響は阻止することができる．そのため，脊椎動物，無脊椎動物を問わず動物の体液や血液中には何種類ものタンパク質分解酵素阻害機能をもつタンパク質（プロテアーゼインヒビター）が高い濃度で溶けている．その代表的なものが6章に出てきたα_2-マクログロブリンである．このタンパク質は相手かまわずタンパク質分解酵素を捕まえるので，どのような分解酵素を出すのかわからない感染菌に対してもかなり強力に対抗できる力をもっている．次に述べる免疫システムは大変強力な生体防御系であるが，病原菌の侵入をはじめて受けてから数週間経たないと有効な機能をもつ抗体ができてこない．感染から抗体ができるまでの間，一時的にせよα_2-マクログロブリンなど阻害剤の作用で細菌の侵入を食い止められるのは重要な働きである．

免疫システム

動物が進化して脊椎動物になるときに血管ができたり赤血球ができたりして大いに活発な生活を送るようになったが，この時期には**免疫**という偉大な生体防御システムもできあがった（図7・10）．免疫の特徴は一度入ってきた侵入者を覚えている点だ．まず，菌やウイルスが侵入してくるとそれに対して数週間かけて**抗体**（免疫グロブリン）をつくって捕まえる．捕まえた後は**補体系**のタンパク質を活性化して感染菌の膜に大穴を開けて殺してしまう．問題は同じ感染菌が再び襲ってきたときで，今度の対応は早い．1回目のようにのろのろと数週間もかけないで短時間の間に抗体をつくり，くだんの感染菌をあっという間に捕まえて殺してしまう．「前に来た奴だ」ということを覚えているのだ．

“覚えている”，という免疫の高度な機能を理解するには長い時間がかかった．その機構は今では**クローン選択理論**で説明されている．その理論を理解するためにも免疫のメカニズムをわかりやすく説明しよう．

抗原提示と抗体の生産

体内に侵入した感染菌などの異物に対しては，まず食細胞が襲ってくる．顆粒球，単核球，マクロファージなどだ．食細胞は異物をのみ込み，リソソームに運んで分解する．ここでマクロファージでおもしろいことが起こる．マクロファージには分解してアミノ酸の数にして10個くらいになった短いペプチドを，特異的に結合してこれを再び細胞膜表面まで運び，膜の外側に向けて“陳列または提示（display）”する働きがある．ペプチドを結合して運ぶタンパク質は**主要組織適合遺伝子複合体**（major histocompatibility complex，略称 **MHC**）とよばれる遺伝子の情報を受けてつくられるIaという名のタンパク質で，クラスII MHCともよばれる．クラスII MHCと異物由来のペプチドの結合体がマクロファージの細胞膜上に並んでいると，そこへ**ヘルパーT**（助っ人）という名のリンパ球がやってくる．ヘルパーTは自分の細胞膜上に抗原とIaの複合体を見つける受容体をもっていて，この受容体にぴたっと合うクラスII MHCとペプチドの複合体を探している．ヘルパーTのもつ受容体の形は細胞ごとに異なるのでマクロファージの提示する複合体のどれと結合するかはいろいろ試してみてはじめてわかる仕掛けになっている．

ヘルパーTの受容体とマクロファージの細胞膜上にあるクラスII MHC＋ペプチド複合体がぴたっと合ったとたんマクロファージはこのヘルパーTを増やす力のある増殖因子を放出する．これが**インターロイキン1**（**IL-1**）だ．大事なところは，問題のペプチドとクラスII MHCがつくる複合体にぴたっと合う受容体をもったヘルパーTが主として増殖するという点だ．こうしてある特定のペプチドに反応するヘルパーだけが増え始めると，今度は細胞表面に同じ抗原ペプチドを認識する抗体をもつ**Bリンパ球**がヘルパーT細胞の助けを借りて増殖を始める．増殖するBリンパ球は**形質細胞**へと転換して膜表面にある抗体と同じ特性をもつ抗体をつくり，分泌し始める．B細胞のなかには表面抗体に特異的に結合する抗原が見つかれば，ヘルパーTの助けは借りなくとも増殖し抗体をつくることができるものもある．

ヘルパーTの表面受容体にもBリンパ球の膜結合抗体にも非常に多くの種類がある．それは，特にこの種の細胞において幹（ステム）細胞から分化するときに非常な勢いで体細胞突然変異が生じる機構があるためだ．いろいろな受容体をもつリンパ球のなかから，そのときマクロファージをはじめとする抗原

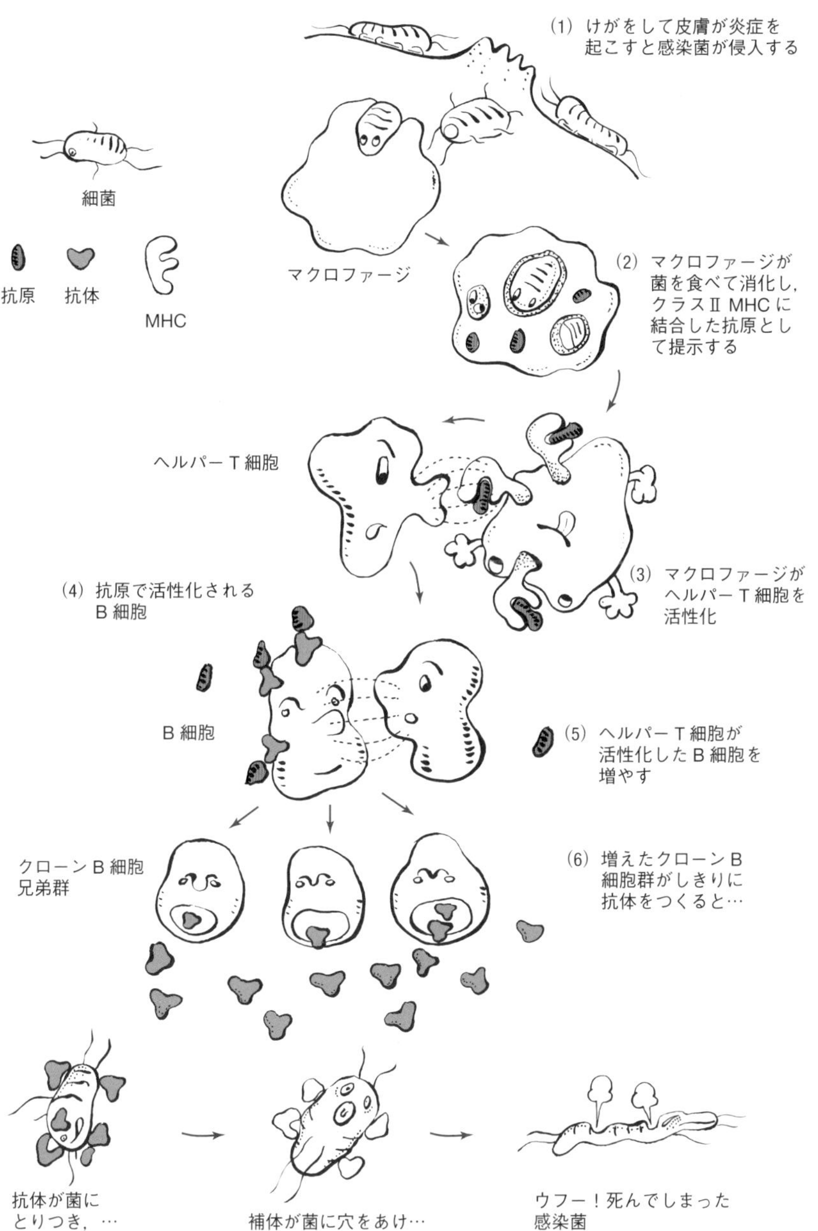

図 7・10　免疫システム. 免疫システムは抗原提示細胞, T 細胞, B 細胞を中心として外敵の侵入を阻止する自衛組織である.

提示細胞によって提示された抗原にぴったり合う受容体をもつものが増殖因子の作用を受けて増え，特定の抗体をつくり出す機構を**クローン選択**という．ある特定の遺伝子の組合わせをもった細胞の系統（クローン）だけが選ばれて増えるからである．一度抗原の刺激を受けて選択されたT細胞やB細胞のクローンは数年間残っているものが多いので，二度目に抗原が侵入してくると今度はすばやく抗体をつくって対応することができる．これが免疫記憶だ．

Tリンパ球にはヘルパーT（助っ人）のほかに**キラーT**（殺し屋）という種類があり，これはクラスI MHCと特定の抗原の複合体を細胞表面に提示している細胞に反応して増殖する．キラーTはその名のとおり，自分の受容体に合う複合体をもつ細胞を殺す．ウイルスの感染を受けて体にとって危険となった細胞を見つけて殺すなどの働きがめざましいリンパ球である．エイズウイルスに感染した場合にはウイルスがヘルパーT細胞に巣食ってしまうところが問題なのだ．ウイルスがヘルパーTに入ってしまうとその細胞がウイルスのペプチドを提示するのでほかのキラーTに殺されてしまうという悪循環が始まり，体の免疫系がどんどん弱ってゆく．一方，臓器移植のさい問題となる拒絶反応は主としてクラスI MHCの存在による．他人の臓器の細胞表面には他人のクラスI MHCがいっぱいついているから，これが異物とみなされて免疫系の攻撃を受け，拒絶されるわけだ．

免疫グロブリン

抗原提示を受けてBリンパ球が生産するのは**免疫グロブリン**（immunoglobulin，略称Ig）とよばれるタンパク質で，**抗体**ともいう．血液タンパク質を電気泳動すると最も速い速度で陽極側に動いてゆくのがアルブミンで，そのあとグループをなして動いてゆくタンパク質をα, β, γと命名した．γグループの主成分は，IgG（immunoglobulin G），以下IgA，IgM，IgE，IgD，などの名でよばれる免疫グロブリン（または抗体）である．IgGというのが一番ふつうの抗体で，体の外から入ってくる細菌やタンパク質のあるものに特に強く結合して沈殿させる効果をもち，何万種類もある．図7・11のIgGの図には**可変部**（V）というところがあるが，ここのアミノ酸配列を決めている遺伝子の塩基配列が非常に変わりやすくできている．ここがいろいろ変わるので千差万別の抗原に対して結合する抗体がつくれるわけだ．**不変部**（C）というところは抗体によっての変化が少ない部分である．そんなに多くの種類の抗体をつくり出すしくみは長い間謎であったが，最近になってようやくわかってきた． IgGは4本のポリペプチドからなっており，2本ずつは同じものである．それぞれ**重鎖**(H)，**軽鎖**(L) とよばれるように，分子量が50,000程度のものと，25,000程度のものである．IgA以下の免疫グロブリンもIgGとよく似た軽鎖と重鎖をもっているが，それぞれ独自なサブユニット構造と生体機能をもっている．なかでも，IgEは花粉症やアトピーなどアレルギー疾患に関与する抗体として注目されている．IgDは病原微生物を発見してつまみ出す役割をもっている．また，IgMはIgGに相当する四本ペプチドの単位が5個集まった巨大タンパク質であるが，不思議なことにこれが最も原始的な抗体らしい．というのは，抗体をもっているのは脊椎動物だけであるが，原始的な脊椎動物にはIgMしかないから

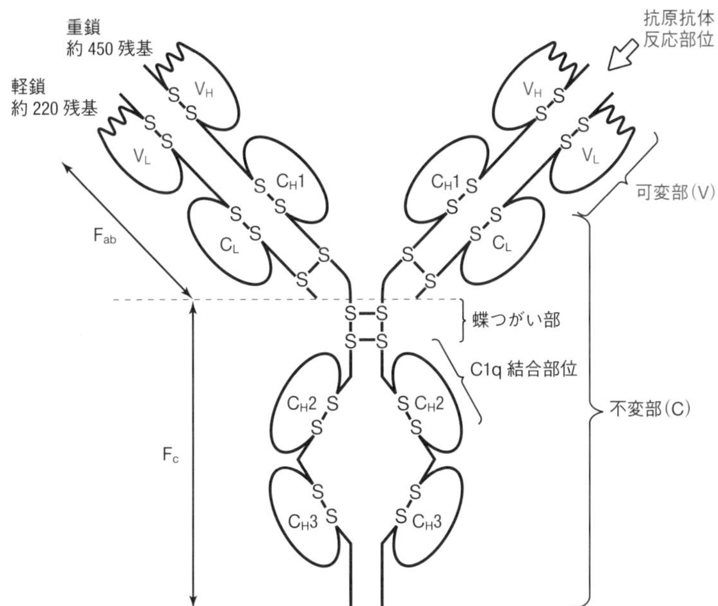

図 7・11 免疫グロブリンGの機能構造． クローン化したB細胞からつくられるタンパク質でY字形の二つの腕の先に抗原結合部位をもっている．免疫グロブリンにはG, M, A, D, Eの5種類がある．

である．ヒトやマウスを人工的に免疫するときでも，与えた抗原に対応して血液中に出現してくる抗体のなかで一番はじめに出てくるのがこの大きなIgMである．

自分が抗原とならないのは？

抗原提示細胞が細胞表面に提示するタンパク質の破片のなかから，病原菌やウイルスのものを外来異物として認識して排除する免疫機構を活性化するのに，自分自身のもっているタンパク質の破片は異物としないというしくみは，生まれて間もないころに**胸腺**という組織で確立する．胸腺に免疫を担当するリンパ球ができてくるころ，抗原提示細胞はまずは自分の体をつくっているタンパク質の破片を次つぎにもち込んでくる．大量にもち込まれる自分由来のタンパク質破片に対して強く結合する表面抗体をもつリンパ球はこの時点で消滅し，弱く反応する細胞だけが生き残る．そして，残ったリンパ球がT細胞に成長したときには，外来の異物に対して反応するT細胞だけが残っているというしくみだ．そうしないと，免疫システムが自分の体を異物とみるようになってしまい，自滅に追い込まれる．

DNAワクチン

私たちは小さいときからワクチンを接種されていろいろな病気から守られてきたが，まれにワクチンを接種されたのが原因で防御されるべき病気にかかってしまう場合がある．病原体そのものを弱毒化して用いるワクチンや，病原体からとったタンパク質をワクチン生産の原料とする場合に起こりやすい．また，病原体の遺伝子が混入している場合にこういうことが起こる．そこで病原体を原料とするのではなく，病原体のタンパク質ではあるが毒性のないタンパク質だけをコードする遺伝子DNAを人体に注入して私たち自身がワクチンタンパク質を生産して自分の免疫システムにこれに対する抗体をつくらせようというわけだ．自分がつくるといってももともと自分のものではないし，胸腺におけるT細胞の選択は小さいころに終わっているので，こうして体内につくられるタンパク質は外来抗原として免疫システムに認識される．mRNAでも同じことができるのでmRNAワクチンもありだ．

補　体

補体という名はわかりにくい名前であり，何に役立つタンパク質か想像するのがむずかしいが，これは免疫グロブリンと共同して働いて，生体内に侵入してくる細菌などを殺す役目を担っている重要なタンパク質である．このタンパク質もカスケード的に働く30種類近いメンバーからなるグループをつくっている．血液中の量が最も多く，反応のかなめとなっているのは**C3**という因子である．Cは補体の英語名であるcomplementの略だ．異物の侵入で活性化された補体グループのタンパク質はいくつもの増幅段階を経て最終的に侵入した細菌の表層に穴を開けて殺してしまう．はじめのほうでの異物認識は免疫グロブリンが行い，異物に特異的に反応する免疫グロブリンが多数で細菌にとりつ

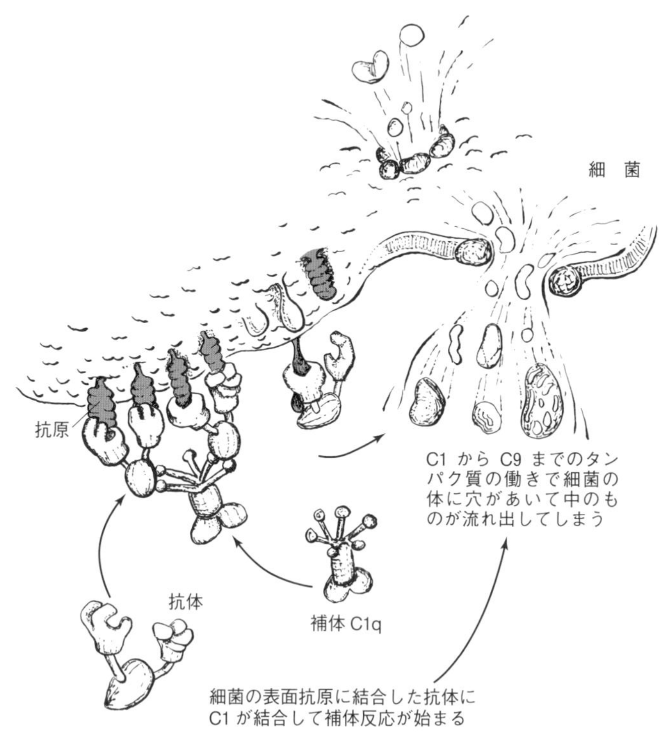

図 7・12　補体の活性化反応． 補体は免疫グロブリンによって活性化され，前半での反応で標的細胞の膜に結合し，後半の反応でその細胞の膜に直径5 nmくらいの穴を開けて殺してしまう．

いているのを補体の **C1q** 成分が見つけるとそこにC3が集まってきて細菌の表層にどっかりと腰を下ろし，以後の穴開け反応を行う補体因子の数々を細胞表層に呼び寄せる．そのカスケード系の大略を図7・12に示す．

補体は免疫グロブリンと同様，脊椎動物にだけある生体防御タンパク質であるが，少なくともC3，C4，C5の3成分は無脊椎動物のα_2-マクログロブリン様タンパク質から分家してきたものであることがわかっている．α_2-マクログロブリンは卵白にあるオボマクログロブリンの祖先でもある，たいへんありがたいタンパク質である．

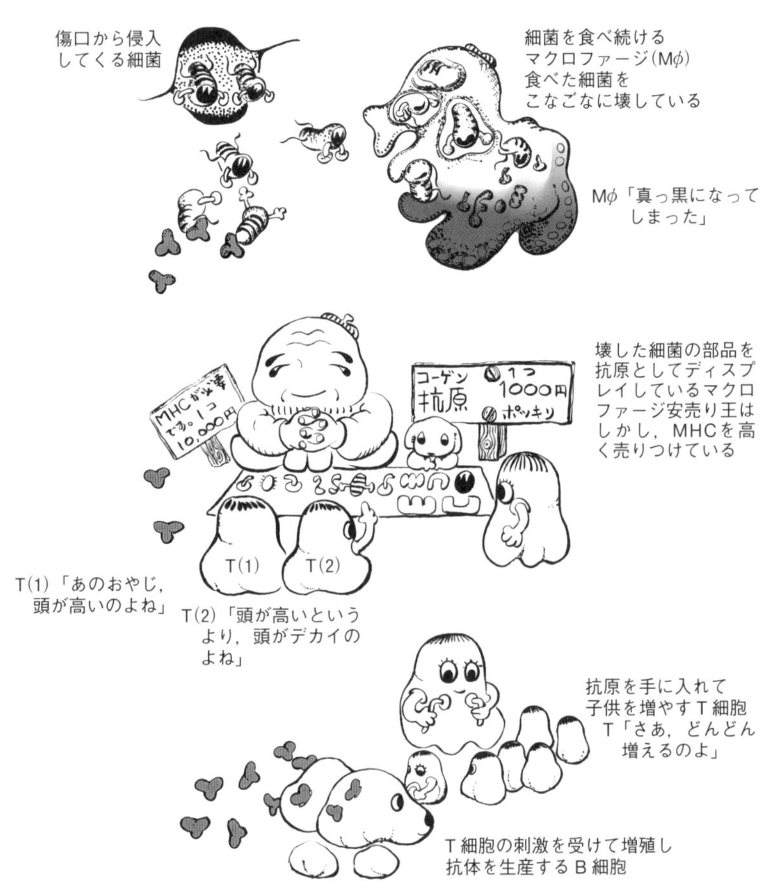

免疫社会のひとこま

8 遺伝情報の発現

さて，いよいよ後は子孫に託すことになりました．自分の子供がそうは簡単に空を飛んだりしないのは，進化には長い時間がかかるからです．DNA とタンパク質を選んだのは地球上の生命が長続きしている秘訣です．DNA の相補的二重らせん構造をもとに半保存的複製が行われて親の遺伝子が子の細胞に伝えられてゆきます．

1 章で述べたように，生き物の姿かたちが決まるのは細胞の核の中にある遺伝子が親から子へと遺伝情報を伝えるからである．遺伝情報の主要な部分は体が使う何万種類ものタンパク質のアミノ酸配列を伝える情報である．遺伝子 DNA は必要なすべてのタンパク質の**アミノ酸配列**を**塩基配列**の形でたくわえている．その塩基配列を読み出してタンパク質のアミノ酸配列として実際にタンパク質を合成する機構が**タンパク質の生合成**である．この機構についてはこれまでの研究でかなりくわしいことがわかっている．遺伝子のもっているもう一つの重要な情報は，いつ，どのタンパク質をどれだけ合成し，さらに活性型にするかという**制御情報**である．こちらの機構については基本的なことがすでに知られており，現在研究が最も盛んな分野ということになる．

本章ではまず遺伝子の本体である DNA の構造と遺伝子としての働きの関係について学び，親から子へ遺伝情報を伝える **DNA の複製**機構を説明する．ついで，DNA から情報を読み出して細胞質に運んだり，生合成の場を形成している RNA について解説し，リボソーム上でのタンパク質生合成のメカニズムにつないでゆく．

8・1 DNAとRNAの構造の復習

RNAの原料となるリボヌクレオチドはプリン環またはピリミジン環にアミノ基とか酸素またはメチル基の結合した**塩基**が五炭糖であるリボースの1′炭素についており，そのリボースの5′位の炭素の −OHが三リン酸とエステル結合しているものであった．リボヌクレオチドができてからリボースの2′位の炭素についている −OHが水素に変わるとデオキシリボヌクレオチドとなり，DNAの原料となる．酸素がないということを“デ(ない)オキシ(酸素)”というわけだ．いずれのヌクレオチドについても，一つのヌクレオチドのリボースの3′の −OHに，次のヌクレオチドの5′についているリン酸がエステル結合して重合するのだから，主鎖は5′-リン酸-糖-3′-リン酸-5′-糖-3′-リン酸-5′-糖-3′-リン酸-5′-糖-3′-OHと続き，糖の1位の炭素(1′)からC−N結合（β-アノマー）を介してプリンまたはピリミジン塩基がぶらぶらとたくさん突き出しているものである．DNAの場合，塩基は**アデニン**（A），**グアニン**（G），**シトシン**（C），**チミン**（T）の4種類であり，RNAの場合は**アデニン**，**グアニン**，**シトシン**，**ウラシル**（U）の4種類である．それぞれ，4種の塩基が5′末端から3′末端に向けてどのような順序で並んでいるかを示したものを，核酸の**塩基配列**といっている．タンパク質の**アミノ酸配列**と同じ考え方だ．なぜDNAではチミンのところが，RNAではウラシルでなくてはいけないかはよくわからない．ただDNAをつくるとき間違ってチミンの代わりに入ってしまったウラシルをあとから念入りに調べてチミンに変える機構があるので，DNAにウラシルは絶対に使わないことになっているし，反対にRNAにはチミンは使わない．

DNA合成の原料となるのはdATP（dはデオキシの意味），dGTP，dCTP，dTTPの4種のデオキシリボヌクレオチド，RNAはATP，GTP，CTP，UTPのリボヌクレオチド4種であり，これらはみな**高エネルギーリン酸結合**をもつ化合物なので，二リン酸を遊離して糖とリン酸の間にエステル結合をつくる反応はエネルギーの面からみると進みやすい反応である．問題は，どういう順番に4種のヌクレオチドを並べるかという**情報**のほうである．この情報は遺伝子DNAがもっているので，DNA合成やRNA合成は遺伝子DNAのもっている塩基の並び方をモデルにしてそのとおりに真似する．その真似のしかたが初めて明らかにされたのは1953年のワトソンとクリックが書いた論文である．

8・2 ワトソン-クリックの二重らせん

遺伝子DNAは2本のDNAが互いに絡み合いながら，**ワトソン-クリック型二重らせん構造**とよばれる右巻きのらせん構造をつくっている（図8・1）．2本の鎖のうちの1本が上から下へ5′-リン酸……3′-OHという方向とすると，もう1本はその反対の方向性をもっているので，塩基配列の詳細を考えなければらせんは上下逆さまにしても同じ形をしている．このらせんはタンパク質のαヘリックスと違って側鎖が主鎖の外側に出ないで，すべて主鎖がつくる太い二重らせんの内側に入っているのが特徴である．

2本のポリヌクレオチドは二重らせんの中央部でお互いの塩基間に水素結合をつくっている．塩基間の水素結合は，**アデニン**と**チミン**，**グアニン**と**シトシン**の間にだけできる．だから一方のポリヌクレオチドがアデニンをもつところには必ず相手のポリヌクレオチドのチミンの部分がくる（図8・2）．グアニンのところはシトシンだ．二重らせん全体でみると，アデニンとチミン，グアニンとシトシンという組合わせが端から端まで守られている．だから，2本

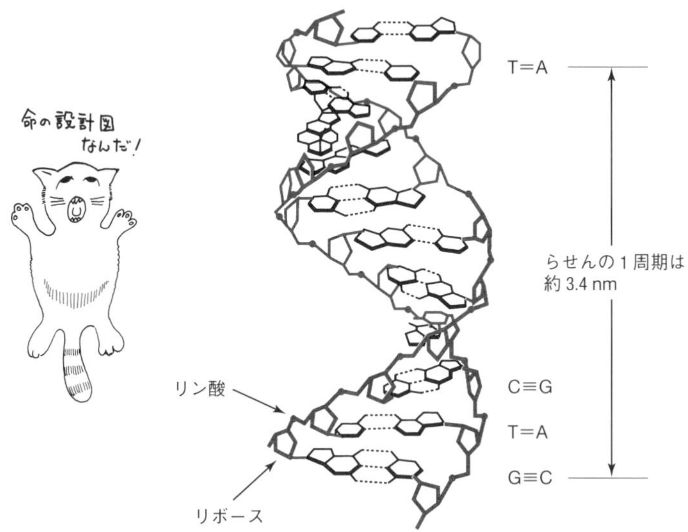

図8・1 ワトソン-クリック型二重らせん． これがDNAのダブルヘリックスだ．聞いたことのない人はここでしっかりと見ておいて損はない．外側の2本の赤い構造がリボースとリン酸の繰返しでできている主鎖である．

のポリヌクレオチドが二重らせんをつくるには相手に対する厳しい条件があるわけだ．相手の塩基配列のそっくり裏返しになった塩基配列をもったポリヌクレオチドだけが二重らせんをつくる相手になれるのだ．このような，塩基配列に関して裏表の関係になる２本のポリヌクレオチドは互いに**相補的**であるという．

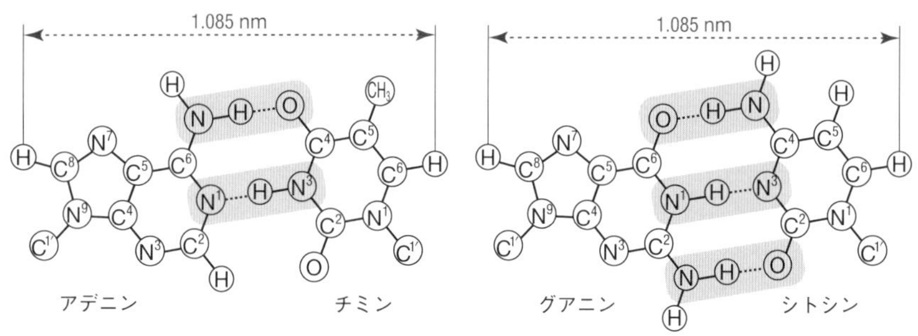

図 8・2　相補的な水素結合対． DNA の塩基の間にはアデニンとチミン，グアニンとシトシンという具合に相性のいい水素結合ができて，ペアを間違いのないものとする．RNA の場合はチミンの代わりにウラシルがアデニンとペアを組む．左のペアも右のペアもペアとしての幅が 1.085 nm と等しいことに注目しよう．

では，アデニンとチミンの間には２本，グアニンとシトシンの間には３本できる水素結合をみてみよう．水素結合は電気陰性度の大きい元素である酸素と窒素がその間に入った一つの水素を共有してつくるわりあい弱い結合である．結合エネルギーは大きくはないので温度を上げれば簡単に切れてしまうが，うまく水素結合をつくるにはアデニンに対してチミン，グアニンに対してシトシンというように相手を選ばなくてはならない．水素結合で結ばれた塩基対では二つの塩基が同じ平面にあって平たい板状に並ぶし，かならず大きいプリン塩基と小さいピリミジン塩基で対ができるので，どのペアも同じくらいの大きさとなる．そこで二重らせんに沿ってみると，どこも同じ太さになるわけだ．

塩基対が一つだけできても，水素結合の数はせいぜい２本か３本なので生体の温度でも大変壊れやすいが，DNA のように塩基対が百，千，万と多くなり，そのなかですべての塩基対が水素結合をつくっていれば，その**協同効果**によって二重らせんは 80～90 ℃ くらいまで十分安定である．

8・3　DNA の 複 製

遺伝子 DNA の 2 本のポリヌクレオチドは全長にわたって相補的な塩基配列をもつワトソン-クリック型二重らせんをつくっているので，らせんの内側に隠れている塩基配列を DNA の外側から読むことはできない．情報はプロテクトされているわけだ．生体はプロテクトされた情報を必要なときだけプロテクトをはずして読む．一つは細胞分裂に際して遺伝子 DNA のすべてをそっくりもう一組つくって**娘細胞**（嬢細胞ともいう）に分けてやるときであり，もう一つは，細胞が生きてゆくうえでそのときどき必要となる個々のタンパク質に対する遺伝子部分を読みだしてタンパク質合成の場に運ぶときである．

遺伝子 DNA をそっくりコピーしてもう一組つくることを**複製**（replication）といい，細胞が分裂してもう一組の遺伝子を娘細胞に分けてやるときだけ必要で，それ以外のときにむやみに DNA を合成するのは禁止されている．細胞分裂 1 回につき相補的な 2 本のポリヌクレオチドの両方を間違いなく 2 倍に増やす必要があるが，2 倍以上に増やしてもいけない．細胞分裂の回数と遺伝子の複製の回数が合わないと，遺伝子の足りない細胞や多すぎる細胞ができてしまい，子孫が残せないなど正常な細胞ではなくなる．三倍体の種なしスイカなど染色体が基本の 3 倍あり，遺伝子が多すぎて実ができない不稔性のよい例である．

DNA の半保存的複製

二本鎖の DNA を複製してもとと同じものをつくる仕掛けについては次の項で述べるが，とりあえず同じものができたとして，2 倍に増えて 4 本となった DNA 鎖はどのような組合わせで二本鎖 DNA をつくっているのだろうか．古いものが 2 本ずつ，新しくできたものが 2 本ずつで二本鎖をつくっているならばちょうど前者を親 DNA とよび，後者を子 DNA とよべて都合がよいが，実際はそうではなく，古いものと新しいものが 1 本ずつで一つの DNA 二本鎖ができる．このことを証明するためメーセルソンとスタールは，古い DNA と新しい DNA の重さを変えるという手を使った．まず窒素源として原子量が 15 の重い窒素を含む培地で細菌を培養し，何回も細胞分裂で増やすと大半の細胞がもっている DNA の塩基部分にある窒素原子は ^{15}N となる．ふつうの窒素は ^{14}N なのですべての窒素が ^{15}N になると DNA は少しだけ重くなる．こういう

DNAをもつ細菌を集めて半分ずつに分け，半分からはすぐ二本鎖DNAを抽出し，残りの半分は新しく ^{14}N を窒素源とする培地で一世代だけ培養してすぐ集め，細胞の中にあるDNAを取出す．さらに，^{15}N はまったく使わずはじめから ^{14}N だけを含む培地で培養した細菌のDNAをも準備する．

この3種類のDNAの重さを比べてみると，^{15}N だけの培地で育てた細菌のDNAは全部重く（^{15}N–DNA），^{14}N だけの培地で育てた細菌のDNAは全部軽い（^{14}N–DNA）のは納得できる．問題ははじめ ^{15}N の培地で育てた後，1世代だけ ^{14}N で育てた細菌のDNAが重い親DNAと軽い子DNAに分かれるかという点だ．超遠心機を使ってDNAをその密度で分ける実験をしてみると分かれない！ みな同じ重さのDNAばかりで，その重さは ^{15}N–DNAと ^{14}N–DNAの中間であった．このことは親の二本鎖DNAが子の二本鎖DNAを“生む”のではなく，親のDNAの二本鎖のうち1本が子DNAの1本とペアで新しいDNA二本鎖をつくり，親DNAの残りの1本が子DNAのもう1本とペアをつくるという半保存的複製であることを示している．

DNAポリメラーゼ

DNAの複製には**DNAポリメラーゼ**という酵素が必要で，この酵素は二重らせんを巻いている遺伝子DNAの両方の鎖の塩基配列を同時に読取りながら間違いなくコピーする機能をもっている．その酵素の働きを説明しよう（図8・3）．

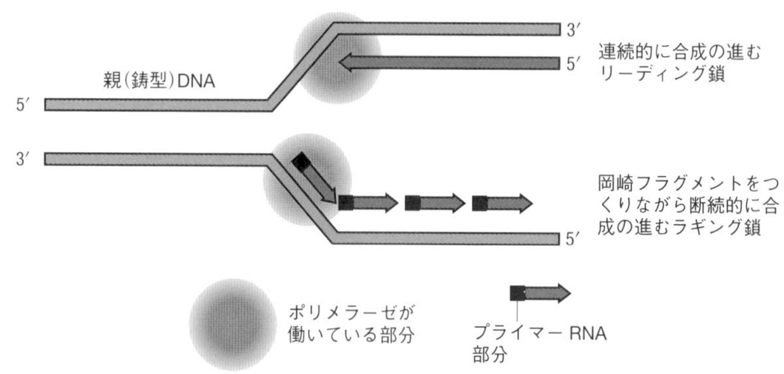

図 8・3　DNAポリメラーゼの働きによるDNA複製の概略

PCR 法

PCR（ポリメラーゼ連鎖反応 polymerase chain reaction の略）というのは，DNAポリメラーゼによる鋳型DNAの複製を同じ反応液で20回，30回と繰返して増幅する方法で，ロスがなければ，1本のDNAから数百万から数億本の同一塩基配列をもつDNAを得る画期的な方法だ．まず増幅ターゲットが一本鎖ならそのまま，二本鎖なら90℃以上に熱して2本の一本鎖とする．室温に戻した後，これらの溶液にDNAポリメラーゼ，4種のデオキシリボヌクレオチド，複製したい領域の5′末端側に隣接するプライマー（二本鎖から出発する場合は2種類）を多量に入れておき，1回目の複製反応を開始してDNA数を倍に増やす．産物DNAは二本鎖をつくっているので，反応液を90℃以上に熱して二本鎖を変性しすべて一本鎖にする．温度を下げてプライマーを再び結合し，ポリメラーゼによる2回目の反応を進めるとDNA数は$2^2 = 4$倍となる．1回の反応が終わるたびに温度を上げてDNAを一本鎖にし，ポリメラーゼ反応を進める．このように同じ反応を繰返すので，連鎖反応と名づけられた．

この方法のキーポイントは耐熱性のポリメラーゼを用いて温度の上げ下げでポリメラーゼの機能が壊れないようにした点である，感染性のウイルスなどの病原体の有無を調べるためにはウイルス遺伝子DNAまたはRNAの特徴的な塩基配列部分を選んで複製する．COVID-19とよばれる新型コロナウイルス感染症が流行した2019年から数年間世界中でPCR法によるウイルス遺伝子の同定が迅速に行われたのは，一つにはもとの遺伝子は数万の塩基配列をもつが，増幅する新型コロナウイルスに特徴的な20〜30塩基の短い配列部分を選んでいたことによる．増幅部分は国によっても，研究室によっても同じではないから，まず初めに効率よくウイルスを検出できるなるべく短い塩基配列を選び出すのが大事である．

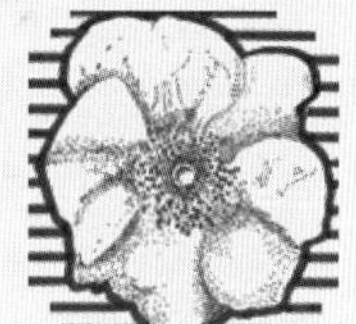

まず，手本になる鋳型DNAの二重らせんの内側に隠れている塩基配列を知るためには二重らせんを必要な分だけほどかなくてはならない．この仕事にはエネルギーがいるのでATPを使って働く**二重らせんをほどくタンパク質**というものが登場する．何でも揃っているのですよ．このタンパク質の働きで一本鎖にほどけたDNAがまたすぐ二重らせんにならないようにしておく**一本鎖DNAを安定化するタンパク質**も重要な共同作業員である．二重らせんがほど

けた部分を手本にしてすぐ新しいDNAがつくられるかというとそうではなく，一本鎖になったDNAの両方の鎖を手本にしてプライマーゼという酵素が**プライマー**とよばれる短い**RNA**を5′末端から3′末端方向へ合成する．鋳型DNAからみると新しいプライマーRNAの合成は3′末端から5′末端に向かって進むわけだ．プライマーRNAに続いてDNAポリメラーゼⅢによるDNA複製が始まる．新しく合成されるDNAは鋳型となっている古いDNA鎖に対して相補的な塩基配列をもっているので，できるはしから鋳型DNAと水素結合をつくって二重らせんを形成する．このようなわけで複製された遺伝子DNAの2本の二重らせんはともに古いDNA鎖を1本と新しいDNA鎖を1本もったものとなる．

岡崎フラグメント

ここで問題が起こる．二重らせんがほどけた部分に2本生じている一本鎖鋳型DNAは互いに方向が反対だ，という点である．DNAポリメラーゼが鋳型を3′末端から5′末端になぞって複製を進めるのなら，2本の鋳型でDNA合成の方向が逆になってしまい，二重らせんがほどける点に向かって合成するほうは連続的に合成を続けてゆけるが，反対方向に合成する酵素は二重らせんがほとんどほどけきるまで待っているか，ほどけたぶんだけ外向きにちょっとずつ合成しては鋳型から離れ，留守の間に新しくほどけた鋳型にとってかえしてまた短いDNAを外向きにつくるということを繰返すか，というようないくつかの不器用な方法を選ばざるをえない．この問題に答える実験をして，合成直後のDNAが短い断片の集積からなっていることを示したのは岡崎令治博士で，この短いDNA断片を**岡崎フラグメント**とよんでいる（図8・4）．

このときのDNAポリメラーゼの働きを簡単に説明しよう．酵素には3種類あって一番活躍するのはⅢ型であり，DNAポリメラーゼのⅢ型なので，**ポルⅢ**（pol Ⅲ）とよぶ．この酵素は，dATP，dTTP，dCTP，dGTPのなかから鋳型DNAの塩基と水素結合対をつくる相補的なものを選びながらホスホジエステル結合でつないでゆく．鋳型DNAがないと反応が進まないので勝手な塩基配列をもつDNAはつくれないが，鋳型DNAがあってもこの酵素はそれに勝手にとりついて新しいDNAの合成を始めることすらできず，プライマーRNAが鋳型DNAの上に別な酵素によってつくられてはじめてDNA合成を開始で

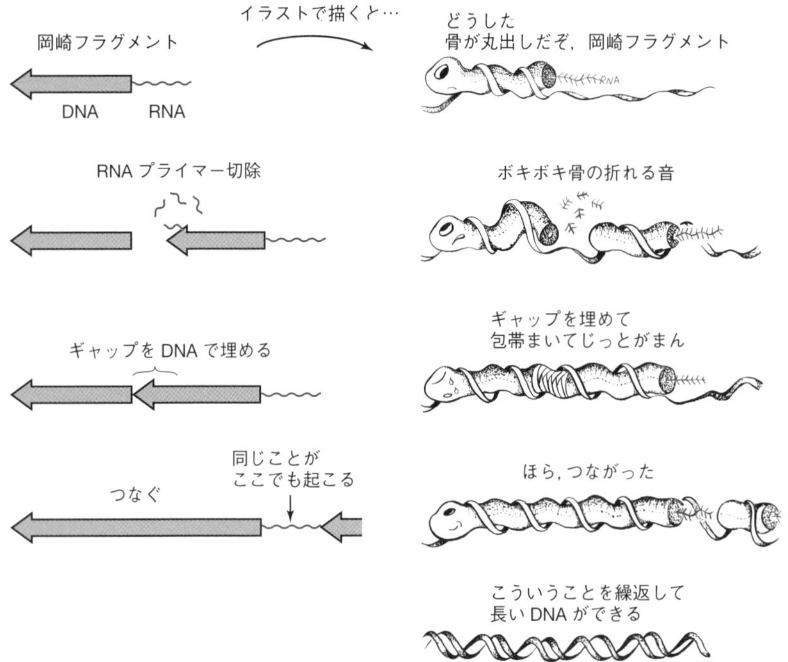

図 8・4 岡崎フラグメントははじめにできる短いプライマー RNA に DNA がつながってできている． 親 DNA の片方の鎖に沿ってつくられてゆく岡崎フラグメントは，自分の前にあるプライマー RNA にぶつかると合成が止まる．プライマー RNA の分解とその隙き間を埋める DNA 合成に続いてリガーゼの働きで岡崎フラグメントは先行する DNA に結合される．

きるという慎重な性質をもっている．新しい DNA はプライマー RNA の 3′-OH 末端にデオキシリボヌクレオチドの 5′ 末端をホスホジエステル結合でつけることでスタートする．プライマー RNA をつくるのは **DNA 依存性 RNA 合成酵素**という役割のタンパク質だ（図 8・5）．

岡崎フラグメントを生じないで連続的に合成が進むほうの鎖は，試験管内の実験ではどういうわけか合成速度が少し速いので，**リーディング鎖**（leading strand）という．こちらのほうははじめに一本鎖鋳型 DNA ができたところでだけプライマー RNA がつくられればよいので話は簡単だが，岡崎フラグメントをつくりながら進んでゆく**ラギング鎖**（lagging strand，遅れるという意味）のほうでは数百残基分の鋳型 DNA がほどけて出てくるごとにプライマー RNA

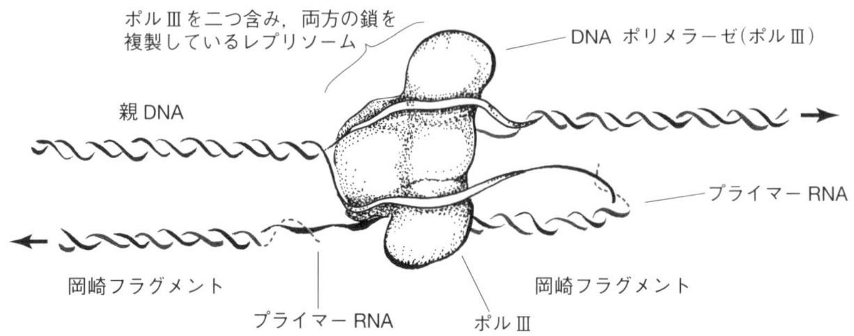

図 8・5 DNA 複製の要点. 図のように親 DNA の二本鎖がほどけた後に DNA ポリメラーゼⅢの作用で両方の一本鎖に沿って反対向きに新しい DNA がつくられてゆく点にある．つくられるそばから親 DNA の 1 本と娘 DNA の 1 本ずつが二本鎖をつくってゆくので，新しくできる**二本鎖 DNA** は 2 本とも古いものと新しいものの“あいのこ”になる．

を二本鎖の分岐点から外側に向かって数十残基分つくり，その 3′-OH に今度は DNA を数百残基つくる．合成がその前の段階でできている岡崎フラグメントのプライマーにぶつかって止まると，次にはこのプライマー RNA を取除いてその後のギャップに今度は DNA を合成して埋める**ポルⅠ** (pol Ⅰ) という酵素が働く．こうしてギャップのなくなった二つの岡崎フラグメントを連結する**リガーゼ**という酵素の仕掛けもあるので，ラギング鎖のほうもいずれは細切れの岡崎フラグメントから 1 本の連続した DNA をつくり，鋳型 DNA と二重らせんを組んだ新しい遺伝子 DNA となってゆく．これがどこまで続くかというと，遺伝子の複製だから遺伝子全体にわたって続く．ただ，遺伝子が長い場合は，複製のスタートが 1 箇所ではなく何箇所かで起こるので複製時間は短縮できる．

間違いの訂正

DNA の複製はこのように進むが，大事なのはリーディング鎖，ラギング鎖の双方で新しく合成された DNA が鋳型 DNA と完全に相補的な塩基配列を実現していることである．この点については，合成反応を進めるときに鋳型 DNA の塩基配列に水素結合で対応する塩基をもっているデオキシリボヌクレオシド三リン酸を酵素が次つぎと選んでゆくわけだが，それだけではやはり間違いもある．そのため一度取込んだヌクレオチドをもう一度調べて塩基配列の相補性が間違っていたなら正しいヌクレオチドを取込み直す**校正**機能もポルⅠ

には備わっている．塩基配列の間違いだけでなく，dTTPを使うべきだったところにUTPを使ってRNAもどきをつくってしまった，というようなところもあとから修正して正しいDNAにする．もともとの酵素システムでも間違いは少ないが，それでも数千ないしは数万塩基対に一つくらいの間違いはある．この程度の間違いの頻度はあまり高くないように聞こえるが，ヒトの遺伝子の場合は数十億対の塩基対があるので数万に一つの間違いでも，全体では10万近い間違いが蓄積することになり，娘細胞が親細胞と同じように正常に機能できなくなる．

“新-旧”，“新-旧”という形でできた2本の二重らせんDNAはそのまま二つの遺伝子となり，二つの娘細胞に分配される．娘細胞がまったく新しい遺伝子の一組をもらうわけではないところがおもしろい．これがメーセルソンとスタールが実験で示した遺伝子の半保存的複製が実際に行われている現場である．

8・4 DNAからRNAへの転写

メッセンジャーRNA

遺伝子の複製はDNAからDNAをつくるのが目的で，二重らせんの両方のDNA鎖を同時にコピーした．しかし，細胞は遺伝子を複製して娘細胞に伝えるだけでなく，毎日の生活に必要な酵素やその他もろもろのタンパク質をつくるために，遺伝子DNAのなかで必要なタンパク質のアミノ酸配列を示した部分を，今度はDNAではなくRNAの塩基配列として写しとってこなくてはならない．このRNAには情報を運ぶという意味で**メッセンジャーRNA**（または**伝令RNA**，messenger RNA），略して**mRNA**という名がついている．mRNAをつくることは複製とはいわず，**転写**（transcription）といい，二重らせんDNAの片方の鎖の塩基配列を必要なだけRNAポリメラーゼの作用で写しとってくる（図8・6）．このさい，二重らせんをつくっているDNAの二本鎖のうち**プロモーター配列**とよばれる特殊な塩基配列（TATAボックス配列など）をもつほうが転写の対象となる．プロモーター配列を探し出したRNAポリメラーゼは次にその近くにある**転写開始点**Xを意味する塩基配列から**転写終結点**を意味する塩基配列（ターミネーター配列）のあるところまでを，写しとる．

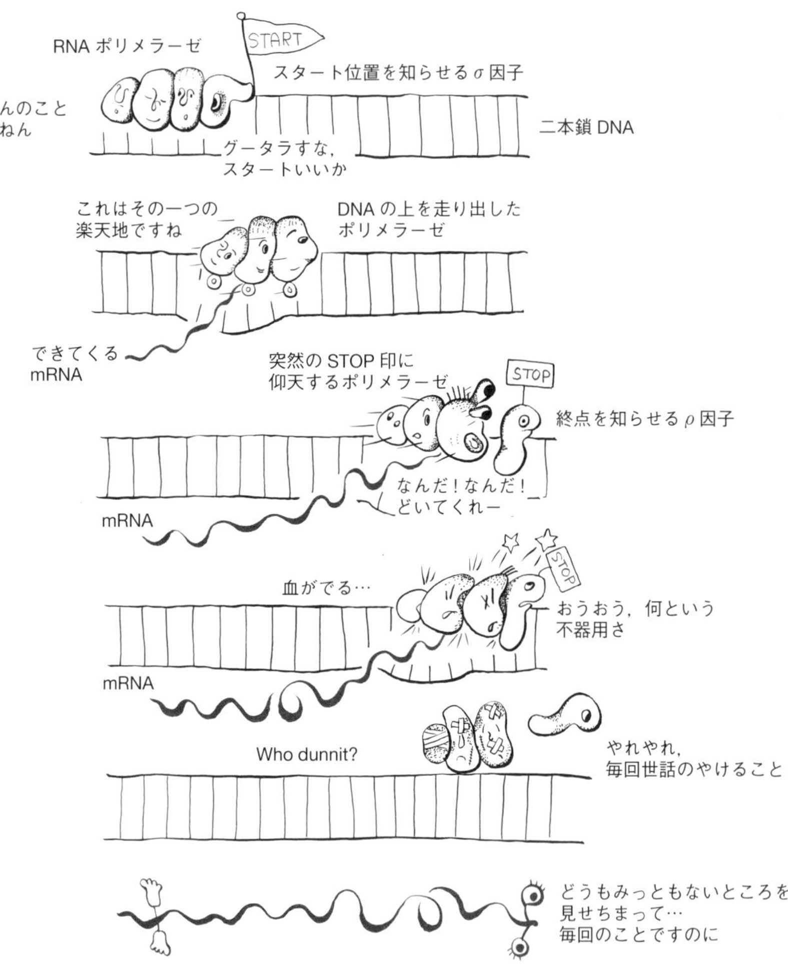

図 8・6　DNA から RNA への転写． RNA ポリメラーゼが DNA を鋳型にして mRNA をつくる様子をイラストで示してみよう．ポリメラーゼは二重らせん DNA の遺伝子として意味のある塩基配列をもつ側のスタート位置に取付いてするすると走り出す．スタート位置はイラストでは目つきの鋭い σ（シグマ）**因子**が知らせている．DNA はらせんを巻いているので，ポリメラーゼも DNA の上をくるくると回りながら動いてゆく．動くたびに溶液から ATP, GTP, CTP, UTP のうちその位置で DNA の配列に相補的なものを取込んで mRNA を合成してゆく．図ではポリメラーゼのお尻からひらひらと出てゆくリボン状のものが mRNA のつもりだ．必要な遺伝子情報が mRNA に写しとられると，転写の終わりを知らせる ρ（ロー）**因子**が待っていて「ここで止まるのだぞ」と教えるしくみになっている．タンパク質があればこんなに高級な酵素反応も自在にやってのけることができる．

もちろん，このRNAポリメラーゼは**DNA依存性**なので，手本となるDNAの塩基配列と水素結合をつくって相補的となるような塩基配列でリボヌクレオチドをつないでゆく点は忘れてはならない．RNAではチミンが使えないので，ウラシルを使ってA=U，G=Cという相補性が守られる．mRNAに転写されるDNA鎖を（−）鎖またはアンチセンス鎖，転写されないほうを（+）鎖またはセンス鎖という．（+）鎖はmRNAと同じ配列をもつほうだ．

真核生物のmRNAには次のような特徴がある．まずその5′末端側に**キャップ**とよばれる特殊な構造がつけられ，3′末端側にはAAAAという**ポリ(A)構造**がつく．このmRNAはある特定のタンパク質のアミノ酸配列をコードするはずであるが，そのままでは駄目だ．長すぎるのだ．まったく不思議なことに，一つのタンパク質をコードする塩基配列はできあがったmRNAのあちこちに

寿命とテロメア

人間には寿命があり，100歳くらいまでで大方の人はこの世に別れを告げる．これに比べると大腸菌などは一定時間ごとに二つに分裂してゆくので，個体の寿命という概念はあてはまらない．いってみれば相当長い寿命をもっている．人間の場合でも患者からとったがん細胞は患者が死んだあと何十年も分裂を繰返して生きている．では細胞には寿命がないが，細胞がたくさん集まった多細胞生物の個体には寿命があるのかという疑問がわく．この問題に取組んだ研究者によれば，がん細胞のようにいつまでも生きる場合は特別で，正常な細胞を培養してゆくとおよそ60〜70回分裂を繰返した段階で細胞分裂が止まるという．70回の分裂で一つの細胞は10^{21}個に増える．この数は途中で死ぬ細胞がいることを考えても，10兆〜100兆（10^{13}〜10^{14}）個の細胞からできているという人の体のすべてをまかなうに十分な数である．ではなぜ70回で分裂が止まるのだろう．それは，毎回の細胞分裂で染色体が複製されるたびに染色体の端についている**テロメア**というDNA構造が少しずつ短くなり，およそ70回の分裂でテロメア部分がなくなってしまうからだ．どうしてこんな仕掛けがつけられているのかわからないが，物言わぬ分子が，人に寿命を設定するために，数十億年をかけて工夫したのがこのテロメア法というわけだ．テロメアを伸ばせば寿命が延びるか，というあたりが最近の話題である．ただ培養細胞の分裂回数の制限と個体の寿命の関係はこれからの研究課題であろう．

分散しているのだ．このままではリボソームにいってもアミノ酸配列を読取ってもらうことはできない．何ですねえ，こんな意味もないものはmRNAではありませんよ，ということになる．分散している塩基配列のアミノ酸配列への翻訳が可能な意味のある塩基配列を切り出して集め，これを間違いなくつないでやらなくてはならない．この作業を**プロセシング**または**スプライシング**という．

スプライシング

スプライシング（splicing）でまず必要なことは，アミノ酸配列として翻訳するべき部分すなわち**エキソン**（exon）とよばれる塩基配列を，**イントロン**（intron）とよばれる必要のない部分から切取って集めることだ．どこからどこまでがイントロンでどこからどこまでがエキソンかというようなことも間違えずに切取り，エキソンをつないでは次のイントロンを切取り，というふうに進む（図8・7）．イントロンの始まりはGUで，終わりはAGという塩基配列になっているので，スプライシングをする酵素が切取り箇所を間違えないのだとされている．

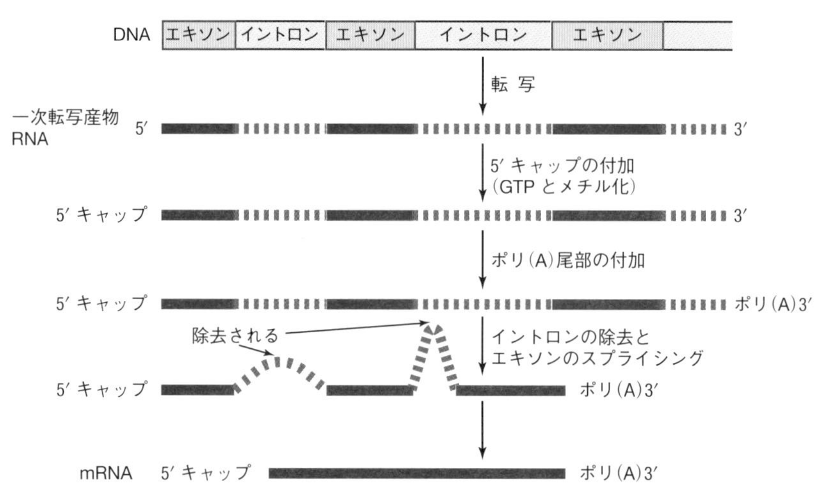

図 8・7　スプライシング． できたてのmRNAにはタンパク質のアミノ酸配列には関係のないイントロンという部分がたくさんついている．これを切除してエキソンという必要な部分だけをつなぎあわせる作業がスプライシングだ．

8・5　アミノ酸配列への翻訳

コドンとトランスファー RNA

でき上がったmRNAの塩基配列をタンパク質のアミノ酸配列に読みかえる作業は，**翻訳**（translation）とよばれ，細胞質にある**リボソーム**という粒子の上で行われる．これは，**リボソーム RNA**（ribosomal RNA，略して **rRNA**）とリボソームタンパク質でできた一種の工場で，この上でmRNAと20種のアミノ酸を突き合わせてmRNAが遺伝子DNAから写しとってきた塩基配列に従ってアミノ酸を並べてゆく．4種類の塩基は2個ずつでは16種の組合わせしかなく，20種類のアミノ酸を指定するには不足するので，**3個ずつで64種の組合わせ**（トリプレットコードという）にしてアミノ酸配列を指定する．20組が一つずつのアミノ酸を指定すると残り44組は余ることになるが，実際には

表 8・1　遺伝暗号表

1番目の塩基（5′末端）	2番目の塩基								3番目の塩基（3′末端）
	U（T）		C		A		G		
U（T）	UUU	Phe	UCU	Ser	UAU	Tyr	UGU	Cys	U（T）
	UUC		UCC		UAC		UGC		C
	UUA	Leu	UCA		UAA	終止	UGA	終止	A
	UUG		UCG		UAG		UGG	Trp	G
C	CUU	Leu	CCU	Pro	CAU	His	CGU	Arg	U（T）
	CUC		CCC		CAC		CGC		C
	CUA		CCA		CAA	Gln	CGA		A
	CUG		CCG		CAG		CGG		G
A	AUU	Ile	ACU	Thr	AAU	Asn	AGU	Ser	U（T）
	AUC		ACC		AAC		AGC		C
	AUA		ACA		AAA	Lys	AGA	Arg	A
	*AUG	Met	ACG		AAG		AGG		G
G	GUU	Val	GCU	Ala	GAU	Asp	GGU	Gly	U（T）
	GUC		GCC		GAC		GGC		C
	GUA		GCA		GAA	Glu	GGA		A
	GUG		GCG		GAG		GGG		G

＊は開始を意味する．AUGがおもな開始コドンであるが，まれにGUGやAUA，UUGも開始コドンとして使われることがある．

一つのアミノ酸を指定する塩基の三つ組が，多い場合は6組もあるのとアミノ酸以外にも翻訳の終点を指示する配列も必要なので，64種の組合わせには全部意味があり，一つひとつの組を**コドン**（遺伝暗号）とよんでいる．64種のコドンとアミノ酸の対応を表した“遺伝暗号表”を表8・1に示す．

コドンとアミノ酸の対応はmRNA上の塩基配列とアミノ酸を対応させるものなので，DNAの上の塩基配列では，コドン表とは相補的なものが対応するアミノ酸を指定している．また，mRNA上に並んでいるコドンの列に対応するアミノ酸が直接結合してゆくのではなく，コドンとアミノ酸の対応を仲立ちする**トランスファー RNA**（または**転移 RNA**，transfer RNA），略して**tRNA**がある（図8・8）．このRNAは分子量約25,000の小さいRNAで，コドンとアミノ酸の仲立ちをするだけでなく，並んだアミノ酸を脱水縮合してポリペプチドとしてつないでゆく過程がエネルギー的に進みやすくなるように，アミノ酸を活性化したかたちで捕らえている．tRNAには20種のアミノ酸に対応して20以上の種類があり，それぞれのtRNAはmRNAのコドンに相補的な塩基配列をもつ**アンチコドン**部分と，そのアンチコドンが指定するアミノ酸を結合する**アクセプター部位**（受容部位）をもっている．tRNAの立体構造をみると

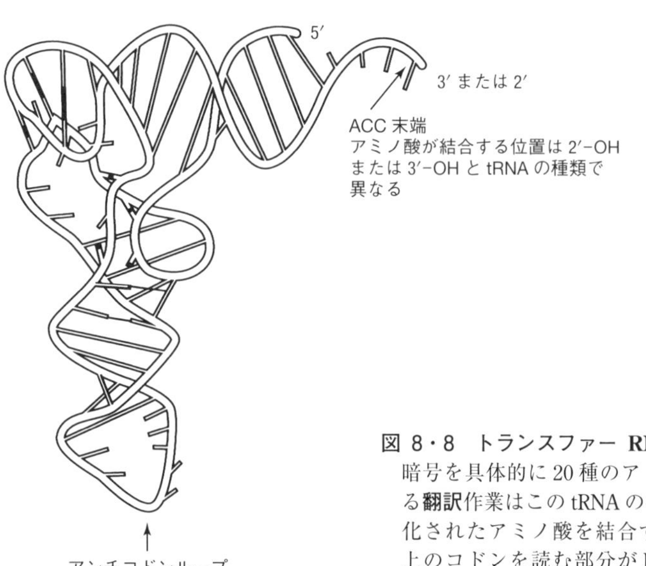

図8・8　トランスファー **RNA**(**tRNA**)．遺伝暗号を具体的に20種のアミノ酸に読みかえる**翻訳**作業はこのtRNAの役目である．活性化されたアミノ酸を結合する部分とmRNA上のコドンを読む部分がL字形の分子の両端にあるのが不思議だ．

アンチコドンのある部位とアミノ酸受容部位はずいぶん離れているのが，各アミノ酸とこれに対応するtRNAとのペアリングを仲立ちする酵素がある．その過程での間違いを校正する機能も調べられている．

アミノ酸の活性化とタンパク質の生合成

細胞の中には活性化アミノ酸を結合したtRNAが十分な量あり，リボソームにmRNAが結合するとそのコドン部位をアンチコドン部位で識別しながらtRNAが結合する．リボソーム上にはいつも2個のtRNAがついていて，その間でアミノ酸のアミノ基とカルボキシ基を使ってペプチド結合が形成されると

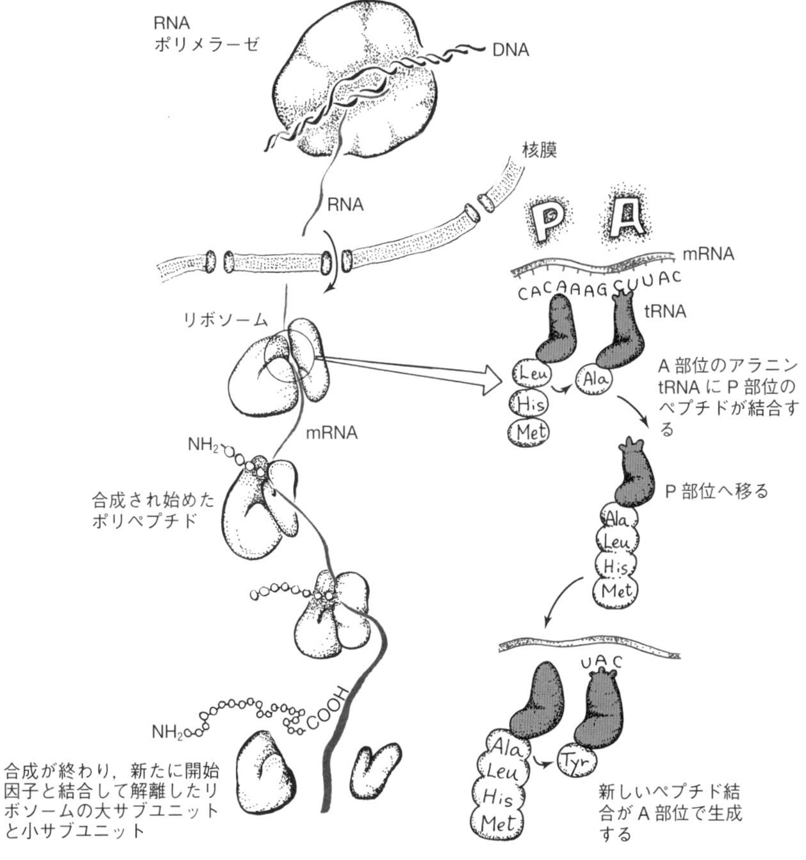

図8・9 タンパク質合成

場所が一つずれて最初のアミノ酸残基はリボソームを離れ，次のコドンに対応する tRNA が入ってきて二つ目のペプチド結合をつくる．この仕事が mRNA 上に終止コドンが出てくるまで続き，新しく合成されたポリペプチドはリボソームからリボンのように押し出されてくる（図 8・9）．

mRNA 以外の tRNA や rRNA も核内で DNA から転写される．これらの RNA にはイントロンはないが，それぞれいくつかの tRNA や rRNA がつながった長い前駆体 RNA がまず DNA から転写された後，一つひとつに切り離され，余分なところも除かれて成熟型の tRNA や rRNA になる．このとき働くスプライシング酵素は RNA でできていることがわかり，**リボザイム**という名でよばれている．かつては酵素はタンパク質でできているものというのが常識だったが，リボザイムの発見で RNA も酵素になれることがわかって生命の起原の考え方にも影響を与えるような大発見となっている．

DNA→mRNA→タンパク質，という遺伝情報の一方向的な流れは**セントラルドグマ**（中心教義）とよばれ，すべて一次元的な配列情報である．それだけの情報でタンパク質機能発現のために必要な三次元的な立体構造の完成に始まり，細胞小器官の構築，それらを集積した細胞構造，細胞の集合としての組織，個体にいたる生体構造が間違いなく形成され機能を発現してゆくのであるから，命が続いている限りタンパク質のアミノ酸配列さえ決めればすべてはうまくゆくことになる．アミノ酸配列が決まれば，あとはアミノ酸残基間の物理化学的な相互作用だけで生命は維持され，進化する．アンフィンセンのドグマ（2 章参照）が生命を支えているのだ．

8・6　遺伝子の発現シグナル

タンパク質を“どうやって”つくるかはこれでわかったが，“いつ，どの”タンパク質をつくるかという時間的な選択の方法を知るのは重要である．子供が大人になるのを見ていれば，細胞がもっている遺伝情報を発現するだけでなく，個々の遺伝情報を“いつ”どの細胞が発現するかということが生物の成長にとって非常に大事であることがわかる．

DNA の塩基配列を mRNA に転写するときのスタートはタンパク質のアミノ酸配列を決める塩基配列をもつ**コード**領域より 5′ 末端側にある**プロモーター**

という配列を RNA ポリメラーゼが見つけてここにとりつくことで始まる．細菌など原核生物のプロモーター部位には**プリブナウ配列**と **−35 配列**とよばれる二つの特徴的な塩基配列とがあることがわかっており，RNA ポリメラーゼのなかの特にシグマ(σ)因子というサブユニットがとりつくときの目印になっている．だから遺伝子をいつ発現させるかを決めるのは，プロモーターに RNA ポリメラーゼがつけるかどうか，どのくらい簡単につけるかどうかにかかっているといえる．リボソームのように大きな分子集合の構造も X 線による結晶構造解析で精密な構造が解かれた．分子量にして 3,000,000 以上という大きな構造体が結晶となり，構造解析ができたということ自体驚嘆に値するが，機能の上からも，ペプチド結合生成を触媒する部位がタンパク質ではなく RNA によって行われているという発見は，リボザイムの例を増やすものとして，また生命の起原について新しい推測をもたらすものとして興味をひいている．

8・7 原核生物のポリシストロン性 mRNA

真核生物では遺伝子は核から出てこないので，転写のときは核内で mRNA がつくられてキャップとポリ(A) がついた後，イントロンを除去しエキソンをつないで成熟型の mRNA とする**スプライシング**を受けてから核膜を通り抜けて細胞質にゆく．イントロンは細菌や古細菌ではきわめてまれである．原核細胞ではいくつかの酵素をコードする mRNA がつながった**ポリシストロン性 mRNA** になっていることが多い．シストロンというのは遺伝子のなかで一つのタンパク質のアミノ酸配列に相当する部分のことだ．シトロエンではない．一つのポリシストロン性 mRNA がリボソームの作用でつくるタンパク質にはヒスチジン合成系の酵素群とか，トリプトファンの合成系の酵素群のように代謝マップ上で関連のある酵素になっている場合が多い．

ポリシストロン性 mRNA の都合のよい点は，たとえばヒスチジンが足りなくて合成しようという場合に必要な 9 種類の酵素のすべてが一時に同じ量だけつくれるという点である．このようにすれば必要な酵素の量にアンバランスが生じて困るということがなくなる．原核生物といえども 30 億年以上の進化の歴史を生きているからこういうことになると人間とどちらが進歩しているかはわからないくらい賢い．

8・8 遺伝子工学

細胞内でつくられるタンパク質のアミノ酸配列はすべて遺伝子 DNA の塩基配列によって決められているので，塩基配列を人工的に変えると，細胞がつくっていた本来のタンパク質とは異なるタンパク質が合成される．こういう技術を**遺伝子工学**とよんでいる．遺伝子を人工的に変える工学操作という意味もあるし，人間にとって有用なタンパク質を大腸菌や酵母につくらせる工業という意味もある．このようにおもにタンパク質の改良や生産に使われる遺伝子工学は**組換え DNA 法**ともよばれている．もともと組換えという言葉は，自然界でも起こっている DNA の交換で雑種ができることを指す言葉であったものを，人間が遺伝子 DNA に直接手を加えて行う遺伝子組換えという意味で使っている．遺伝子をどのように操作するとどういうふうに塩基配列を変えられるかという方法がずいぶんと発達していて，これからの医薬の開発や酵素の産業利用などに大いに期待がかけられている．話だけを聞いていると生物世界に手を加えてとんでもない怪物をつくり出す技術のように聞こえるかもしれないが，その実，あまり大きな変化を遺伝子に加えると細胞が死んでしまうことが多いので想像するような恐ろしいことはまず起こらないだろう．功をあせって，まだまだできないことを明日にもできることのように宣伝する場合もあるので注意がいる．もちろん，コンピューターや自動車をつくるように新しい生物を次つぎにつくりだすなどという芸当はまずはできない．最近の話題は遺伝子が完全に回収できれば古い生物，たとえばマンモスなどを再生することはできるかもしれない，というチャレンジである．

遺伝子工学には，ある生物の遺伝子 DNA を単離して増やしたり（クローニング），増やした DNA に新しい情報を付け加えたり，取去ったり，あるいはほかのものと交換してから元の細胞に戻したりするさまざまな技術がある．その多くは，多種類の**制限酵素**をうまく使うことにある．あるタンパク質をコードする遺伝子の塩基配列の部分配列を読取って，一定の部位で DNA を切断する制限酵素を使って切断したのち，何個かの塩基配列を挿入すると少しばかり長いタンパク質ができるわけだ．このとき，切断も挿入も 3 塩基配列がアミノ酸配列の 1 個を決めるということを忘れないようにしないと，DNA の塩基配列を読取ってつくられる mRNA の塩基配列が途中から意味のないものとなってしまうので，制限酵素の選択には慎重さが必要だ．制限酵素は何百もあるの

遺伝子編集

遺伝子が変われば生物は変わる，という原則は長い間自然突然変異とその結果として起こる生物機能の自然選択に任されていた．細菌から恐竜になるのもその積み重ねだった（塵も積もれば山となる）．しかし，遺伝子を変えるために，人工的に生殖細胞のDNA塩基配列を変える技術が開発された今，これまでにない新しい性質をもつ生物を人工的に生み出すことが試みられている．塩基配列を変えた効果は次世代に現れ，その後も続いてゆく．この**遺伝子編集**とよばれる技術では，DNAの塩基配列中で人工的に変化させたい部分を特異的に切り出し，空いた部分に配列を変えたDNA断片をつないで遺伝子の一部とする．DNAの狙った部分を切り出して入れ替えるために，塩基配列特異的に結合してDNAを切断する制限酵素を用いる．そのおもなものは，ZFN（ズィーエフエヌ，zinc finger nuclease の略），TALEN（タレン），CRISPR/Cas9（クリスパー・キャスナイン）と暗号じみた名でよばれる酵素であり，特にCRISPR/Cas9とその改変物が広く用いられている．新しい塩基配列をもつDNA断片を挿入して新規遺伝子産物をつくり出すノックイン，あるいは遺伝子機能を破壊するノックアウトなどの技術もある．ノックインという名は，まず遺伝子をつぶすノックアウトという技術があり，今度は入れ直すというところからついた．

植物についてはいろいろな病虫害を減らす工夫をした作物，あるいは栄養成分を変えた作物の栽培が賛否両論をよんだ．動物については，医療に必要なヒト型タンパク質の遺伝子を家畜に導入して，ヒト型のインスリンや抗体をつくることができる．また，家畜やヒトについてはある種の病気になりにくいように遺伝子を改変した子供を産むことも可能になりつつあるが，どこまで子供やその子孫の遺伝的性質を親が勝手に変えてよいものかはやはり議論の的となるし，人間改造を始めだしたらきりがないというジレンマに悩むのではないだろうか．

このビワの種，
小さくならないでしょうか？

で，どういうところでDNAを切り，どうやってつなぎ直すかのための酵素の選択はコンピューターが手伝ってくれるようになっている．一番よく行われるのは自分が研究しているタンパク質のアミノ酸配列のうちの1箇所を変えるとタンパク質の性質や機能がどう変わるか，という研究である．酵素としての機

能が高くなることを期待して変えると低くなる場合もある．安定性を増そうと思って変えると不安定になる場合もある．まあ，あまり期待どおりにはいかない場合が多いが，時どきは機能が何倍も上昇することがあるので「やめられない」実験だそうだ．二つの異なるタンパク質を無理につないだハイブリッドタンパク質や，半分ずつをつないだキメラタンパク質なども研究の必要があればつくることができる．

もっと実用的には，自然にある細胞や血液から精製していてはとても必要な量がとれないような微量タンパク質を大量に生産することに使われる方法がある．たとえば,人間のインスリンが必要な場合でもなかなか大量にはとれない．そういう場合に，ヒトインスリンの遺伝子DNAを大腸菌の体内にプラスミドやウイルスのような自己増殖性のDNAの形で入れてやる．このようなプラスミドあるいはウイルスDNAは，宿主（ホスト）である大腸菌の体内で大腸菌の代謝システムを利用してどんどん増えてゆく．プラスミドは大腸菌を退治しようとして人間が使う殺菌剤に対して菌に抵抗性を植えつける遺伝子をもっているので大腸菌にとってはありがたい存在だ．このプラスミドにインスリン遺伝子を制限酵素を使って組込んでおくと，大腸菌がヒトのインスリンを生産してくれるというわけだ．うまい考えでしょう．この方法がだんだん進歩してきて，大腸菌だけでなく，いろいろな細菌や植物，あるいは動物細胞を使ってさまざまなタンパク質がおもに医薬として使う目的で生産され始めている．植物から動物のインスリンをつくったり，抗体タンパク質あるいはヒトの成長ホルモンをつくったりすることだってできるのだ．医薬だけでなく，植物が害虫を麻痺させたり，死なせたり，子孫をつくらないようにする分子を生産するように操作すると害虫による被害を受けにくい作物の品種をつくり出すこともできる．夢を受け売りしているようだが，このくらいは現にあちこちで試されており，実用化されている研究もある．

遺伝子工学にはこのほかにもいろいろなバリエーションがあって，あるタンパク質の遺伝子を壊してしまうノックアウト法（コラム〈遺伝子編集〉参照）というのもある．機能のわからないタンパク質の生産を止めてしまうとどういう不都合が現れるかをみることで，そのタンパク質の機能を知ろうというわけだ．生まれてくるために必要なタンパク質をノックアウトしてしまうと子供は生まれてさえこないので，重要だということ以上にその機能を知ることができない．遺伝子治療という方法では，重病の患者に欠けていたり機能が不足しているタンパク質の塩基配列をもつ DNA を患者の体内に入れて必要なタンパク質を自分自身でつくれるようにして難病を治療しようとする．まだ成功例は少ないが，遺伝子操作が役に立つ，期待される治療方法である．

細胞工学

クローン動物・植物の場合は遺伝子工学というより細胞工学とよべる．細胞も実にいろいろな方法で人工的に操作され始めている．人工授精という方法で子供をつくる場合は割合簡単な細胞操作であり，卵子を人工的な環境で受精させてから体内に戻す．卵子の遺伝子 DNA を組換えたり，本来ない遺伝子を導入してから体内に戻すというような方法はまだ許可されていないし，実験的にも行われていない．もともと体にある細胞に不足している DNA を外から人工的に注入して周辺の細胞に取込ませる，という結構な荒業も研究上は使われていて，「よさそうだ」という声を聞く．

iPS 細胞と再生医療

遺伝子を導入するという方法で画期的なのは，ニュースでも頻繁に聞く **iPS 細胞**だ．これは**人工多能性幹細胞**（induced pluripotent stem cell）という長い名の略称．まず，幹細胞（かんさいぼう）とは，分化した器官の修理・再生に際して，それぞれの器官に特有な複数種の細胞へと分化できる細胞のことで，卵細胞からとれる．さらに原初的な胚性幹細胞（embryonic stem cell），略して ES 細胞は，体中のいろいろな器官に分化できる．一方，将来は赤ちゃんとなる卵細胞を壊さずに，すでに成体をつくっている“体細胞を取出して培養し，これに”特定因子（初期化因子）を導入することにより多機能性幹細胞としたものが iPS 細胞であり，山中伸弥が初めて少数の遺伝子を体細胞に導入して培養し成功した（ノーベル医学生理学賞）．この初期化因子をふつう成体では発現していない 4 個の遺伝子（*Oct4*, *Sox2*, *Klf4*, c-*Myc**）と特定するのに成功したのが山中教授だ．いまではいろいろな化学物質の助けも借りて必要な遺伝子の数が減ってきてい

* 遺伝子の名は暗号じみていてむずかしい．たとえば c-*Myc* は骨髄細胞腫症（myelocytomatosis）の原因となるニワトリウイルス v-*Myc*）に類似したヒト遺伝子（cellular Myc）のことである．

る．iPS 細胞を培養条件を変えて培養して，体内のいろいろな器官をつくる方向へ自由に分化させて移植用の器官をつくるのが人体再生医療と言われる分野だ．たとえば，心臓，腎臓，皮膚などへの分化を誘導する培養条件を整えると，それぞれ，心臓，腎臓，皮膚などの機能を再現できる細胞群が得られる．これは病変で破壊された器官の再生を可能とする画期的な方法なので，日本はもちろん世界的に多様なプロジェクトが進められている．他人の卵細胞でなく，患者自身の体細胞から誘導できるので，免疫的な拒絶や倫理の問題もクリアできる．

8・9 ウイルスとバクテリオファージ

ウイルスはバイラス，ビールス，ともいうけれど，基本は“病原体”であり，インフルエンザウイルス，エイズウイルス，ポリオ（小児まひ）ウイルス，コンピューターウイルスなどとして恐れられている．ウイルスは大変小さく，細胞よりずっと小さいので病原菌を沪過法で除いた後でも残っている病原体として発見された．細胞より小さいはずで，ウイルスは遺伝子として働く**核酸**とそのまわりを覆って保護している**コートタンパク質**だけでできている．コートタンパク質のまわりに細胞膜のような脂質をつけているものもあるが，それはウイルスが細胞の中で増殖した後で細胞から出てくるとき細胞膜を失敬してくることが多い．ウイルスのなかでも細菌（バクテリア）に寄生するものを**バクテリオファージ**（単にファージともいう）という（図 8・10）．

ウイルスは自分では増えられないし，餌も食べないし，エネルギーも使わないので泳いだりもしない．漂っているだけだ．ウイルスは漂っている間に動物や植物，果ては細菌の細胞にゆきあたると付着して中に入るか，自分の遺伝子核酸（これには DNA の場合もあるし RNA の場合もあるが）を細胞内に注入する．遺伝子を注入された細胞はこの外来の遺伝子を制限酵素とよばれる酵素を使って分解しようとする．制限酵素はメチル化された DNA を分解できないことは前に述べた．バクテリオファージのあるものは自分の DNA をメチル化して制限酵素の攻撃を受けないようにカモフラージュしている．ファージも頭がよい．ウイルスの遺伝子はこのようにしつこく生き抜いて細胞の遺伝子の中に入り込んだり，細胞のタンパク質合成のシステムに自分の遺伝子からつくったメッセンジャー RNA を送り込んで大量のコートタンパク質をつくらせると同時に自分の遺伝子核酸のコピーを大量につくらせる．遺伝子核酸とコートタンパク質が十分できると遺伝子の上にコートをまとって何百倍にも増えたウイルスが，ふいと細胞から出ていってしまう．細胞から出るときそっと細胞膜をすり抜けてゆくのはたちのよいもので，ひどいのは世話になった細胞を破裂させて一斉に出てゆく．

ウイルスはこのように細胞に寄生して増える変則的な生き物である．あるいは生き物とはいえないかもしれない．自分でいるときは何も生き物らしいことはしないのだから．ウイルスはインフルエンザ，エイズなどいろいろな病気をひき起こすが，細胞の中で増えるのでワクチンをつくって退治するという免疫的な治療が使いにくい．ワクチンに効果があるのは，これが免疫グロブリンの

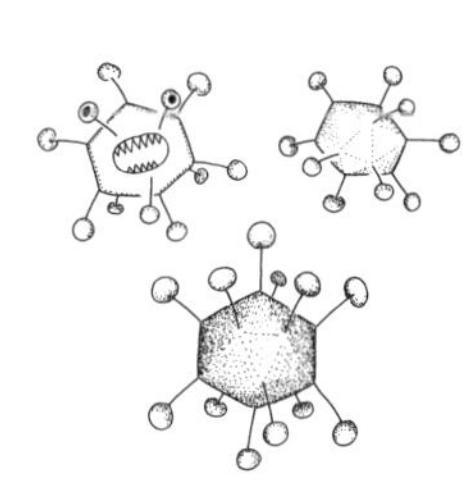

動物につくアデノウイルス

アデノウイルスにかかって
風邪をひいている犬
情なや鼻が汁出し重湯かな
…一句

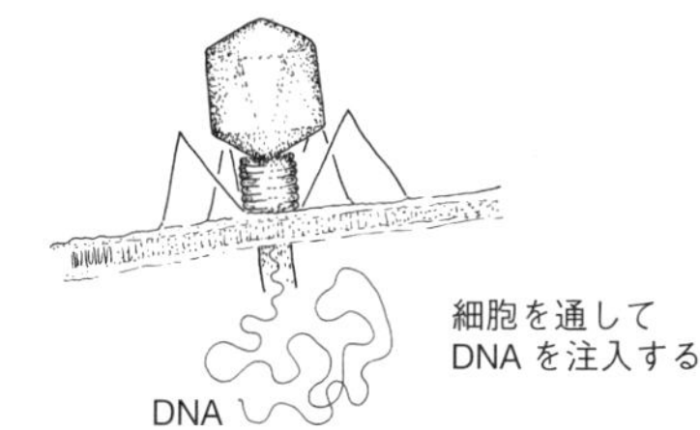

細菌につくバクテリオファージ

図 8・10 ウイルスとバクテリオファージ． いずれも自立性がなく，他の細胞に寄生して増える厄介者だ．DNA または RNA でできた最小限の情報をもつ遺伝子とそれを包むだけのタンパク質でできていて，自分で餌をとるとか，タンパク質をつくるとか，遺伝子を増やすとかは一切しない．生きた細胞にとりつき，潜り込んでその細胞の遺伝子複製装置やタンパク質合成装置を乗取り，材料となるヌクレオチドやアミノ酸も失敬して自分の子孫を増やして出てゆく．まことに調子のよい連中である．

生産を刺激して血液中の病原体を捕まえるためだから，病原体が血液中に出ていなくてはやりにくい．細胞の中で増える相手は攻撃しにくいのだから細胞を破って出てきたところを捕まえるしかない．

エイズウイルス

エイズウイルスが恐ろしいのは，このウイルスがとりついて入り込み，果ては殺してしまう細胞が免疫系の**ヘルパーT細胞**だからである．この細胞が破壊されると図7・10でヘルパーT細胞が関係する免疫ルートが進まなくなり，いろいろな病原菌が体中で暴れ出す．そのためエイズにかかるとエイズウイルスの直接の作用で病が重くなるというより，さまざまな病気を併発して衰弱するのだ．おまけにエイズウイルスは自分のコートタンパク質のアミノ酸配列をしばしば変化させて，あるアミノ酸配列を目印にしてウイルスを追いかけている免疫グロブリンをあざむくという高等手段をもっている．怪人二十面相が次つぎにマントの色を変えて逃げまくるようなものだ．

逆転写酵素

ウイルスのもっている遺伝子核酸はDNAのこともあるし，RNAのこともある．遺伝子がDNAの場合はこれが二本鎖になっているものと1本だけのものとがあるが本質的にはほかの生物の場合と同じだ．しかし，エイズウイルスなど**レトロウイルス**というRNAウイルスの場合はちょっと違う．RNAだと遺伝子からmRNAをすぐつくらないで，遺伝子RNAを鋳型にして相補的なDNAをまず1本つくり，さらにこのDNAに対して相補的なDNAができて結局DNAの二本鎖がつくられる．RNAを鋳型にしてDNAをつくる酵素は**逆転写酵素**（リバーストランスクリプターゼ）といい，ウイルスの遺伝子でコードされウイルス粒子に組込まれる．この二本鎖DNAは次に細胞（宿主という）の遺伝子DNAの一部として組込まれ，宿主遺伝子の転写と翻訳の過程に従いウイルスタンパク質の合成が始まる．合成されるタンパク質の一つが逆転写酵素であり，一つがコートタンパク質，キャプシド，またはエンベロープタンパク質といわれるタンパク質である．これらのタンパク質と宿主のRNAポリメラーゼの作用でつくられたウイルスの遺伝子となるRNAがパッケージされてウイルス粒子となる．

新型コロナウイルス

2019年から数年間世界中で猛威をふるった新型コロナウイルスは遺伝子として一本鎖RNAをもつがレトロウイルスとはよばない．新型ウイルスの本名はSARS-CoV-2（severe acute respiratory syndrome coronavirus 2）といい，その感染で生じる病態をCOVID-19（coronavirus disease 2019）とよぶ．遺伝子はRNAだがその複製には逆転写酵素を使ったDNA生産ではなく，RNA依存性RNA合成酵素（長いのでRdRpと略す人もいる）を使って遺伝子RNA（＋）鎖に相補的なRNA（－）鎖をつくる．この酵素は，最初に細胞内に入ったRNA（＋）鎖がそのまま1本全体が数種のタンパク質がつながったポリタンパク質として翻訳された後，最初のRNA（＋）鎖を鋳型としてRNA（－）鎖をたくさんつくる．さらにこれを鋳型として同じ酵素でRNA（＋）鎖をたくさんつくって次世代のウイルス遺伝子とする．その間に（＋）鎖からは次つぎとポリタンパク質がつくられ，RdRpやコートタンパク質も増え，それぞれの役目を果たし，ウイルスを増産する．電子顕微鏡で見ると直径100 nmくらいの球形をしており，表面にスパイクとよばれる棘をたくさん生やしている〔この棘が王冠（コロナ）のように見えるからコロナウイルスと名づけられた〕．この棘の先端で標的細胞の表面にある，たとえばアンギオテンシン受容体に結合し，二度とは離さじとばかりとりつくと細胞膜に自分の脂質膜を融合させ，そろりと細胞内に入ってゆく．このスパイクタンパク質に結合して受容体との結合を邪魔するタンパク質や薬剤でウイルスの侵入を防げばCOVID-19から身を守ることができるというわけだ．

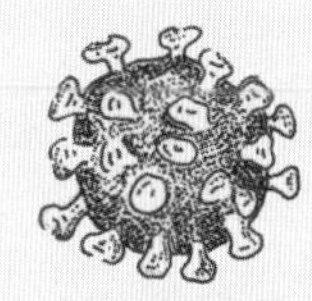
うちらRNA一本でっせ！

このように，ウイルスは分子生物学の知識を駆使するかのようにして，実に巧妙に私たちを脅かしてくる．繰返しになるが，自分のもっている1本のRNA（＋）鎖を細胞にそのままmRNAとして使わせて，このRNAを傷つけることなくポリタンパク質をつくり，そこからRdRpを切り出して温存しておいたRNA（＋）鎖をもとにRNA（－）鎖を増やし，それをもとに遺伝子RNA（＋）鎖を増やし，衣をかぶって出てゆくところなどはまさに悪知恵といえる．また，終始一貫RNAを使って複製すると塩基配列の間違いを正す校正機構が働かないので複製時に塩基対を間違えることが多くなり，突然変異率が高くなるので普通は致命的だ．これはしかし，私たちの免疫機能をすり抜ける，あるいはワクチンの先をゆく効果があるとも考えられる．どこまでも，「やるじゃん」という寄生物であり，分子生物学の試験は満点で通れるはずだ．そして，ウイルスにとって私たちの体は「衣食住」揃った暖かい住まいなのだ．

一般にウイルスは数個のタンパク質のアミノ酸配列を指定するだけの遺伝子をもっていれば十分であるが，なかには100個以上の遺伝子をもつDNAウイルスもある．

8・10 ゲノミクスからプロテオミクスへ

ヒトの染色体がもつすべてのDNAの30億対といわれる塩基配列を決めるヒトゲノム計画が終わり，ほぼすべての遺伝子のもつ情報が公開されている．46対の染色体にのっている長いDNA分子を各種制限酵素を使って短い断片に切ってからすべての断片の塩基配列を高速電気泳動法で決定してゆく．断片のつくり方をいくつか変化させてはそのつどフラグメントの塩基配列を決めればフラグメントの塩基配列に重複部分がでてくるので，もとのDNA上でのフラグメントのつながりを決めることができる．この方法の力点は高速電気泳動法によるフラグメントの塩基配列決定と，コンピューターによるフラグメント配列順の解析である．遺伝子はタンパク質のアミノ酸配列をコードするエキソン部分とその間に入っているイントロン部分からなっているうえに，意味のないと思われる単純な繰返し配列部分も多いので，実際にタンパク質の遺伝子として意味をもっているのはおそらく数パーセントと考えられる．そうすると人の遺伝子がコードするタンパク質の数は30,000～40,000程度となる．この数はすでにわかっている大腸菌がもつ遺伝情報のおよそ10倍，ショウジョウバエのおよそ2倍程度であり，意外に少ない．

ゲノム解析が一段落すると今度は細胞内のタンパク質について網羅的に研究して，その構造，機能，相互作用を一覧表のように明らかにしたいというのがプロテオーム解析である．タンパク質（プロテイン）についての（ゲ）ノーム解析という意味で新語，プロテオームがつくられた．それらがすべてわかった暁には，細胞内の生化学反応をすべてコンピューターでシミュレーションできるのではないか，という試みも始まっている．生命は細胞レベルになって初めて生きているという状態が出現して生命らしさが出てくる．タンパク質やDNAレベルではまだ命のない分子である．命のない分子を命のない細胞膜でつくった小さい袋に閉じ込めて初めて，細胞は生きているという状態を実現した．生きているので“死ぬ”ことも新しい機能として加わる．細胞は傷害を受けて生きておれなくなり死ぬこともあるが，自ら死ぬ準備をして一定の手順を踏んで死んでゆくものが多い．これは，個体が卵から成体になる間，あるいは老いてゆく過程で不要になる，あるいは他の細胞の機能発現の邪魔になるというような場面で特定の細胞が**アポトーシス**という自死現象をみせることで発見された．アポトーシスで死ぬ細胞では染色体DNAが特徴ある方法で切断されるので，電気泳動法でみると一定間隔でフラグメントが並んだはしご状の泳動

ナノ，ナノ，ナノ

近来はナノの世界が注目を浴びていますね．**ナノ**は10億分の1という意味なので，ナノメートル（nm）は1 mの10億分の1，1 mmの100万分の1，1 μmの1000分の1の長さ，最近まで原子の世界で使っていたオングストローム（Å）の10倍となるわけだ．卓上にある食塩の結晶の中ではNaとClが0.28ナノメートル間隔で立方体状に並んでいる．生化学的には，球状タンパク質の直径が5〜10 nm，DNAの太さが2 nm，細胞は数μmから100 μm程度の直径をもち，細胞膜の厚さ8〜10 nmなので，これからはナノの世界に慣れたいものだ．ナノの世界の研究はフラーレン，ナノチューブ，そして原子一層分の厚さしかないのに幅は数十cmのものもつくれるグラフェンというシート状構造の発見で勢いがついた．これらはみな炭素原子が一次元，二次元，三次元方向に並んでおり，大まかに言えば分子よりは大きく，機械でつくる部品よりは小さいので，新しい電子機器や医療材料として期待されている．そのための，ナノ材料を手玉にとる分子操作や測定技術の進歩が目覚ましい．そのおかげで，nmの単位の大きさをもつ構造の可視化や，大きさや厚さがnm単位をもつ人工ナノカプセル，ナノシート，ナノパーティクル，ナノチューブ，デンドリマー（樹枝状分子集合体）などを利用した電子機器，医療用品，化粧用品への用途開発が盛んに行われている．こういう小さい構造体に医薬品などを結合したものは単位表面積当たりに結合する医薬密度が高く，細胞への吸収効率がよいので，**DDS**（ドラッグデリバリーシステム，薬物送達システム）として，従来より高い効能が期待されている．また，その小さいサイズと原子レベルの精度をもつ加工技術と分子に自己組織化によりコントロールされた構造をもとにしての開発研究も盛んに行われている．

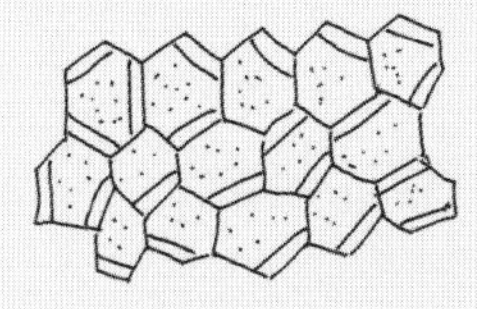
グラフェン薄片

結果が得られ,傷害を受けて死ぬ細胞とははっきり異なる死に方をする.一方,生きた細胞内でのタンパク質分解はオートファジー(自食作用)とよばれ,異常タンパク質の除去やアミノ酸のリサイクルに役立っている(1章コラム〈こんな細胞小器官も仲間入り〉参照).

遺伝子操作や細胞操作は究極の生命操作なので人間が勝手に行ってよいものかどうかという議論も高まっている.自然界にはない,経済的な価値を生命や遺伝子に付加することになるので,命に値段がつけられる,という事態が差し迫ってきているというわけだ.何の場合でもそうであるように,技術的に可能なことは利用されてゆく.よい使い方も悪い使い方も可能である.人間進化の道筋を人間の手で変えることも進化のなかに入っているのかもしれない.重要なのは私たちが自分で考えて良し悪しを選択した使い方をしてゆくことだろう.そのためには遺伝子を扱う技術がどういうものであるかという知識をもっている必要がある.こういう問題は日本だけでなく国際的な広がりをもつ問題なので,基礎的な知識に裏付けられた議論ができるようになりたい.そのためにも生化学をしっかり勉強しておきたい.

DNAの塩基配列決定法

DNAの塩基配列を解読するということは，それぞれに違った顔をもつ生物の遺伝的な設計図を知るということ．解読して塩基配列の一部に変化があれば，突然変異が起こる可能性や遺伝病にかかる可能性，病原体の同定，さらには生物進化の歴史などがみえてくる．

DNA/RNAの塩基配列を決めるジデオキシ法（サンガー法）

DNA鎖上でA, T, G, Cの4種の塩基がどういう順序で並んでいるかを決めるには，一本鎖にした鋳型DNAに対して，4種のデオキシリボヌクレオシド3′-リン酸（dNTP，NはA, T, G, Cのどれかという意味）と少量のジデオキシリボヌクレオシド3′-リン酸（ddNTP）を混合する．デオキシリボースの3′でも −OHが −Hとなっており，取込まれたあとからのDNA伸長反応を止める．ddNTPには塩基により異なる蛍光試薬がついている．この溶液にDNAポリメラーゼと，鋳型DNA合成に必要なプライマーを入れてDNA伸長反応を行わせる．

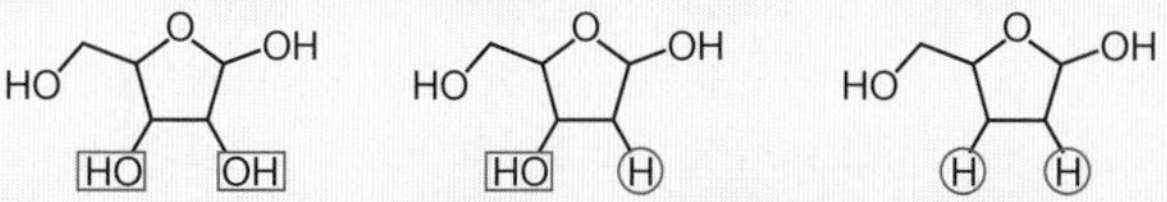

リボース　デオキシリボース　(2′,3′-)ジデオキシリボース

ジデオキシリボースの仲間たち

伸長反応は鋳型DNAに結合したプライマーの3′末端から始まり，鋳型上にこれと相補的な塩基配列をもつ新しいDNAを産み出してゆく．4種のdNTPが基質として使われるが，たまたまジデオキシ型が取込まれると，それ以後の伸長反応は停止する．伸長反応がどこで止まるかはランダムなので，多くの鋳型DNA上で，反応があちこちで止まった長さの異なるDNAの混合物ができる．このDNAを変性剤で一本鎖として電気泳動により長さ順に分離する．電気泳動を終えたゲルにレーザー光を当ててジデオキシ型につけた蛍光試薬を光らせると，各バンドの位置から反応がDNA鎖上のどの位置で止まったかが決まるので鋳型上での相手の位置がわかる．4種のddNTPにそれぞれ異なる蛍光試薬がついているので，1回の電気泳動でもとのDNAの塩基配列を再構成できる．RNAの塩基配列決定には，まずターゲットRNAをRNA依存性DNAポリメラーゼを使ってDNAにしてから上記の方法を使う．

試料DNA(鋳型DNA)の塩基配列のうち，Tの位置を決める例をみてみよう．

ATGGTTCGGTGTAATGATの配列をもつ鋳型DNAをこの方法で増幅すると次のような配列をもち，3′末端がすべてジデオキシA (ddA) で終わる複数種のDNAを得る．その生成DNAの長さが複製開始点から鋳型上の各Tまでの塩基数を与える．

TddA
TACCddA
TACCAddA
TACCAAGCCddA
TACCAAGCCACddA
TACCAAGCCACATTddA
TACCAAGCCACATTACTddA

電気泳動移動度は短いものが一番大きく，以下順に遅くなるので，ゲル上の位置からそれぞれの塩基数がわかる．つまり，どのDNAも1残基ごとにリン酸の負電荷をもつので変性剤中でゲル電気泳動すると，大きいDNAほどゲルの網目にひっかかりやすいので動きが遅くなる，というわけだ．これを異なる波長の蛍光を発する他の3種のddNTPについても行えば，初めの鋳型DNAの塩基配列がわかる．

次世代DNAシークエンサー（NGS）

前の方法では試料DNAをかなりの量必要とするので，次世代シークエンサー(next generation sequencer，NGS)の一例では，DNA鎖1本を出発点とする．これが合成反応実時間追跡である．まず1分子の一本鎖DNAを細かく切断してライブラリーとよばれる分子集団をつくり，長さをある程度揃えてからその両端に配列のわかっているタグ(目印塩基配列)をつける．一方，固体基板にこのタグと相補的な配列をもつDNAを固定した後，ライブラリーDNAを添加すると，各DNA鎖は，基板上に1本ずつ固定される．それぞれをPCR法で一斉に増幅すると，各DNA鎖の周辺に同じ配列をもつ新しいDNA鎖がクラスターをつくって固定される．伸長反応の基質として4種のデオキシヌクレオチドにそれぞれ異なる蛍光試薬を結合したもので，3′-OHには伸長ブロック剤(保護基)がついたものを使う．伸長反応が1段階終わったら蛍光試薬とブロック剤を外し，洗い流してから同じような次のステップに進む．

このようにして1000万以上あるクラスターのDNA配列を読取ることができ，それぞれの塩基配列をコンピューター上で並べ，部分的に同じ配列をもつDNAを並べてゆくことで長いDNAの配列を得る．これを100回繰返すと10億のフラグメントの塩基配列解析結果を得る．

おわりに

これで基礎の生化学の勉強がようやく終わりましたね．生化学は，分子生物学，医学，薬学，生物有機化学，生命工学，農学，獣医学など生命科学に関係するあらゆる分野の基礎なので，バイオに関係する仕事につく人は必ずしっかり勉強してください．

最近は，大学や専門学校でバイオ関連の学問分野に進む人が増えている．また，学部や大学院で生命に関係ないコースをとった人にも，自分の興味から，あるいは会社の方針によってバイオ方面の知識を必要とする機会が増している．仕事と関係なくとも，自分が人間である以上，命というものについて何らかの感慨をもつ人が多いのは当然であろう．個々の生物現象を研究するのは専門家に任せるにしても，多くの人に生命活動の基礎概念はもっておいてもらいたい．生命を成り立たせるには多くの種類の分子が必要であり，本来どの分子も重要な役割をもっている．DNA，タンパク質，脂質，多糖類，ATP，アセチルCoAなどの分子の働きはその構造によって支えられており，その構造は化学結合の理論に従って組立てられている．化学，生化学を問わず，分子構造とその機能は多数の原子核とそのまわりにある電子が示す，自らの立場を感知しての振る舞いにある．電子の自然の立ち居振る舞いを人間がつくった科学では化学結合論という理論で理解し，さらに今度は電子の振る舞いをこの理論を利用して人間の手で制御することに成功してきた．その結果，自然界には存在しない多くの有機・無機材料がつくられ，使われている．また原子や分子や金属・半導体から飛び出した電子を制御して，テレビに使うブラウン管や電子顕微鏡をつくり出した．金属や半導体内の電子の運動をコントロールすることからレーザー光源やフォトダイオードがつくられるというように，人間の知識活動から生まれる技術はすばらしいものである．このような技術の進展を利用して，生命科学分野にも革命的な進化がもたらされ，ヒト染色体DNAのもつ全塩基配列を読取ることに成功した．また，遺伝子がコードするタンパク質の立体構造を網羅的に解析する計画も進んでいる．人間は生命を理解するために必要な情報を時々刻々集積し，生命に関する描像を年々新たにしている．今では，「分子が集まると生命が誕生する」と言える一歩手前まで近づいているように思われるが，まだ勇気をもって断言できる人はいない．なぜなら，分子を集めて生命を誕生させてみせることのできる人がまだいないからである．

すべてを分子に基礎をおいて考える生化学を学ぶことにより，生命に関するさまざまな神秘的あるいは独善的な考えを排してバランスのよい生命観をもてるようになる．自然を理解することがどこまで進んでも「当たり前」なことを増やしはしないので，いつまでたっても不思議な感じはなくならない．それは電子の挙動そのものが決して当たり前ではないからである．生命はその極とし

宇宙の生命？

地球上に生きる生物を見ると，「この複雑さ，巧妙さは材料と環境さえ整えばどこでも生じるものなのか？ 他に仲間は？」と思いませんか？ 生物を形づくっている元素は，酸素(63%)，炭素(20%)，水素(9%)，窒素(5%)，カルシウム(1%)，その他(2%) であるが，これらの元素はいつごろからあるのだろうか．まず宇宙のビッグバンから3分間の間にヘリウム，リチウム，重水素がつくられ，その後，億年という単位で水素，炭素，酸素，窒素などが星の内部に生じてきたという．宇宙の年齢は139億年というから130億年以上前となる．その後45億年ほど前に地球が誕生し，それから数億年で原始生命が発生している．1億年，10億年という時間でどういうことが起こり得るのか？ ほかの星でも数億年で生命とよべるようなものが発生するのか？ という疑問は誰でももつと思うが，それは実証できていない．恒星の周辺に存在する惑星は最近になって数千個が発見されており，なかでも地球から約100光年という“近い”距離にある“TOI 700d”と名づけられた惑星の環境は生命を宿しうるものとして注目されている．また約120光年の距離にあるK2-18bという惑星の大気は水の成分を含むので，生命存在の可能性がある．二つとも天文学的には地球に近い距離にあるのだが，行ってみるにはまだ遠い，まして何億光年の向こうにいる生命体とは電波で交信するにしても手紙を出してから返事がくるまでに2×数億年かかるわけなので確かめようがない．せめて数億年前に地球外生命体から発せられた電波（光学）情報を運よく地球で受け止められればうれしい知らせとなる．

恒星　　惑星に生じた生命

てやはり不思議なものではあるが，人間の手である程度は病気を治したり，あるいは生産活動に利用したりできるようになってきている．生化学の基礎の一つは醸造業にあり，もう一つは医学にあり，人間活動に密着した応用的な学問である．生化学が応用学問とすると，その基礎は物理学と化学にあり，その出口は生物学関連の諸科学にある．生化学を学んで，さらにその基礎を化学，物理学に求める研究態度もあるし，さらに人間活動に密着した医療・産業活動に求める道もある．生命活動をよりよく理解し，さらには生命の起原と進化を分子レベルで解明する手掛かりも得られる．いずれにしても生化学を知らなければ生命は語れないというのは真実である．これからのバイオサイエンス，バイオテクノロジーは分子による細胞操作が中心になるからである．医薬開発はまさにその中心だし，バイオセンサーの開発もまた分子反応が基礎である．遺伝子工学においても，人間が細胞機能をうまく利用していることになる．まさに分子の働きを人間が制御して役立つものにしようというのだから，生化学がその基礎になることはまちがいない．

掲載図出典

p. 7　図 1・4　L. Pauling, "The Nature of Chemical Bond", 3rd ed., Cornell University Press (1960)〔小泉正夫訳, "化学結合論", p. 81, 共立出版 (1962)〕より改変.

p. 32　図 2・12　R. E. Dickerson, "The Proteins", H. Neurath ed., p. 11, Academic Press (1964).

p. 33　コラム図　"プリオン病: 死の病原体の足取りを追え" (気になる科学ニュース調査 2001), サイエンス・グラフィックス(株) より許可を得て転載.

p. 53　図 3・2 (上)　D. C. Phillips, *Sci. Am.*, **125**, 78 (1966).

p. 62　図 3・8　T. Ueda, H. Yamada, M. Hirata, T. Imoto, *Biochemistry*, **24**, 6316 (1985).

p. 64　図 3・11 (下)　A. Fersht, "Enzyme Structure and Mechanism", p.292－293, W. H. Freeman (1977).

p. 77　図 4・3　"シンプル生化学", 林 典夫, 広野治子編, 南江堂 (1988), p. 109 より改変.

p. 81　図 4・6　同上, p. 104 より改変.

p. 85　図 4・7　同上, p. 112 より改変.

p. 175　図 8・1　M. H. F. Willkins, S. Arnott, *J. Mol. Biol.*, **11**, 391 (1985).

p. 176　図 8・2　J. N. Davidson, "The Biochemistry of the Nucleic Acids", 7th ed., Methuen, London (1972).

図 1・1 (p. 4), 図 1・2 (p. 4), 図 3・10 (p. 63), 図 3・11 左上 (p. 64), 図 6・2 左 (p. 131), 図 6・4 (p. 134) は Protein Data Bank のデータをもとに作製.

索　　引

あ　行

IMP → イノシン酸
IL-1 → インターロイキン 1
アイオドプシン　162
Ig → 免疫グロブリン
IgG　169
iPS 細胞　195
IPP → イソペンテニルピロリン酸
アクセプター部位　188
アクチン　144, 145
　——の分子構造　145
アシドーシス　129, 156
アシル基　92
　——の担体　92
アシルキャリヤータンパク質　114
アスコルビン酸　47, 141
アスパラギン　27
アスパラギン合成酵素　102
アスパラギン酸　27, 101
アスパラギンシンテターゼ → アスパラギン合成酵素
N-アセチルガラクトサミン　22
N-アセチルグルコサミン　22
アセチル CoA　75〜77, 82, 93, 115, 121, 122
　——とマロニル CoA の縮合　115
アセチル CoA カルボキシラーゼ　114, 116
アセチルコリン　163
アセチルコリン受容体　163
N-アセチルノイラミン酸　22
N-アセチルムラミン酸　24
アセトアセチル CoA　113
アデニル酸　107
アデニル酸シクラーゼ　151〜154
アデニン　42, 43, 107, 174
　——の分解　107
アデノシン　43
アデノシン 5′-三リン酸 → ATP
アドレナリン　150, 154
アドレナリン細胞(副腎髄質の)　150
アノマー　18
アノマー変換　19
アポトーシス　201
アミノ化　102
アミノ基転移酵素　100
アミノ基転移反応　100
アミノ酸　3, 24〜27, 97〜99, 102, 151
　——の合成　98, 99
　——の分解　102
　——のリサイクル　97
　——の立体化学　24
アミノ酸残基　28
アミノ酸側鎖　25〜27
　——の pK_a　35
アミノ酸配列　29, 30, 173, 174
　タンパク質の——　29, 173
アミノ酸配列決定法　34
アミノ糖　21, 22
アミノトランスフェラーゼ → アミノ基転移酵素
アミロース　21
アミロペクチン　20, 21
アラキドン酸　40, 124
アラニン　25, 27
rRNA　45, 187
R/*S* 表示法　26
RNA　21, 42, 45, 174
RNA ポリメラーゼ　191
アルカローシス　129
アルギナーゼ　112
アルギニン　27
アルキルアシルグリセロール　42
アルコール脱水素酵素　54, 55, 63, 64
アルコールデヒドロゲナーゼ → アルコール脱水素酵素
アルドース　18
α-アミノ酸　25
α 炭素　25
α ヘリックス　30〜32
アルブミン　133
アロステリック効果　83
アンチコドン　188
アンチセンス鎖 → (−) 鎖
アンフィンセンのドグマ　29
アンモニア　110, 111

ES 細胞　195
EMP 経路 → エムデン-マイヤーホフ-パルナス経路
イオン化合物　8
鋳型 DNA　180
EGF → 上皮増殖因子
イソクエン酸脱水素酵素　90
イソクエン酸デヒドロゲナーゼ → イソクエン酸脱水素酵素
イソペンテニルピロリン酸　123
イソロイシン　27
一本鎖 DNA を安定化するタンパク質　179
遺伝暗号　188
遺伝暗号表　187
遺伝子　2
遺伝子工学　192
遺伝子治療　157
遺伝子編集　193

遺伝情報 173
myo-イノシトール 47
イノシン酸 106, 107
イミノ酸 28
飲作用 → ピノサイトーシス
インスリン 155〜158
インスリン受容体 156
インターロイキン 1 166
イントロン 186

ウイルス 196, 197
ウラシル 42, 174
ウリジル酸 → UMP
ウリジン 5′-三リン酸 → UTP
ウリジン 5′-リン酸 → UMP
ウロン酸 24

A → アデニン
エイコサテトラエン酸 → アラキドン酸
エイズウイルス 198
AMP → アデニル酸
エキソン 186
ACP → アシルキャリヤータンパク質
STED ナノ顕微鏡 69
エステル結合 38
エタノール 55
エタノールアミンプラスマローゲン 39
HMG-CoA → 3-ヒドロキシ-3-メチルグルタリル CoA
HMG-CoA 還元酵素 124
HDL → 高密度リポタンパク質
ATP 10, 43, 44, 71, 73, 74, 90
ADP 73, 91
ATP 合成酵素 80
ATP 生産(電子伝達系の) 79
ATP 生成数 87, 89
ATP 分解酵素 10, 75, 145
エドマン分解法 34
NAD^+ 54, 75, 82, 87
NAD キナーゼ 118
$NADP^+$ 87, 118
NGS → 次世代シークエンサー
NGF → 神経成長因子
エネルギー生産総覧図 72
ABO 式血液型 37
エピネフリン → アドレナリン
FAD 75, 88
mRNA 45, 183

MHC → 主要組織適合遺伝子複合体
エムデン-マイヤーホフ-パルナス経路 82
エラスチン 143
LDL → 低密度リポタンパク質
塩基 4, 42, 174
塩基配列 174, 175
　核酸の—— 174
塩基配列決定法(DNA の) 203
エンケファリン 163
エンドサイトーシス 14, 136

横紋筋 146
岡崎フラグメント 178, 180, 181
オキサロ酢酸 76, 77, 84, 85, 101
2-オキソグルタル酸 77, 99, 100
2-オキソ酸 100, 114
3-オキソ酸 114
2-オキソ酸脱水素酵素 103
2-オキソ酸デヒドロゲナーゼ → 2-オキソ酸脱水素酵素
2-オキソピルビン酸 → オキサロ酢酸
オートファゴソーム 12
オートファジー 13, 14, 202
オプシン 161
オボムチン 36
オルニチン 112
オルニチン回路 → 尿素回路
温度
　——と酵素活性 61, 62

か 行

壊血病 45, 141
解糖系 71, 80, 81, 90
　——のフィードバック制御 90
解離基 35
解離定数 35
鍵と鍵穴 63
核 11
核酸 42, 174
　——の塩基配列 174
核酸分解酵素 46
核タンパク質 37
核膜 11
核膜孔 11
核様体 11
加水分解酵素 50
加水分解反応 52
カスケード機構 137, 153
活性化エネルギー 51, 52
活性化状態(酵素の) 54
活性酢酸 → アセチル CoA
活性酸素 10
活性中心 51, 65
　酵素の—— 51
　GFP の—— 65
カップル → 共役
滑面小胞体 11, 12
カテコールアミン 101, 151
可変部(免疫グロブリンの) 168
鎌状赤血球貧血 130
ガラクツロン酸 24
ガラクトサミン 22
ガラクトース 17
カリウムイオン 159
加リン酸分解 153
カルシウム 139
カルシウムイオン 146, 155
カルジオリピン → ジホスファチジルグリセロール
カルシフェロール 47
カルバモイルリン酸 110, 113
カルバモイルリン酸合成酵素 110
カルボニックアンヒドラーゼ 128
カルモジュリン 155
カロテノイド 123
カーン-インゴールド-プレログの表示法 26
感覚受容体 162
還元酵素 51
還元的アミノ化 102
幹細胞 131, 195, 200
緩衝効果 128
かん体細胞 160
カンファー → ショウノウ
γ-アミノ酪酸 163

キサンチン 107, 108
キサンチン尿症 108
基質 49, 63
　——と酵素の結合 63

基質レベルのリン酸化　88
キチン　22
キナーゼ → リン酸化酵素
キニノーゲン　137
キニン　137
ギブズエネルギー　75
キモトリプシン　36
逆転写酵素　198
逆平行βシート　31
キャップ　186
GABA → γ-アミノ酪酸
胸　腺　170
競争的阻害(剤)　60
協同効果　132, 176
共　役　80
共有結合　7
キラーT　168
キロミクロン　138
金属イオン　46, 48
金属タンパク質　46
筋　肉　144〜146

グアニル酸　107
グアニン　42, 107, 174
——の分解　107
グアノシン三リン酸 → GTP
グアノシン二リン酸 → GDP
空　気　10
クエン酸　76, 77
クエン酸回路　71, 75〜77, 90
——のフィードバック制御　90
クエン酸合成酵素　76
クエン酸シンターゼ → クエン酸合成酵素
組換えDNA法　192
グラフェン　201
グリコカリックス　23
グリコーゲン　19, 20, 150, 154
グリコーゲン分解酵素　153
——の活性化　154
グリコーゲンホスホリラーゼ → グリコーゲン分解酵素
グリコシダーゼ　46
グリコシド結合　19, 20
N-グリコリルノイラミン酸　22
グリシン　27, 163
CRISPR/Cas9　193
クリスマス因子　137
グリセルアルデヒド3-リン酸　81
グリセロ糖脂質　38, 42
グリセロール　39
グルカゴン　150, 154, 157, 158
グルカル酸　24
グルクロン酸　24
グルコサミン　21, 22
グルコース　15〜17, 19, 80, 85, 150, 153, 154
——の代謝調節　149
——の分解　80
——のポリマー　19
グルコース輸送タンパク質　154
グルコース1-リン酸　153, 154
グルコース6-リン酸　117, 118
グルコン酸　24
グルタミン　27
グルタミン合成酵素　102
グルタミン酸　27, 99, 163
グルタミン酸合成酵素　110
グルタミン酸脱水素酵素　99, 100, 110
グルタミン酸デヒドロゲナーゼ → グルタミン酸脱水素酵素
グルタミンシンテターゼ → グルタミン合成酵素
クレブス回路 → クエン酸回路
クロロプラスト → 葉緑体
クローン選択　168
クローン選択理論　165

軽鎖(免疫グロブリンの)　169
形質細胞　166
血　液
——のpH　128, 129
血液型糖タンパク質　36
血液幹細胞　130, 139
血液凝固因子　136
血液凝固カスケード　137
血液ステム細胞 → 血液幹細胞
血小板由来増殖因子　149
血　清　133
血糖値　158
血友病　136
α-ケトグルタル酸 → 2-オキソグルタル酸
α-ケト酸 → 2-オキソ酸
β-ケト酸 → 3-オキソ酸
ケトーシス　156
ケトース　18
ケラチン　144
ゲラニルゲラニルピロリン酸　123
ゲラニルピロリン酸　123
原核細胞　11
嫌気的条件　82
原子間力顕微鏡　68

コイルドコイル　144
高エネルギー分子　71, 74
高エネルギーリン酸結合　174
好気的条件　82
抗原提示　166
抗原提示細胞　147, 170
光合成　97
高脂血症　124
恒常性 → ホメオスタシス
校正機能(DNA複製の)　182
酵　素　3, 49, 51, 54, 56, 61, 90
——と基質の結合　63
——の活性化状態　54
——の活性中心　51
——の特異性　51
——の反応速度曲線　56
——のフィードバック制御　90
——の変性　61
酵素活性　61, 62
——の最適温度　61
——の最適pH　61, 62
——の制御　61
酵素反応　50
抗　体　147, 165, 168, 169
高密度リポタンパク質　139
CoA → 補酵素A
五炭糖 → ペントース
骨格筋　146
骨細胞　139
骨粗鬆症　140
コートタンパク質　196
コード領域　190
コドン　188
COVID-19 → 新型コロナウイルス感染症
コラゲナーゼ　142
コラーゲン　139〜142
——の生合成　141
——の分解　142
——のらせん構造　139
コリン　47

ゴルジ体　11
コレステロール　9, 40, 121, 138
　——の生合成　121, 122
コレステロールエステル　124, 138

さ　行

サイクリック AMP　151, 153～155
最大反応速度　49, 57
最適 pH　62
　酵素活性の——　62
細胞間情報伝達　148
細胞工学　195
細胞骨格　14
細胞質　11
細胞質ゾル　11
細胞小器官　11
細胞内共生　13
細胞内情報伝達系　152
細胞膜　11, 120, 159, 160
　——のイオンチャネル　160
　——の受容体　160
SARS-CoV-2　199
砂糖 → スクロース
サブスタンス P　163
サルベージ経路(プリンの)　107
酸化型ニコチンアミドアデニンジヌクレオチド → NAD^+
酸化的脱アミノ化　102
酸化物　10
サンガー法 → ジデオキシ法
酸素吸着曲線　132
酸素飽和度　132
三炭糖 → トリオース
産　物　49

C → シトシン
G → グアニン
ジアシルグリセロール　42, 119
シアノコバラミン　47
シアル酸　22
cAMP → サイクリック AMP
GABA → γ-アミノ酪酸
GFP　65
　——の活性中心　65
GMP → グアニル酸
軸　索　163, 164
シグマ(σ)因子　184, 191
自己免疫疾患　156
脂　質　10, 37
脂質代謝　112
脂質二重層　14
自食作用 → オートファジー
システイン　27
シストロン　191
ジスルフィド架橋　30
ジスルフィド結合　29
次世代 DNA シークエンサー　204
G タンパク質　151
シチジン 5′-三リン酸 → CTP
シチジン二リン酸　120
シッフ塩基　100, 101
CTP　103
GTP　76
GDP　76
ジデオキシ法　203
至適 pH → 最適 pH
シトシン　42, 174
シナプス接合　164
ジヒドロキシアセトンリン酸　81
3,5-ジヒドロキシ-3-メチル吉草酸 → メバロン酸
脂肪酸　9, 38, 39, 93～95, 114
　——の生合成　114
　——の分解　93
　——の β 酸化系　94, 95
脂肪酸合成酵素　116
脂肪酸不飽和化システム　115
ジホスファチジルグリセロール　38, 39
3,3-ジメチルアリルピロリン酸　123
臭化シアン　36
重鎖(免疫グロブリンの)　169
従属栄養型　97
縮合酵素　115
主　鎖　28
樹状突起　163, 164
主要組織適合遺伝子複合体　166

受容体　149, 160～163
　味の——　162
　神経の——　162
　においの——　160
　光の——　160
受容部位 → アクセプター部位
嬢細胞 → 娘細胞
脂溶性ビタミン　47
ショウノウ　123
小　脳　164
上皮成長因子 → 上皮増殖因子
上皮増殖因子　148
小胞体　11
情報伝達　147
情報伝達物質　150, 164
　脳内の——　164
食細胞　163
食作用 → ファゴサイトーシス
触　媒　49
初速度　57
ショ糖 → スクロース
真核細胞　11
新型コロナウイルス　199
新型コロナウイルス感染症　179, 199
ZFN　193
神　経　148, 162
　——の受容体　162, 163
神経細胞　148, 150, 164
神経成長因子　148
神経伝達分子　163
人工多能性幹細胞 → iPS 細胞
新陳代謝　3

水晶発振子法　69
すい臓　150, 156, 157
　——の β 細胞　156
水素結合　32, 175, 176
　塩基間の——　175, 176
水溶性ビタミン　47
スクアレン　122, 123
スクロース　15, 18, 19
スチュアート因子　137
ステアリン酸　114
ステロイドホルモン　150
スフィンゴシン　41, 42
スフィンゴ糖脂質　41, 42
スフィンゴミエリン　41, 114
スフィンゴリン脂質　41
スプライシング　186, 191

制限酵素　46, 192
生体防御反応　147
成長因子 → 増殖因子
成長ホルモン　148
セカンドメッセンジャー　151, 155

赤芽球　130
脊椎動物　148
赤血球　129, 130
ZFN　193
ゼラチン　142
セラミド　114
セリン　27
セルロース　19, 20
セレノシステイン　26
セレブロシド　114
セロトニン　163
セロビオース　19
染色質　11
センス鎖 → (+) 鎖
セントラルドグマ　190

造血器官　130
走査型イオン電流顕微鏡　69
増殖因子　149
相分離　13
相分離顆粒　13
相補的　178
阻害剤　60
側鎖(アミノ酸の)　25～27
ソマトスタチン　148, 157, 158
粗面小胞体　11, 12

た　　行

大　脳　164
TATA ボックス配列　183
脱アミノ化　102
　酸化的――　102
脱水酵素　51
脱水素酵素　51
脱水反応　52
脱炭酸酵素　50
ダブルヘリックス → 二重らせん
ターミネーター配列　183
TALEN　193
ターンオーバー数 → 分子活性
炭　酸　128
炭酸水素イオン　128
炭酸脱水酵素 → カルボニックアンヒドラーゼ
炭酸デヒドラターゼ → カルボニックアンヒドラーゼ
単純タンパク質　36
炭水化物 → 糖質
タンパク質　3, 24, 29, 30, 35, 189
　――のアミノ酸配列　29, 173
　――の折りたたみ　32
　――の生合成　173, 189
　――の等電点　35
　――の立体構造　30
タンパク質間相互作用　66
タンパク質合成　189
タンパク質分解酵素　35, 46
タンパク質分解酵素阻害剤　134

チアミン　47
チオレドキシン　108
窒　素　108, 109, 111
　――の排せつ　111
窒素代謝　109
チミン　42, 174
中心教義 → セントラルドグマ
超解像度顕微鏡　69
聴　覚　162
超低密度リポタンパク質　138
チロシン　27

ツーハイブリッド法　67

T → チミン
tRNA　45.188, 189, 193, 194
TATA ボックス配列　185
DNA　3, 11, 21, 30, 42, 45, 173, 174
　――の塩基配列決定法　203
　――の構造　175
　――の半保存的複製　177
　――の複製　177
　――の複製機構　173
DNA 依存性 RNA 合成酵素　181
DNA 複製　178, 182
　――の校正機能　183
DNA ポリメラーゼ　178, 180, 182
DNA ワクチン　170
DAP → 3,3-ジメチルアリルピロリン酸
TG → トリアシルグリセロール
TCA 回路 → クエン酸回路
定常状態法　55, 56, 59
DDS → ドラッグデリバリーシステム
dTMP → デオキシチミジル酸
dTTP → デオキシチミジン 5′-三リン酸
低密度リポタンパク質　124, 138
dUMP → デオキシウリジル酸
T リンパ球　166, 168
デオキシアデノシン　43
デオキシウリジル酸　103
デオキシチミジル酸　103
デオキシチミジン 5′-三リン酸　104
デオキシリボ核酸 → DNA
デオキシリボース　21, 203
デオキシリボヌクレアーゼ　46
デオキシリボヌクレオチド　29, 108, 174
　――の生成　108
デスモシン　143
デスモシン架橋　143
鉄　135
テトラヒドロ葉酸　104, 105
テトロース　16
テルペン　123
テロペプチド　142
テロメア　185
転移 RNA → tRNA
転移酵素　50
電気陰性度　7
電子伝達系　75, 78, 79
　――の ATP 生産　79
転　写　183
転写開始点　183
転写終結点　183
デンドライト → 樹状突起
デンプン　15, 19, 20
伝令 RNA → mRNA

糖　鎖　23
糖脂質　41
糖　質　10, 15, 16
糖新生　84, 85
糖タンパク質　36
等電点(タンパク質の)　35
糖尿病　156
特異性　51
　酵素の――　51
独立栄養型　97
トコフェロール　47

ドーパミン　163
ドラッグデリバリーシステム　201
トランスファー RNA → tRNA
トランスフェリン　135
トリアシルグリセロール　38, 39, 114, 118～120
——の生合成　119
トリオース　16
トリグリセリド → トリアシルグリセロール
トリプシン　3, 4, 36
トリプトファン　27
トリプレットコード　187
鳥目 → 夜盲症
トレオニン　27
トロポニン　145, 146
トロポミオシン　145, 146
トロンビン　136, 137
トロンボプラスチン　137

な　行

ナイアシン　47
内分泌細胞　150
ナノチューブ　201
ナトリウムイオン　159
七炭糖 → ヘプトース

におい　162
ニコチンアミドアデニンジヌクレオチド → NAD^+
二重らせん(DNA の)　175
二重らせんをほどくタンパク質　179
二糖(類)　18, 19
——の構造　18
ニトロゲナーゼ　110
二本鎖　45
乳酸発酵　81
乳糖 → ラクトース
ニューロン → 神経細胞
尿　酸　107, 108, 111
尿　素　111, 112
尿素回路　110～113
二リン酸　45

ヌクレアーゼ → 核酸分解酵素
ヌクレオシド　43
ヌクレオチド　42, 43, 107, 174
——の分解経路　107

脳　164
ノルアドレナリン　163

は　行

配位結合　64
胚性幹細胞 → ES 細胞
麦芽糖 → マルトース
バクテリオファージ　196, 197
ハーゲマン因子　137
発　酵　82
バリン　27
パルミチン酸　114
反競争的阻害(剤)　60
パンテテイン　92
パントテン酸　47, 92
反応速度曲線　56
酵素の——　56
反応速度定数　55
半保存的複製(DNA の)　177

PITC → フェニルイソチオシアネート
PRPP → ホスホリボシルピロリン酸
pH
——と酵素活性　62
血液の——　128, 129
ビオチン　47
非競争的阻害(剤)　60
BKP(バルーンカイフォプラスティ)法　140
PCR　179
ヒスチジン　27
1,3-ビスホスホグリセリン酸　80, 81
ビタミン　45～47
ビタミン A　47
ビタミン B 群　47
ビタミン C　47, 141
ビタミン D　47
ビタミン E　47
ビタミン K　47
必須アミノ酸　98
PTH アミノ酸 → フェニルチオヒダントイン
PDGF → 血小板由来増殖因子
PTC タンパク質 → フェニルチオカルバモイルタンパク質
ヒトゲノム計画　66, 200
β-ヒドロキシ酸　114
4-ヒドロキシプロリン　140
3-ヒドロキシ-3-メチルグルタリル CoA　114, 121
ピノサイトーシス　136
標的細胞　150
ピラノース　17
ピリドキサール　47
ピリドキサールリン酸　100, 101
ピリミジン　103
ピリミジン塩基　42, 43
B リンパ球　166
ピルビン酸　81, 82, 84, 85
ピルビン酸脱水素酵素複合体　82
ピルビン酸デヒドロゲナーゼ複合体 → ピルビン酸脱水素酵素複合体
ピロリシン　26
ピロリン酸 → 二リン酸

ファゴサイトーシス　136
ファージ → バクテリオファージ
ファルネシルピロリン酸　123
VLDL → 超低密度リポタンパク質
フィードバック制御　90, 91
酵素の——　90
フィブリノーゲン　136, 137
フィブリン　136, 137
フェニルアラニン　27
フェニルイソチオシアネート　34
フェニルチオカルバモイルタンパク質　34
フェニルチオヒダントイン　34
フェロキノン　47
フォールディング(タンパク質の)　32, 33
複合タンパク質　36
副腎髄質　150
フコサミン　22
フコース　17
不斉炭素　25
ブチリル CoA　114

プテロイルグルタミン酸　104
ブドウ糖 → グルコース
不変部(免疫グロブリンの)　169
α, β-不飽和酸　114
不飽和脂肪酸　40
プライマー　115, 179, 180
プライマー RNA　181
プライマーゼ　180
(+) 鎖　185, 199
プラスマローゲン　38
フラノース　17, 18
フラビンアデニンジヌクレオチド → FAD
フラーレン　201
プリオン病　33
プリブナウ配列　191
プリン　107
プリン塩基　42, 105, 106
——の生合成　106
フルクトース　15, 17, 18
フルクトース 1,6-ビスリン酸　81, 83, 86
フルクトース 6-リン酸　81, 82, 86
プレカリクレイン　137
プレプロ α 鎖　141
プロコラーゲン　141
プロスタグランジン　124
プロセシング　186
プロテアーゼ → タンパク質分解酵素
プロテアーゼインヒビター　134, 165
プロテアソーム　12
プロテインキナーゼ　153
プロテオーム　200
プロトロンビン　136, 137
プロモーター　190
プロモーター配列　183
プロリン　27
分子活性　58
分子ネズミ捕り機構　135

平滑筋　146
ヘキソキナーゼ　63
ヘキソース　16
ペクチン　24
β 酸化　93
β 酸化系　71, 94, 95
脂肪酸の——　94, 95
β シート　30〜32
ペプシン　3, 4
ペプチド　28
ペプチド結合　28
ペプチドホルモン　150
ヘプトース　16
ヘ　ム　48, 131
ヘモグロビン　48, 129, 131, 133
ヘモシアニン　133
ヘルパー T(細胞)　166, 168, 198
変性(酵素の)　61
ペントース　16
ペントースリン酸回路　117

補因子　86
補酵素　36, 46, 54, 86
補酵素 A　75, 92
ホスファチジルイノシトール　39, 120
ホスファチジルエタノールアミン　39, 120
ホスファチジルグリセロール　39
ホスファチジルコリン　39, 120, 121
ホスファチジルセリン　39, 120
——の生合成　121
ホスホエノールピルビン酸　80, 81, 84, 85
3-ホスホグリセリン酸　81
6-ホスホグルコノラクトン　117
ホスホフルクトキナーゼ　82
5-ホスホリボシル-1-アミン　105
5-ホスホリボシル 1-二リン酸 → ホスホリボシルピロリン酸
ホスホリボシルピロリン酸　103
ホスホリラーゼ　153
ホスホリラーゼキナーゼ　153
補　体　171, 172
補体系　165
骨　139
ホメオスタシス　129
ホラシン　47
ポリ(A)構造　185
ポリシストロン性 mRNA　191
ポリヌクレオチド　44, 45
ポリペプチド　28
ポリメラーゼ連鎖反応 → PCR
ポル I　182
ポル III　180, 182
ホルミルテトラヒドロ葉酸　106
ホルモン　150, 151
——の種類　151
翻　訳　187

ま　行

(−) 鎖　185
−35 配列　191
膜タンパク質　11
α_2-マクログロブリン　135
マクロファージ　166
マルトース　18, 19
マロニル CoA　114, 115
——とアセチル CoA の縮合　115
マンノサミン　22
マンノース　15, 17

ミオグロビン　32, 131, 132
——の立体構造　32
ミオシン　144, 145
——の分子構造　145
ミカエリス定数　49, 58
ミクロソーム　12
水　5
——分子の構造　6
ミトコンドリア　11, 12, 78
味　蕾　162

娘細胞　177
無脊椎動物　148
ムチン　36

メタノール　55
メチオニン　27
メチレンテトラヒドロ葉酸　103, 105
メッセンジャー RNA → mRNA
メテニルテトラヒドロ葉酸　105
メトヘモグロビン　132
メバロン酸　121, 124
メバロン酸 5-ピロリン酸　123
メバロン酸 5-リン酸　123

免 疫 165
免疫機構 147
免疫グロブリン 165,168〜170
免疫グロブリンG 169
免疫系 127
免疫システム 165,167

網 膜 161

や 行

薬物送達システム → ドラッグデリバリーシステム
山中伸弥 195
夜盲症 46

U → ウラシル
誘導適合 63
遊離脂肪酸 118
UMP 103,104
UTP 103,104
ユビキチン 12

葉 酸 47,103
葉緑体 13
四炭糖 → テトロース

ら 行，わ

ラインウェーバー-バークの逆数プロット 59
ラギング鎖 178,181
ラクトース 18,19
ラセミ化酵素 51
ラノステロール 121,122
ランゲルハンス島 157
——の α 細胞 150

リガーゼ 182
リシン 27
リソソーム 11,14
リゾチーム 53
——の基質への結合 53
律速段階 56
立体構造(タンパク質の) 29,30

リーディング鎖 178,181
リノール酸 40
リノレン酸 40
リバーストランスクリプターゼ → 逆転写酵素
リパーゼ 46,93
リブロース 5-リン酸 117,118
リボ核酸 → RNA
リボザイム 190
リボース 21
リボースリン酸 103
リボース 5-リン酸 103,105
リボソーム 11
リボソーム RNA → rRNA
リポタンパク質 37,138
リポタンパク質粒子 138
リボヌクレアーゼ 46
リボヌクレオチド 174
リボヌクレオチド二リン酸還元酵素 108
リボヌクレオチドレダクターゼ → リボヌクレオチド二リン酸還元酵素
リボフラビン 47,88
両親媒性 39
緑色蛍光タンパク質 → GFP
リンゴ酸 84,85
リン酸 139
リン酸化酵素 82
リン脂質 38,39,114,120
——の生合成 120
リン脂質二重層 11

レヴィンタールのパラドックス 33
レクチン 23,165
レシチン → ホスファチジルコリン
レチナール 160
レチノール 47
レッシュ-ナイハン症候群 108
レトロウイルス 198

ロイシン 27
ロー(ρ)因子 184
六炭糖 → ヘキソース
ロドプシン 160,161

ワクチン 170
ワトソン-クリック型二重らせん 175

猪飼　篤（いかい あつし）
1942年 東京に生まれる
1965年 東京大学理学部 卒
東京工業大学名誉教授
専門 生化学, 生物物理学, 生体ナノ力学
Ph.D.（米国デューク大学）

第1版 第1刷 1992年 2月18日 発行
第2版 第1刷 2004年 9月27日 発行
第9刷 2016年 10月25日 発行
第3版 第1刷 2021年 6月10日 発行

基礎の生化学（第3版）

著　者　猪飼　篤
発行者　住田六連
発　行　株式会社 東京化学同人
東京都文京区千石3丁目36-7（〒112-0011）
電話（03）3946-5311・FAX（03）3946-5317
URL: http://www.tkd-pbl.com/

印刷・製本　日本ハイコム株式会社

ISBN978-4-8079-2007-5
Printed in Japan

ミースフェルド 生化学

R. L. Miesfeld, M. M. McEvoy 著
水島 昇 監訳

B5 変型判　カラー　1024 ページ　定価 8690 円

これまでの生化学の教科書の概念を超えた新しい教科書.“なぜ生化学を学ぶのか？”に答えながら解説が進むので，学生は主体的に生化学の重要概念を習得できる．統一された美しいイラストや画像，写真に合うように文章が書き起こされ，図と本文が見事に一体となっている.

エッセンシャル 生化学 第３版

C. W. Pratt, K. Cornely 著／須藤和夫・
山本啓一・堅田利明・渡辺雄一郎 訳

B5 変型判　カラー　624 ページ　定価 6930 円

生化学の基本事項と最新の知識をわかりやすく解説した初学者向教科書の改訂版．第３版では章末問題が大幅に増え，学生の自習にも役立つ.

2021 年 5 月現在，定価は 10％税込